KB196030

NUCLEAR WAR
A SCENARIO
24분

NUCLEAR WAR
A SCENARIO

24분

핵전쟁으로 인류가 종말하기까지

애니 제이콥슨
지음
강동혁 옮김

문학동네

일러두기

1. 각주는 모두 옮긴이 주다.
2. 원서에서 이탤릭체로 강조된 부분은 고딕체로 표기했다. 원서에서 볼드체로 강조된 부분은 그대로 볼드체로 표기했다.
3. 단행본과 잡지 등은 『 』로, 논문 등은 「 」로, 영화 및 TV 프로그램 등은 〈 〉로 표기했다.
4. 인명, 지명 등 외래어는 국립국어원 외래어표기법을 따랐으나, 회사명, 제품명 등은 일반적으로 통용되는 표기가 있을 경우 이를 참조했다.
5. 국내 독자의 이해를 돕기 위해 단위는 통용되는 것으로 환산해 표기했다(예: 마일→킬로미터).

케빈에게

인간이라는 종의 이야기는 전쟁의 이야기다.

짧고도 위태로운 전간기를 제외하면

세상에 평화가 있었던 적은 한 번도 없다.

역사가 시작되기 전에는 살인적 갈등이 보편적이고 무한했다.

윈스턴 처칠

작가의 말

1950년대 초부터 미국 정부는 핵전쟁에 대비해 수조 달러를 쓰는 한편, 수억 명의 미국인들이 세계 종말급의 핵 홀로코스트 피해자가 되더라도 미 정부가 제 기능을 할 수 있도록 프로토콜을 다듬어왔다.

미국 영토로 핵미사일이 발사된 직후의 순간이 어떤 모습일지에 관한 이 시나리오는 대통령 자문위원, 각료, 핵무기 공학자, 과학자, 군인, 항공병, 특수 요원, 비밀 요원, 재난 관리 전문가, 정보 분석가, 공무원 등 수십 년에 걸쳐 이런 암울한 시나리오를 연구해온 사람들과의 독점 인터뷰를 바탕으로 한다. 핵 총력전을 위한 계획은 미 정부가 유지하고 있는 기밀 정보 중에서도 극비에 속하기 때문에, 이 책과 이 책에서 상정하는 시나리오는 합법적으로 알 수 있는 정보의 경계선 극단까지 독자를 안내한다. 수십 년 동안 감춰졌다가 기밀 해제된 문서[1]는 무시무시할 정도로 선명하게 자세한 정보를 채워넣는다.

핵무장을 한 미국의 적에게는 펜타곤이 최상위 목표물이기 때문에, 이어지는 시나리오에서는 워싱턴DC가 가장 먼저 타격당한다. 공격 무기는 1메가톤급 열핵폭탄이다. "워싱턴DC의 모든 사람이 가장 두려워하는 것[2]은 워싱턴DC를 겨냥한 공격이 청천벽력처럼 내리치는 것입니다." 화생방 방어 프로그램을 맡은 전직 국방부 차관보 앤드루 웨버는 말한다. '청천벽력'은 미국 핵 지휘 통제에서[3] '경고 없이 이루어지는 대규모 〔핵〕 공격'을 부르는 말이다.

워싱턴DC에 대한 이런 공격은 아마겟돈과 같은 핵 총력전의 시작을 알리는 신호탄이며, 이 공격에는 핵 총력전이 뒤따를 게 거의 확실하다. 워싱턴에서는 "소규모 핵전쟁 같은 건 없다"는 말이 자주 반복된다.

펜타곤을 향한 핵 공격은 우리가 아는 문명이 종말로 치닫는 시나리오의 시작일 뿐이다. 이것이 우리 모두가 사는 세계의 현실이다. 이 책에서 제시한 핵전쟁 시나리오는 내일이라도 일어날 수 있다. 또는 오늘 늦은 시각에도.

"세상은 앞으로 몇 시간 안에 종말을 맞을 수 있습니다."[4] 전 미국 전략사령부 사령관 로버트 켈러 장군은 경고한다.

취재원

(미국 핵 지휘 통제에서의 직위는 과거에 맡았던 것임)

리처드 L. 가윈 박사: 핵무기 아이비 마이크 열핵폭탄 설계자

윌리엄 J. 페리 박사: 미국 국방부 장관

리언 E. 패네타: 미국 국방부 장관, 중앙정보국 국장, 백악관 비서실장

C. 로버트 켈러 장군: 미국 전략사령부 사령관

마이클 J. 코너 해군 중장: 미국 〔핵〕 잠수함 사령관

그레고리 J. 투힐 준장: 최초의 미연방 최고 정보 보안 책임자, 미국 수송사령
  부 지휘·통제·통신 및 컴퓨터 시스템 총괄 책임자

윌리엄 크레이그 퍼게이트: 미국 연방재난관리청 청장

앤드루 C. 웨버: 화생방 방어 프로그램 담당 국방부 차관보

존 B. 울프스탈: 미국 국가안전보장회의 국가 안보 담당 대통령 특별보좌관

피터 빈센트 프라이 박사: 러시아 대량 살상 무기 담당 중앙정보국 요원, 국가 및 국토 안보 전자기펄스 대응 태스크포스 상임이사

로버트 C. 보너 판사: 미국 국토안보부 세관국경보호국 청장

루이스 C. 멀레티: 미국 국토안보부 비밀경호국 국장

줄리언 체스넛 대령(박사): 미국 국방정보국 소속 비밀정보원, 미 국방무관, 미 공군무관, F-16 비행 대대장

찰스 F. 맥밀런 박사: 로스앨러모스 국립 연구소 소장

글렌 맥더프 박사: 로스앨러모스 국립 연구소 소속 공학자 겸 역사학자

시어도어 포스톨 박사: 미국 해군 참모총장 보좌관, MIT 명예교수

J. 더글러스 비슨 박사: 미 공군 우주사령부 수석 과학자

프랭크 N. 폰히펠 박사: 물리학자이자 프린스턴대학교 명예교수(과학 및 세계 안보 프로그램 공동 설립자)

브라이언 툰 박사: 교수, 핵겨울 이론가(칼 세이건과 공동 연구)

앨런 로복 박사: 저명한 교수, 기후학자, 핵겨울 이론가

한스 M. 크리스텐슨: 미국 과학자 연맹 핵 정보 프로젝트 총괄 책임자

마이클 매든: 스팀슨 센터 북한 지도부 감시 프로젝트 총괄 책임자

돈 D. 만: 화생방 프로그램 SEAL6팀 팀장

제프리 R. 야고: 공학자, 국가 및 국토 안보 전자기펄스 대응 태스크포스 고문

H. I. 서턴: 미국 해군 연구소 분석가이자 작가

리드 커비: 화생방 방어 분야 군사軍史 학자

데이비드 센시오티: 항공 전문 기자, 이탈리아 공군 예비역 중위

미하엘 모르슈: 하이델베르크대학교 신석기 고고학자, 괴베클리 테페* 공동

발굴자

앨버트 D. 휠론 박사: 중앙정보국 과학기술국 국장

찰스 H. 타운스 박사: 레이저 발명가, 1964년 노벨 물리학상 수상자

마빈 L. 골드버거 박사: 전직 맨해튼 프로젝트 소속 물리학자, 제이슨 그룹** 창
립자이자 의장, 존슨 대통령 과학 고문

폴 S. 코젬차크: 방위고등연구계획국 국장 특별보좌관(최장기 재직자)

제이 W. 포레스터 박사: 컴퓨터 분야의 개척자, 시스템 다이내믹스 창시자

폴 F. 고먼 장군: 전직 미국 남부사령부 총사령관, 합동참모본부 특별보좌관

앨프리드 오도넬: 맨해튼 프로젝트 구성원, EG&G*** 핵무기 공학자, 원자력
위원회 위원

랠프 제임스 프리드먼: EG&G 핵무기 공학자, 원자력 위원회 위원

에드워드 로빅 주니어: 물리학자, 전직 록히드 스컹크 웍스****스텔스 기술자

월터 먼크 박사: 해양학자, 전직 제이슨 그룹 과학자

허비 S. 스토크먼 대령: U-2 정찰기로 소련 상공을 처음 비행한 조종사, 원자
력 샘플 수집 비행 조종사

리처드 '립' 제이컵스: 공학자, 베트남 VO-67 해군 비행대

파벨 포드비크 박사: UN 군축연구소 연구원, 모스크바 물리기술연구소 연

---

* 튀르키예 남동부의 고고학 발굴지로, 세계에서 가장 오래된 신전으로 알려져 있다.

** 과학, 기술 문제에 대해 미국 정부에 조언하는 엘리트 과학자들의 독립적인 단체. 냉전 시대
인 1960년에 설립되었다.

*** 에저턴, 게르메스하우젠, 그리어 주식회사. 냉전 시대 핵무기 연구와 개발을 맡았던 미국 방
위산업체.

**** 록히드 마틴의 비밀 연구 및 개발 부서. 주로 미군을 위한 고도 기밀 프로젝트를 담당해
왔다.

구원

린 이든 박사: 스탠퍼드대학교 명예연구원, 미국 외교 및 군사 정책, 핵 정책, 대형 화재 전문가

토머스 위딩턴 박사: 영국 왕립합동군사연구소 연구원. 전자전, 레이더 및 군사 통신 전문가

조지프 S. 베르무데스 주니어: 국제전략연구소 북한 국방 정보전 및 탄도미사일 개발 분석가

패트릭 빌트겐 박사: 항공우주공학자, 전직 BAE 시스템스* 정보 통합 총괄 책임자

앨릭스 웰러스타인 박사: 교수, 작가, 과학 및 핵 기술 역사학자

프레드 캐플런: 기자, 작가, 핵무기 역사학자

---

* 영국의 다국적 방위 및 항공우주 회사. 세계 최대의 방산업체 중 하나.

지상의 지옥

워싱턴DC, 어쩌면 가까운 미래

1메가톤급 열핵폭탄은 인간으로서는 헤아릴 수 없을 정도로[1] 어마어마한 빛과 열을 번뜩이며 폭발하기 시작한다. 섭씨 1억 도를 넘는 온도는 태양의 중심부에서 발생하는 열보다 4~5배[2] 높은 것이다.

이 열핵폭탄이 워싱턴DC 외곽의 펜타곤을 공격하고 나면, 첫 1,000분의 1초 동안에는 빛이 있다. 매우 짧은 파장의 연엑스선이다.[3] 이 빛이 주변의 공기를 수백만 도로 뜨겁게 달궈, 시속 수백만 킬로미터 속도로 확장하는 거대한 불덩어리를 만들어낸다. 몇 초 만에 이 불덩어리는 지름 1.7킬로미터가[4] 넘는 크기로 커진다. 이 엄청난 강도의 빛과 열로 인해 콘크리트 표면이 폭발하고 금속 물체는 녹거나 증발하며 돌은 부서지고 인간은 즉시 연소해 탄소로 바뀌어버린다.

펜타곤이라는 다섯 개 면, 다섯 개 층을 가진 건물과 60만 제곱미터에 달하는 그 안의 모든 것은 최초의 섬광과 열로 폭발해 뜨거운 먼지가 된다. 모든 벽은 이런 빛이나 열과 거의 동시에 도착하는 충격파에 의해 부서지며, 2만 7,000명의 직원들은 즉시 사망한다.

불덩어리 안에는 아무것도 남지 않는다.

하나도.

그라운드제로*조차 '제로'가 된다.[5]

광속으로 이동하는 불덩어리의 방사열은 사방으로 몇 킬로미터에 이르기까지 시야가 미치는 범위의 연소 가능한 모든 것을 태운다.[6] 커튼, 종이, 책, 나무 울타리, 사람들이 입은 옷, 마른 잎사귀가 확 타오르며, 거대한 화재의 장작이 된다.[7] 이 엄청난 화재는 이런 섬광이 있기 전까지 미국이라는 체제의 심장이자 600만 명이 넘는 사람의 집이었던 259제곱킬로미터를 불태운다.

펜타곤에서 북서쪽으로 수백 미터 떨어진 곳에서는 알링턴 국립묘지의 2.6제곱킬로미터가—40만 전사자들을 기리는 유해와 묘비, 27구역에 묻힌 3,800명의 해방된 아프리카계 미국인, 초봄의 오후에 경의를 표하러 찾아온 방문자들, 잔디를 깎는 관리인들, 나무를 돌보는 정원사들, 투어중인 가이드들, 무명용사의 묘지를 지키는 옛 경비대의 흰 장갑을 낀 구성원들을 포함한 모두가—즉시 까맣게 불타버린 인간의 형체로 변한다. 검은 유기질 가루, 그러니까 재로 말이다. 소각된 사람들은 핵 공격의 첫 청천벽력으로 죽지 않은 100만~200만 명의 중상자들이 지금부터 맞닥뜨릴 전에 없던 공포를 겪지 않아도 된다.[8]

---

* 원자폭탄이 떨어진 지점이라는 뜻으로, 제2차 세계대전 당시 뉴욕타임스가 처음 사용했다.

북동쪽으로 1.6킬로미터 떨어진 포토맥강 건너편에서는 링컨 기념관과 제퍼슨 기념관의 대리석 벽과 기둥이 과열되고 쪼개져 터지며 해체된다. 이러한 역사 기념물을 주변 환경과 연결하는, 강철과 돌로 만들어진 다리와 고속도로가 솟아오르다 무너진다. 남쪽으로는 395번 고속도로 너머에서, 밝고 널찍하고 유리벽으로 이루어진, 펜타곤 시티의 패션 센터가 고급 의류 브랜드와 가정용품으로 채워진 수많은 가게 및 인근의 식당과 사무실, 근처의 리츠칼튼호텔 펜타곤 시티 지점과 함께 모두 사라진다. 천장의 들보, 투바이포공법에 쓰인 목재, 에스컬레이터, 샹들리에, 러그, 가구, 마네킹, 개, 다람쥐, 사람들이 화염이 되어 타버린다. 3월 마지막날, 현지 시각으로 오후 3시 36분이다.

　최초의 폭발이 일어나고 3초가 흘렀다. 동쪽으로 4킬로미터 떨어진 내셔널스 파크에서는 야구 경기가 진행중이다. 경기를 지켜보던 3만 5,000명 중 대다수의 옷에 불이 붙는다.[9] 빠르게 불타지 않아 살아남은 사람들은 극심한 3도 화상에 시달린다.[10] 그들의 몸에서 표피가 벗겨져 그 아래의 피투성이 진피가 드러난다.

　3도 화상으로 인한 사망을 막으려면 즉각적인 전문 치료가 필요하고, 종종 사지절단술을 해야 한다. 여기, 내셔널스 파크 안에는 처음에 어찌어찌 살아남은 사람 수천 명이 있을지 모른다. 그들은 먹을 것을 사거나 화장실을 이용하느라 실내에 있었다. 이제는 그 사람들에게 화상 치료 센터의 병상이 절실히 필요하다. 하지만 워싱턴 광역권 전체에는 화상 전문 병상이 열 개밖에 없고, 그 병상들은 워싱턴DC 중심부에 있는 메드스타 워싱턴 병원 화상 센터에 있다. 이 시설은 펜타곤에서 북동쪽으로 약 8킬로미터 거리에 있으므로, 아예 존재하지 않거나 존재하더라도 더는 기능하지 못한다. 북동쪽으로 72킬로미터 떨어진 볼티모어의 존스 홉킨스 화상 센터에는 화상 전문 병상이 20개도 채 안 되지만, 전부 만원이 되기 일보 직전이다. 어느 시점에든, 50개 주 전체에 화상 전문 병상은 약 2,000개밖에 없다.[11]

몇 초 만에 펜타곤을 겨냥한 1메가톤급 핵폭탄 공격에서 나온 방사열은 100만 명 이상의 피부에 심한 화상을 입힌다. 그중 90퍼센트는 사망할 것이다. 국방과학자와 학자들은 이런 계산을 수십 년간 해왔다.[12] 대부분의 사람들은 폭탄이 터질 때 서 있던 자리에서 몇 걸음도 떼지 못할 것이다. 1950년대에 이런 끔찍한 계산이 처음으로 이루어졌을 때 민방위 전문가들이 말한 것처럼 그들은 "사망한 채 발견"된다.[13]

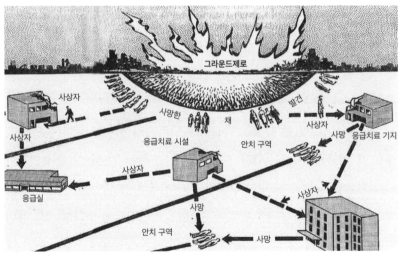

"사망한 채 발견." (미연방 민방위국)

포토맥강 건너 남동쪽으로 이어지는 4제곱킬로미터 규모의 군사시설인

조인트 베이스 애너코스티어-볼링에는 1만 7,000명의 피해자가 더 있다. 이중에는 국방정보국 본부와 백악관 통신국 본부, 미국 해양경비대 워싱턴 지부, 마린 원* 헬리콥터 격납고 등 국가 안보에 관련되어 삼엄한 경비를 받는 연방 시설에서 일하는 거의 모든 사람이 포함된다.[14] 국방대학교에서는 4,000명의 학생 대다수가 이미 사망했거나 죽어가고 있다. 비극적 아이러니가 아닐 수 없다. 이 대학이야말로(펜타곤의 자금 지원을 받고 있으며 미국 건국 200주년을 기념해 설립된 곳이다) 군 장교들이 전 세계에서 미국의 국가 안보 우위를 달성하기 위해 군 전략 활용법을 배우러 가는 곳이기 때문이다. 첫 핵 공격으로 흔적도 없이 사라진 고급 군사교육기관은 이곳만이 아니다. 아이젠하워 국가 안보 및 자원 전략 학교와 국방참모대학, 미주국방대학, 아프리카 전략 연구 센터 모두가 즉시 존재하지 않게 된다. 버저드 포인트 파크에서 세인트오거스틴 성공회 교회에 이르기까지, 워싱턴 해군 조선소에서 프레더릭 더글러스 기념 대교에 이르기까지 이쪽 해안 지역 전체가 파괴된다.

인간은 20세기에 악으로부터 세상을 구하기 위해 핵무기를 만들었다. 그리고 지금, 21세기에는 핵무기가 세상을 파멸시키려 하고 있다. 핵무기가 모든 것을 불태워버리기 직전이다.

핵폭탄 이면의 과학은 심오하다. 열핵반응으로 인한 섬광 안에는 방사열의 두 파동이 새겨져 있다.[15] 첫번째 파동은 찰나만 지속되고, 그 이후에 두번째 파동이 닥쳐 수 초간 이어지며 인간의 피부를 불태운다. 빛파동은 고요하다. 빛에는 소리가 없기 때문이다. 그뒤에 이어지는 것은 폭발로 인

---

* 대통령 전용 헬기.

한 우레와 같은 굉음이다. 핵폭발로 생성된 고강도의 열기는 중심 지점에서부터 쓰나미처럼 퍼져가는 고압의 파동을 만들어낸다. 이 파동은 음속보다 빠르게 이동하는, 고도로 압축된 공기로 이루어진 거대한 벽이다. 이 벽이 사람들을 잔디처럼 베어버리고, 허공으로 내던지며, 폐와 고막을 터뜨리고, 시신을 빨아들였다가 뱉어낸다. 이처럼 경악스러운 통계를 수집하는 핵 문서 보관소Atomic Archive 소속 기록 보관 담당자는 "일반적으로 큰 건물들은 기압의 변화로 파괴되고, 사람과 나무나 전신주 같은 물체는 바람에 의해 파괴된다"고 말한다.[16]

핵으로 인한 불덩어리가 점점 커지면서, 이런 최전방의 폭발파는 재앙에 가까운 파괴를 일으킨다. 폭발파는 불도저처럼[17] 5킬로미터를 더[18] 밀고 나간다. 폭발파 뒤의 공기가 가속하며 시속 수백 킬로미터의 바람을 일으킨다. 헤아리기 어려울 정도로 놀라운 속도다. 2012년, 700억 달러의 손해를 입히고 147명의 사망자를 낸 허리케인 샌디의 최대 풍속이 시속 130킬로미터에 달했다.[19] 지구에서 기록된 최고 풍속은 오스트레일리아의 격오지 기상대에서 관측된 시속 407킬로미터다. 워싱턴DC에서 일어나는 이런 핵폭발파는 지나가는 길의 모든 구조물을 파괴하고, 사무용 건물, 아파트 단지, 기념물, 박물관, 주차용 건물 등 공학적으로 만들어낸 구조물의 물리적 형태를 즉시 바꿔버린다. 이런 구조물은 무너져 먼지가 된다. 폭발파로 무너지지 않은 것은 채찍 같은 바람에 찢긴다. 건물은 무너지고 다리는 붕괴하며 크레인은 쓰러진다. 컴퓨터나 시멘트 벽돌처럼 작은 물건도, 바퀴 18개짜리 트럭과 관광용 2층 버스 같은 큰 물건도 테니스공처럼 하늘을 떠다닌다.

1.7킬로미터 이내 모든 것을 삼켜버린 최초의 핵 불덩어리가 이제는 열

기구처럼 떠오른다. 불덩어리는 초속 75~105미터로[20] 땅 위로 솟아오른다. 35초가 지난다. 상징적인 버섯구름이 형성되기 시작한다. 버섯구름의 거대한 갓과 줄기는 불타버린 사람과 문명의 잔해로 이루어진 것으로서, 붉은색에서 갈색으로, 또 주황색으로 바뀐다. 다음으로는 치명적인 역흡인 효과[21]가 일어나면서 자동차, 사람, 가로등, 도로 표지판, 주차 요금 징수기, 철골빔 등의 물체가 타오르는 지옥의 중심으로 다시 빨려들어가 불에 타버린다.

60초가 지난다.

이제는 회백색이 된 버섯구름의 갓과 줄기가 그라운드제로로부터 10킬로미터, 15킬로미터 높이까지 솟아오른다.[22] 갓의 크기도 점점 커져 지름이 15킬로미터, 30킬로미터, 50킬로미터로 늘어난다. 이 버섯구름 갓은 너울거리며 점점 멀리까지 불어난다. 마침내 대류권 너머에 이른다. 민항기의 항로보다 높은 그곳은 지구의 기상 현상 대부분이 일어나는 구역이다. 방사성 입자가 그 아래의 모든 것에 뿌려진다. 지구와 지구에 사는 사람들에게 죽음의 재가 비처럼 쏟아진다. 핵폭탄은 "버섯구름에도 섞여 있는 방사성물질을 넣고 끓인 마녀 수프"라고, 천체물리학자 칼 세이건은 수십 년 전에 경고했다.[23]

폭발 이후 2분도 채 지나지 않았는데 100만 명 이상의 사람이 이미 죽었거나 죽어가고 있다. 이제 불지옥이 시작된다. 최초의 불덩어리와도 다르다. 형용할 수도 없는 대규모 화재다. 가스관이 차례차례 폭발하며 거대한 블로램프나 화염방사기처럼 계속해서 불줄기를 뿜어낸다. 가연성 물질이 들어 있는 가스탱크 등이 터진다. 화학 공장도 폭발한다. 온수기나 보일러의 점화장치가 토치의 점화장치처럼 작동해 아직 불타고 있지 않은 모든 것에 불을 붙인다.[24] 무너진 건물들이 거대한 오븐이 된다. 사방에서 사람이 산 채로 타오른다.

바닥과 천장의 열린 틈이 굴뚝 역할을 한다. 화재 폭풍에서 일어난 이산화탄소가 가라앉아 지하철 선로에 자리잡으면서, 앉아 있던 승객들을 질식시킨다. 지하실 등 지표면보다 낮은 공간에 대피했던 사람들은 구토하고 경련을 일으키며 혼수상태에 빠졌다가 사망한다. 폭발을 직접 보고 있던 지상의 모든 사람은—일부는 20킬로미터 떨어진 장소에 있다—눈이 먼다.[25]

그라운드제로에서 12킬로미터 떨어진, 펜타곤을 중심으로 지름 24킬로미터 안에 있는 곳(5psi 구역*)에서는 자동차와 버스가 서로 충돌한다. 아스팔트 거리는 강한 열기에 액화되어 용암이나 뜨거운 유사流沙에 갇히기라도 한 것처럼 생존자들을 가둔다. 허리케인처럼 강한 바람이 수백 건의 화재를 부채질해 수천 건, 수백만 건의 화재로 번지게 한다. 16킬로미터 떨어진 곳에서는 뜨겁게 타오르는 재와 바람에 날려온 불타는 잔해가 새로운 화재를 일으키고, 그런 화재는 연달아 계속해서 융합된다. 워싱턴DC 전역이 하나의 복합적인 화재 폭풍이 된다. 초대형 불지옥이다. 이곳은 곧 불로 이루어진 하나의 메조사이클론**으로 변할 것이다. 8분, 어쩌면 9분이 지난다.

그라운드제로로부터 16~19킬로미터 떨어진 곳(1psi 구역)에서는 생존

---

* 'psi(프사이)'는 핵폭발로 인한 충격파의 강도를 나타내는 단위로, 1psi는 1제곱인치의 넓이에 가해지는 1파운드의 압력이다. 이때 수치가 높을수록 피해 정도가 심하다. '5psi 구역'은 폭발로 인해 정상 대기압보다 5psi 높은 압력을 받는 지역을 의미한다.
** 대류성 폭풍우에 동반되는 지름 16킬로미터 정도의 저기압성 소용돌이.

자들이 충격에 빠져 거의 사망한 것처럼 발을 질질 끌고 돌아다닌다. 방금 무슨 일이 일어났는지 알지 못한 채 간절히 도망치고 싶어할 뿐이다. 이곳에서는 수만 명의 폐가 파열되었다. 머리 위를 날던 까마귀, 참새, 비둘기들이 불붙어 떨어진다. 새들이 비가 되어 내리는 것 같다.[26] 전기는 끊겼다. 전화도 터지지 않는다. 911도 없다.

폭탄의 국지적인 전자기펄스가 라디오, 인터넷, TV 신호를 모두 지워버린다. 폭발 지역으로부터 몇 킬로미터 떨어진 곳에서는 전기 자동차에 시동이 걸리지 않는다. 급수지에서는 물을 펌프질할 수 없다. 치명적 수준의 방사능에 흠뻑 젖은 이 지역 전체가 응급 요원들에게는 접근 불가 구역이다. 몇 안 되는 생존자들은 며칠이 지나서야 도와주러 오는 사람이 없다는 사실을 알게 될 것이다.

최초의 폭발과 충격파, 화재 폭풍에서 어찌어찌 살아남은 사람들은 문득 핵전쟁의 교활한 진실, 즉 모두가 각자도생해야 한다는 진실을 깨닫는다. 전직 연방재난관리청 청장 크레이그 퍼게이트는 그들이 생존할 유일한 가능성은 "혼자 생존하는" 방법을 알아내는 것이라고 말한다.[27] 이제 "음식과 물, 피디얼라이트*를 두고 벌어지는 싸움"이 시작될 것이다.

미국의 국방과학자들은 어떻게, 왜, 이토록 정확하게 이런 끔찍한 것들을 알고 있을까? 일반 대중은 여전히 아무것도 모르는데, 미국 정부는 어떻게 핵무기의 영향과 관련된 사실을 이토록 많이 알고 있을까? 그 답은 질문 자체만큼 기괴하다. 제2차세계대전 이후 그 오랜 세월 동안 미국 정부는 핵 총력전에 대비하며 그에 관한 계획을 예행해왔다. 이때의 핵 총력

---

* 탈수 예방이나 치료를 위해 만들어진 전해질 음료.

전이란 최소 20억 명을 죽일 것이 분명한 제3차세계대전이다.

이에 대한 답을 보다 구체적으로 알기 위해 우리는 60년 이상의 시간을 거슬러 1960년 12월로 돌아가야 한다. 미국 전략공군사령부Strategic Air Commnad, SAC에서 열렸던 비밀회의로 말이다.

1부

빌드업:

우리는 어쩌다 이렇게 되었는가

전략공군사령부 본부 지하 전투사령부 내 '빅 보드',
1957년 초반의 모습. (미 공군 역사연구소)

1장

핵 총력전을 위한 극비 계획

1960년 12월, 네브래스카주 오펏 공군기지 내 전략공군사령부 본부

그리 오래되지 않은 어느 날, 일군의 미군 장교들이 당시 30억이던 세계 인구의 5분의 1인 6억 명의 죽음으로 이어질 비밀 계획[1]을 공유하기 위해 모였다.[2] 그날 참석한 사람은 다음과 같았다.

미국 국방부 장관 토머스 S. 게이츠 주니어

미국 국방부 차관 제임스 H. 더글러스 주니어

미국 국방연구공학부 차장 존 H. 루벨

합동참모본부 소속 참모진

미국 전략공군사령부 사령관 토머스 S. 파워 장군

육군 참모총장 조지 H. 데커 장군

해군 참모총장 알리 A. 버크 제독

공군 참모총장 토머스 D. 화이트 장군

해병대 사령관 데이비드 M. 쇼프 장군

미국 고위급 군 관계자 다수[3]

회의실은 지하에 있었다. 벽면 길이는 45미터가 넘고, 높이는 여러 층에 이르며, 머리 위 2층에는 유리로 둘러싸인 발코니가 있는 곳이었다. 책상과 전화기, 지도가 강둑처럼 쌓여 있었다. 지도판도 여러 개 있었다. 벽 전체가 지도였다. 네브래스카주 오마하에 있는 전략공군사령부 본부는 핵전쟁이 일어날 경우 장군과 제독들이 가게 될 곳이다. 그때도, 2024년 현재도 마찬가지다. 다만 지하 사령부는 21세기의 핵전쟁에 맞게 업데이트되었다.

당신이 이 회의에 대해 알게 될 모든 것은 직접적인 목격자 진술[4]에서 나왔으며, 목격자는 그날 실제로 그 회의실에 있었다. 목격자는 사업가에서 국방 관료로 변모한 존 H. 루벨이다. 사망하기 몇 년 전인 2008년, 80대 후반이 된 루벨은 짧은 회고록에 이 정보를 공개했다. 죽음을 준비하던 루벨은 오랫동안 억눌러온 진실을 드러낼 용기를 냈다. 이런 "어둠의 심연" 같은 계획에 참여한 것을 후회한다는 진실이었다. 루벨은 아주 오랜 세월 동안 이 계획에 대해 한마디도 언급하지 않았다. 그는 자신이 참여했던 일이 "대규모 몰살" 계획이었다고 썼다. 루벨 자신의 표현이다.[5]

그날 네브래스카주의 커다란 지하 벙커 안에서, 루벨은 깔끔하게 줄지어 펼쳐놓은 접이식 의자에 동료 핵전쟁 계획자들과 함께 앉아 있었다. 의자는 좁다란 나무판자 여러 개를 붙여 만든 구식 의자였다. 4성 장군들이 앞줄에, 1성 장군들은 뒷줄에 앉았다. 당시 미국 국방연구공학부 차장이었던 루벨은 두번째 줄에 앉았다.

전략공군사령부 사령관인 토머스 S. 파워 장군이 신호하자 보고자가 무대 앞으로 나왔다. 그런 다음에는 보조가 이젤을 들고나왔고, 두번째 보조는 지휘봉을 가져왔다. 첫번째 남자는 차트를 넘기기 위해서, 두번째 남자는 지휘봉으로 가리키기 위해서 나온 것이었다. 파워 장군(실제 이름이다)은 청중에게 앞으로 보게 될 것이 소련에 전면적인 핵 공격이 진행될 방식이라고 설명했다. 비행사 두 명이 앞으로 나와 지도로 이루어진 45미터 길이의 벽 양끝에 섰다. 두 사람 다 높은 사다리를 들고 있었다. 지도는 소련과 중국(당시에는 중소 연합이라 불렀다), 그리고 그 주변국들을 보여주었다.

루벨은 회상했다. "두 사람은 똑같이 빠른 속도로 높은 사다리를 올라가,[6] 서로 동시에 꼭대기에 도달했다. 둘 다 빨간 리본[7]이 달린 위쪽으로 손을 뻗었는데, 우리는 그제야 그 리본이 커다랗고 투명한 비닐 두루마리를 감고 있다는 걸 알아챘다. 단 한 번의 동작으로 두 사람은 자기 쪽 두루마리의 리본 매듭을 풀었다. 그러자 비닐 시트가 획! 소리를 내며 풀려 약간 펄럭이더니 지도 앞에 축 드리워졌다." 지도에는 검은색으로 된 수백 개의 작은 표시가 있었다. "대부분의 점은 모스크바에 집중돼 있었다." 그 점 하나하나가 핵폭발을 의미했다.

파워 장군의 보고자가 소련을 향한 미국의 핵 공격 계획[8]을 기술하기 시작했다. 첫번째 공격의 물결은 일본 오키나와 근처에 배치된 항공모함에서 이륙한 미국 전투기들로 이루어질 테고, "잇따른 공격의 물결"이 뒤따를 터였다. 다수의 열핵폭탄으로 무장한 보잉 B-52 장거리 전략 폭격기가 연이은 폭격을 가할 것이다. 폭탄 하나하나가 일본 히로시마와 나가사키에 투하된 원자폭탄의 수천 배에 달하는 파괴력을 가지고 있었다. 루벨은 보고자가 새로운 공격의 물결에 대해 기술할 때마다 사다리에 올라선 두 남자가 "또 한 쌍의 빨간 리본을 풀어 비닐 두루마리가 획 내려왔고, 모스크바는 여러 겹의 비닐 시트 위 그 작은 표시들 아래 점점 더 뒤덮여갔다"고 적었다.

루벨이 적은 바에 따르면, 그에게 가장 충격적이었던 점은 모스크바 한 곳에만 "총 40메가톤—메가톤—의 핵폭탄이 투하될 계획이었다는 것이다. 이 폭탄의 양은 히로시마에 투하된 양의 4,000배 이상이며, 제2차세계대전이 벌어지던 4년 동안 유럽과 아시아 태평양 전선 전체에 연합군이 투하한 비핵폭탄 양의 20~30배에 달했다".

그럼에도 1960년의 이 회의 내내 루벨은 의자에 앉아 아무 말도 하지 않았다.

단 한 마디도. 48년 동안. 하지만 그가 늦게라도 그 사실을 밝힌 것은 놀라운 일이다. 당시의 회의 참석자가 그때 벌어진 일에 관해 개인적으로 정보를 공개한 것으로는 그의 고백이 첫 사례다.[9] 이런 자세한 정보는 그 회의실에 없었던 모든 사람에게 핵전쟁 계획이 대량 말살을 위한 것이었다는 단순한 진실을 전한다.

비행사들이 내려와 사다리를 접어 팔 밑에 끼우고 시야에서 사라졌다.

히로시마에 투하된 폭탄보다 4,000배 강한 폭발력.

대체 그게 무슨 의미일까? 사람의 뇌가 온전히 이해할 수 있는 것이긴 할까?

더 급한 문제를 이야기하자면, 대량 말살이 일어나기 전에 이 계획을 막을 수 있는 사람이 있을까?

폐허의 소녀

1945년 8월 6일, 일본 히로시마

　1945년 8월 히로시마에 투하된 원자폭탄은 단 한 번의 공격[10]으로 8
만 명이 넘는 사람들을 죽였다. 총 사망자 수는 지금도 논란의 대상이다.
폭격이 있고 몇 주 동안은 피해자 수를 정확히 헤아리기가 불가능했다. 히
로시마의 정부 시설, 병원, 경찰, 소방서 등이 대량으로 파괴되며 일대 혼
란과 혼돈이 야기됐다.[11]

　리틀보이라는 암호명의 이 원자폭탄이 히로시마 상공 580미터 지점에
서 폭발했을 때[12] —이는 공중폭발로 알려져 있다—13세의 세쓰코 서로
는 그라운드제로로부터 1.7킬로미터 떨어진 곳에 있었다.[13] 리틀보이는 실
전에 활용된 최초의 핵무기였다. 폭발 고도는 미국의 국방과학자 존 폰 노
이만의 정교한 계산을 근거로 설정되었다. 그에게 주어진 임무는 단 한 발
의 원자폭탄으로 지상에서 최대한 많은 사람을 죽일 방법을 찾아내는 것

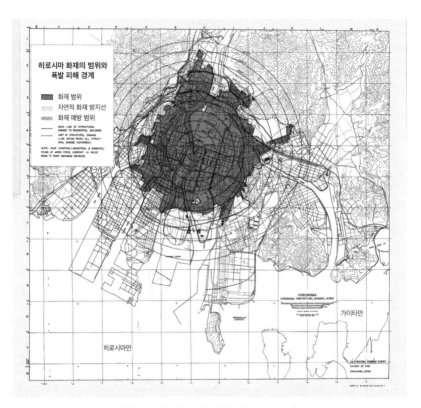

히로시마 화재 및 폭발 피해에 관한 미국 전략 폭격 측량도.
(미국 국가기록원)

이었다.[14] 군사 계획자들이 알아내고 동의했듯, 땅 위에 직접 핵폭탄을 터뜨리면 어마어마한 면적의 지표면이 파괴되면서 엄청나게 많은 에너지가 '낭비'되기 때문이다. 세쓰코 서로는 이 폭발의 충격으로 정신을 잃었다.

처음으로 정신을 되찾았을 때 세쓰코는 볼 수도, 움직일 수도 없었다. "그런 다음에는 주변에서 속삭이는 소녀들의 목소리가 들리기 시작했어요."[15] 몇 년 뒤, 세쓰코는 그들이 "하느님, 도와주세요. 엄마, 도와주세요. 저 여기 있어요"라고 말하는 소리를 들을 수 있었다고 회상했다.

무너진 건물 잔해 틈에 몸을 피할 수 있었던 세쓰코는 원자폭탄의 최초 폭발에서 기적적으로 살아남았다. 그는 주변이 온통 매우 어두웠다고 기억했다. 그가 가장 먼저 느낀 것은 자신이 연기로 변한 듯한 감각이었다. 어느 정도 시간이 지난 뒤에는—몇 초, 혹은 몇 분이었을 것이다—뭔가를 지시하는 한 남자의 목소리가 들렸다.

"포기하지 마." 남자가 말했다. "널 꺼내는 중이야."

처음 본 그 남자는 세쓰코의 왼쪽 어깨를 흔들며 뒤에서 그를 밀고 있었다. 세쓰코는 속으로 생각했다. '여기서 나가…… 최대한 빨리 기어.'

히로시마에 원폭이 투하된 때에 세쓰코 서로는 여학교에 다니는 8학년 학생이었다. 그는 히로시마의 일본군 본부에서 최고 기밀 기록 업무를 하도록 모집되어 훈련받던 30명이 넘는 십대 소녀 중 하나였다. 폭탄이 터졌을 때도 바로 그 본부에 있었다.

세쓰코는 나중에 회상했다. "열세 살짜리 소녀가 그렇게 중요한 일을 하다니 상상이나 되세요? 일본이 얼마나 절박했는지 보여주는 사실이죠."

원자폭탄이 터진 직후의 이 순간에, 세쓰코는 그 남자가 자신을 잔해에서 꺼내려 하는 중이며 자신이 어떻게 행동하는지가 중요하다는 걸, 아무것도 하지 않으면 죽을 가능성이 높다는 걸 깨달았다. 그는 밀어내고 또 밀어냈다. 발버둥치기 시작했다. 어떻게 그랬는지, 그는 잔해에서 간신히 기어나와 문을 통과할 수 있었다. "내가 건물에서 나왔을 때쯤에는 그곳이 타고 있었어요. 그 말은, 나와 함께 그곳에 있던 다른 30여 명의 소녀들이 타 죽었다는 뜻이죠."

원자폭탄은 미 육군 항공대 비행기에서 투하되었으며, 당시에는 이런 방식이 폭탄을 표적지까지 실어나르는 유일한 방법이었다. 핵폭탄은 길이 3미터에 무게 4,400킬로그램으로, 중간 크기의 코끼리와 비슷했다. 두 번째 비행기가 폭격기 바로 뒤에서 비행했는데, 이 비행기에는 세 명의 로스앨러모스 연구소 소속 물리학자가 자료 수집을 위한 수십 가지 과학 장비를 가지고 타고 있었다.

원자폭탄의 실제 수율收率(동일한 폭발을 일으키기 위해 필요한 힘)은 국방과학자와 군 관계자들 사이에서 몇 년째 토론의 대상이었다. 1985년에야 마침내 미국 정부는 그 수치가 TNT 15킬로톤에 해당한다고 판단했다.[16] 전후에 실시된 전략 폭격 조사에 따르면, 비슷한 위력을 내기 위해서는 히로시마에 비핵폭탄 2,100톤이 동시에 투하되어야 했을 것으로 추산된다.

세쓰코 서로는 밖으로 나가는 데 성공했다. 이른아침이었지만 밤처럼 보였다. 공기중엔 검은 연기가 가득했다. 세쓰코는 자신에게로 발을 끌며 다가오는 검은 물체를 보았다. 그 뒤를 다른 검은 물체들이 따라오고 있었다. 처음에 세쓰코는 그것들을 유령으로 오인했다.

"신체 일부가 없었어요. 피부와 살점이 뼈에서 늘어져 있었죠. 어떤 사람은 자기 눈알을 들고 있었어요."[17]

길을 따라 얼마쯤 떨어진 곳에서는 히로시마 통신 병원의 병원장인 미치히코 하치야 박사가 야간 근무를 마치고 돌아와 거실 바닥에 누워 쉬고 있었다. 그러다 강한 섬광에 ―원자폭탄이 터졌음을 알리는 빛이었다― 화들짝 놀랐다. 이내 두번째 섬광이 보였다. 그는 정신을 잃었다. 아니, 정말 그랬을까? 휘도는 먼지 사이로 하치야 박사는 무슨 일이 벌어지고 있는 건지 알아보기 시작했다. 그의 신체 일부가, 허벅지와 목이 심한 손상을 입고 피를 흘리고 있었다. 그는 벌거벗고 있었다. 옷이 날아가버린 것이다. "내 목에는 상당한 크기의 유리 파편이 박혀 있었고, 난 그걸 침착하게 빼냈습니다."[18] 하치야 박사는 나중에 회상했다. 그는 '아내는 어디 있지?' 하고 생각했던 것도 떠올렸다. 그는 다시 자기 몸을 보았다. "피가 뿜어져나오기 시작했습니다. 목동맥이 잘린 건가? 출혈로 죽게 되려나?"

어느 정도 시간이 지나고 나서 하치야 박사는 아내인 야에코를 발견했다. 그들의 작은 집이 사방에서 무너져내리고 있었다. 그는 아내와 함께 "뛰고, 발을 헛디디고, 넘어지며" 밖으로 달려나갔다. "일어서다가 나는 어떤 남자의 머리에 발이 걸려 넘어졌다는 걸 알았습니다."[19]

세쓰코 서로나 하치야 박사, 또 이와 비슷한 무수히 많은 사람의 생존 경험담은 미군과 일본의 미 주둔군에 의해 수십 년 동안 은폐되었다. 미 국방부 장교들이 자신들만 알기를 원했기에, 전투에서 사용된 원자폭탄이 사람과 건물에 미치는 영향은 기밀로 독점되었다. 이들이 이 정보를 독점하고자 했던 건 다른 핵전쟁을 위해서였다. 펜타곤은 핵폭발의 결과에 대해 미래의 어느 적군보다 더 많은 정보를 수집하고자 했다.

2기의 원자폭탄은—하나는 1945년 8월 6일 히로시마에, 하나는 사흘 후 나가사키에 투하되었다—에너지와 섬광을 번쩍이며, 이미 5,000만~7,500만 명의 사망자를 낸 제2차세계대전을 종결시켰다. 그 이후 1945년부터 미국의 소규모 핵 과학자와 국방부 장교로 이루어진 집단이 다음번 세계 대전을 위해 수십 개의 원자폭탄을 활용하는 더 새롭고 큰 계획을 세우기 시작했다. 그런 전쟁은 최소한 세계 인구의 5분의 1인 6억 명을 살해할 것으로 예상되었다.

이로써 우리는 1960년 12월 지하 벙커에 앉아 핵 총력전 계획을 듣고 있던 남자들의 이야기로 돌아간다.

3장

빌드업

1945∼1990년: 로스앨러모스, 로런스 리버모어, 샌디아 국립 연구소

1960년 전략공군사령부 본부에서 비밀리에 발표된 핵전쟁 계획은 1년이 넘도록 준비한 것이었다.[20] 국방부 장관이 미국 대통령에게 보고하기 위해 계획을 세우라고 명령했다. 일본에 투하된 두 개의 원자폭탄이 각각 수만 명의 사람들을 순식간에 죽이고, 이어진 화재 폭풍이 수만 명의 사람들을 더 불태워 죽인 지 15년이 지나서였다.

1945년 8월로 돌아가보자. 미국은 그달 말에 네번째 폭탄을 만들어낼 수 있는 양의 핵물질을 무기고에 보관한 채 세번째 폭탄을 출하할 준비를 하고 있었다.[21] 일본이 항복하지 않을 경우에 대비한 계획이었다. 로스앨러모스 연구소에서 오랫동안 근무해온 핵무기 공학자이자 연구소의 기밀 박물관 소속 전직 역사학자이자 큐레이터인 글렌 맥더프 박사는 "최초의 원자폭탄은 학교 과학 숙제와 비슷했다"고 말한다.[22] 그의 설명에 따르면,

"그들이 보유한 과학 장비 20개 중 19개는 겨우 80개가량의 흔한 진공관을 가지고 직접 설계한 것"이었다.

마침내 세계대전이 끝났고, 로스앨러모스 핵 연구소의 운명은 아무도 알 수 없었다. 맥더프 박사는 "전쟁이 끝난 이후, 단 1기의 원자폭탄만 남았던 로스앨러모스 연구소와 이 지역의 기반 시설은 무너져내렸다"고 회고한다. "불을 켜놓기 위해서 하루하루 애써야 했습니다. 로스앨러모스 직원 절반이 떠났습니다. 전망이 어두웠습니다. 그러니까, 해군이 개입하기 전까지는요."

미국 해군은 세계 최강의 해상 전투 집단이었지만 이 새로운 핵전쟁의 시대에 자신들이 뒤처지고 있다는 점을 심각히 우려했다. 이를 극복하기 위해 해군은 세 번의 잇따른 원자폭탄 실험 실사 촬영을 계획했다. 모두가 볼 수 있도록.

1946년, 실험용 원자폭탄 베이커가 석호의 수면을 뚫고 폭발하며
153만 세제곱미터의 방사성 바닷물과 침전물을 허공으로 띄워올렸다. (미국 의회도서관)

크로스로드 작전은 일종의 웅대한 기념식이었다.[23] 이는 88척의 해군함선이 미래의 해상 핵전쟁에서 살아남을 뿐 아니라 크게 활약할 수 있다는 걸 보여주기 위해 고안된 대규모 홍보용 군사 실험이었다. 마셜제도의 비키니환초에 4만 2,000명이 넘는 사람들이 모였다. 세계 지도자, 언론인, 고위 관료, 국가수반 들이 핵폭발 실황을 보려고 태평양의 이 외진 구석으로 찾아왔다. 이것은 전쟁 이후 미국이 처음으로 활용한 핵무기였다. 앞으로 펼쳐질 일의 예고편이었다.

맥더프는 말한다. "1946년의 무너져가던 로스앨러모스에 해군은 구세주였습니다."

크로스로드 작전은 핵폭탄 프로그램에 새 생명을 주었다. 1946년 중반까지 미국 핵무기 보유량은 9기로 늘어났다. 실험 이후 합동참모본부에서는 앞으로의 행동을 결정하기 위해 "군사 무기로서의 핵폭탄"을 평가해달라고 요청했다. 1975년까지 기밀로 유지되었던[24] 보고서는 이제 막 꽃피기 시작한 군산복합체에 물을 주었다. 그 자세한 내용은 경각심을 일깨운다.

이 보고서를 작성한 제독, 장군, 과학자 집단은 원자폭탄이 "인류와 문명을 위협하는 존재"이며[25] "지구 표면의 광대한 지역에서 인간을 말살시킬" 수 있는 "대량 살상 무기"라고 경고했다. 하지만 원자폭탄이 매우 유용할 수도 있다는 말을 했다. "원자폭탄을 다수 활용하면 어느 국가의 군사적 노력이든 무력화할 수 있을 뿐 아니라 그 국가의 사회경제적 구조를 무너뜨리고 장기간 재건을 막을 수 있다"고.[26]

이사회는 더 많은 핵무기를 보유하라고 권고했다.

보고서는 러시아에도 곧 자체적인 핵무기고가 생길 것이며, 그럴 경우 미국이 기습 공격에 취약해질 거라고 분명히 밝혔다. 이런 기습 공격이 나중에 '청천벽력'으로 알려지게 된다. 이사회에서는 "원자폭탄의 출현으로 기습은 최고의 전술이 되었다. 공격측은 다수의 원자폭탄으로 갑작스럽고 예기치 못한 공격을 감행해 당초 자신보다 강력했던 적의 궁극적 패배를 담보하게〔담보할 수 있게〕 되었다"고 경고했다. 여기서 말하는 '당초 자신보다 강력했던 적'은 미국이다.

미국이 창조한 것이 미국의 잠재적 몰락의 전조가 된 셈이다.

합동참모본부는 "미국은 핵무기를 계속 제조하고 보유하는 것 외에는 대안이 없다"는 조언을 받았다. 합참은 이 점에 유의했고, 그 조언을 승인했다.

1947년에 미국의 핵무기 보유량은 13기로 늘었다.[27]

1948년에는 50기로.

1949년에는 170기로.

기밀 해제된 기록에 따르면 당시 군사 계획자들이 200기의 핵폭탄이라면 소련 전체를 무너뜨릴 화력이라는 데 합의했다. 하지만 같은 해 여름이 되자 미국의 핵무기 독점은 불가피하게 끝나고 말았다. 1949년 8월 29일, 4년 전 미국이 나가사키에 떨어뜨렸던 폭탄을 러시아인들이 거의 정확히 복제해 러시아 최초의 핵폭탄을 터뜨렸다. 독일 태생으로 영국에서 교육받은 공산주의자 스파이에 의해 나가사키에 투하된 핵폭탄의 청사진이 로스앨러모스 연구소에서 도난당한 것이다. 그 스파이의 이름은 맨해튼 프로젝트 과학자 클라우스 푹스였다.

더욱더 많은 핵폭탄을 만들기 위한 경쟁에 이제 극적으로 가속화가 시작되었다. 1950년경 미국은 핵무기 보유량을 129기 더 늘렸다.[28] 총 보유량은 170기에서 299기가 되었다. 당시 소련에는 핵폭탄 5기가 있었다.

이듬해인 1951년, 이 숫자는 다시 증가했다. 이제 미국 무기고에는 438기라는 놀라운 숫자의 핵폭탄이 존재했다. 합동참모본부에서 "지구 표면의 광대한 지역에서 인간을 말살시키고, 인류가 이룩한 물질적 산물을 잔해만 남기고 파괴할" 수 있다고 조언했던 양의 두 배를 넘는 숫자였다.[29]

이듬해에는 거의 두 배로 늘어난 핵무기가 다시 거의 두 배로 늘어났다. 1952년의 미국 핵무기 보유량은 841기였다.

841기.

미국의 핵무기 독점이 끝난 상황에서, 핵 우위를 점하기 위한 경쟁은 새로이 시급해지게 되었다. 세계를 반쯤 가로지른 곳에서는 소련이 광기어린 속도로 핵무기를 만들기 시작했다.

겨우 3년 만에 소련은 핵무기를 1기에서 50기로 늘렸다.

하지만 원자폭탄은—그 특별한 파괴력과 대량 살상 능력은—앞으로 개발될 무기 앞에서 곧 무색해질 예정이었다. 미국과 러시아의 무기 설계가들은 각자의 칠판에 새롭고 급진적인 계획을 그려두었다. 이에 따라, 일군의 노벨상 수상자들의 말을 빌리자면 "여태껏 창조된 것 중 가장 파괴적이고 비인간적이며 무차별적인 무기"가 발명되었다.[30] 기후를 변화시키고 기근을 일으키며 문명을 종식시키고 유전자를 변화시키는 더 크고 새롭고 끔찍한 핵무기, 개발에 참여한 과학자들이 "슈퍼"라고 부른 핵무기 말이다.

실제로 슈퍼의 설계자인 리처드 가윈은 "슈퍼가 (중략) 소규모보다는 대규모일 때 더 잘 작동한다"고 말한다. 이 책의 독자들을 위해 그는 "내가 슈퍼라는 (중략) 최초의 열핵폭탄 설계자"라고 확인해주었다.[31] 에드워드 텔러가 처음으로 수소폭탄이라는 발상을 떠올렸고, 리처드 가윈이 그 설계도를 그렸다. 당시에는 아무도 그런 방법을 몰랐는데 말이다.

1952년은 열핵폭탄, 다른 말로 수소폭탄이 발명된 해다. 열핵폭탄은 2단계 초대형 무기로, 핵폭탄 안에 핵폭탄이 들어 있는 형태다. 열핵폭탄은 탑재된 핵폭탄을 기폭제로 활용한다. 내부의 핵폭탄이 폭발성 퓨즈 역할을 하는 셈이다. 슈퍼의 끔찍한 폭발력은 핵융합이라 불리는 과정을 통해 수소 동위원소가 극도로 높은 온도에서 융합을 일으키는, 통제할 수 없고 자체적으로 지속되는 연쇄반응의 결과다.

히로시마와 나가사키에 투하되었던 원자폭탄이 그랬듯, 원자폭탄은 수만 명의 사망자를 낸다. 한편 뉴욕이나 서울 같은 도시에서 폭발할 경우, 열핵폭탄은 초고온의 섬광 속에 수백만 명의 사망자를 낸다.

리처드 가윈이 1952년에 설계한 시제 폭탄은 10.4메가톤이라는 폭발력을 가지고 있었다. 히로시마에 투하되었던 원자폭탄 1,000개가 동시에 터지는 것과 거의 맞먹는 수치다. 극악무도한 무기였다. 가윈의 멘토이자 맨해튼 프로젝트에 참여했던 엔리코 페르미는 그렇게 무시무시한 무기를 만든다는 생각만으로도 양심의 가책을 느꼈다. 페르미와 그의 동료 I. I. 라비는 일시적으로 무기를 만드는 동료들에게서 이탈해, 트루먼 대통령에게 슈퍼가 "사악한 존재"라고 밝히는 편지를 썼다.[32]

기록으로 남아 있는 그들의 표현은 이랬다. "이 무기의 파괴력에 전혀 한계가 없다는 사실은 이 무기의 존재 자체, 그리고 이 무기를 만드는 방법과 관련한 지식이 인류 전체에 위협이 됨을 의미합니다. 어느 모로 보나 이 무기는 사악한 존재일 수밖에 없습니다."

하지만 대통령은 슈퍼의 제작을 중지해달라는 탄원을 무시했고, 리처드 가윈에게는 설계도를 그려도 좋다는 승인이 떨어졌다. "열핵폭탄이 본질

적으로 사악한 존재라면 지금도 사악하겠지요." 가원은 그렇게 말한다.[33]

슈퍼는 제작되었다. 암호명은 마이크였다. 그 후속작은 아이비였다. "그래서 아이비 마이크 실험이 되었습니다."

1952년 11월 1일, 이 폭탄은 마셜제도의 엘루겔라브섬에서 시험 발사되었다. 아이비 마이크 시제 폭탄은 약 80톤(7만 2,500킬로그램)으로, 그 자체의 물리적 크기가 너무 거대한 파괴 도구였던지라 알루미늄 파판波板으로 이루어진 길이 27미터, 폭 14미터의 건물 안에서 만들어져야만 했다.

아이비 마이크는 유례없는 폭발력을 보이며 폭발했다.[34] 기밀 보고서에 따르면 폭탄으로 인해 생긴 구멍은 "펜타곤 크기의 건물 14채가 들어갈 만큼 크다"고 기술되어 있다.[35] 열핵폭탄의 비인간적인 파괴력에 대해서도 할말이 많지만, 아이비 마이크 폭탄 실험 전후에 찍힌 두 장의 항공사진이 나름의 이야기를 전한다.

다음에 제시된 사진 중 위쪽 사진은 엘루겔라브섬의 원래 지리학적 모습이다.

아래쪽 사진에서는 섬 전체가 사라졌다. 그 자리에는 지름 3.2킬로미터, 깊이 54미터의 구멍이 있다. 대량 살상 무기로 땅을 태워버리는 규모가 완전히 새로운 차원으로 올라섰다. 슈퍼의 발명으로 땅을 없앨 수 있는 무기가 존재하게 되었다.

미국의 전쟁 계획자들이 10.4메가톤의 힘으로 무엇이든 순식간에 파괴할 수 있다는 것을 확인하자 더 이해하기 어려운 일이 벌어졌다. 열핵폭탄을 보유하기 위한 광기어린, 그야말로 미친 돌진이 일어났다.[36] 처음에는 열핵폭탄이 수백 기씩, 그다음에는 수천 기씩 쌓여갔다.

그렇게 1952년 841기의 핵폭탄이 쌓였던 것이다. 다음해에는 그 수가

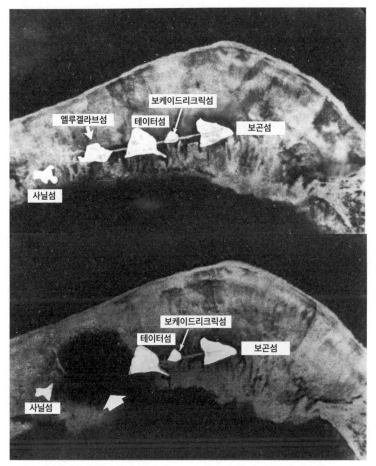

1952년 아이비 마이크 열핵폭탄 실험 전후의 엘루겔라브섬. (미국 국가기록원)

1,169기로 불어났다.

"이 과정은 산업화되었습니다." 로스앨러모스 연구소의 역사학자 글렌 맥더프는 설명한다. "더는 과학 프로젝트가 아니었습니다."

1954년에는 비축된 핵무기가 1,703기였다. 당시 미국 군수산업 단지는 (평균적으로) 매일 1.5기의 핵무기를 찍어내고 있었다.

1955년: 2,422기. 하루에 거의 2기의 핵폭탄이 생겨났고, 열 가지 새로운 시스템이 도입되었으며, 그중에는 세 가지 새로운 스타일의 열핵폭탄이 포함되어 있었다.

1956년: 3,692기. 숫자는 아찔한 수준으로 계속 증가했다. 생산량이 치솟으면서, 이런 대량 살상 무기는 이제 말 그대로 조립라인에서 만들어졌다. 평균적으로 매일 3.5기씩.

미국 핵무기 보유량, 1945~2020년

기밀로 유지된 핵무기 보유량의 미친 듯한 증가세. (미국 국방부, 미국 에너지부)

1957년에 미국이 보유한 핵무기는 5,543기였다. 그러니까 1년 만에 새로운 핵무기가 1,851기 늘어난 것이다. 하루에 5기 이상이 늘어난 셈이다. 게다가 이 숫자는 계속 증가했다.

1958년: 7,345기.

숫자는 계속 늘어났다.

1959년: 1만 2,298기.

네브래스카주의 지하 벙커에서 미국 전쟁 계획자들이 만난 1960년, 미국의 핵무기 보유량은 1만 8,638기였다.

1967년에는 그 수치가 사상 최고치인 3만 1,255기에 이르렀다.[37]

3만 1,255기의 핵폭탄.

아이비 마이크 크기의 핵폭탄을 뉴욕이나 모스크바에 하나만 떨어뜨려도 1,000만 명 넘는 사람을 죽일 수 있는데, 어째서 1,000기, 1만 8,000기, 3만 1,255기의 핵폭탄을 보유해야 한단 말인가? 단 하나의 열핵폭탄만 사용해도 보다 광범위하고 중단할 수 없으며 문명 자체를 종식시킬 핵전쟁이 일어날 게 거의 확실한데, 어째서 이런 무기를 수천 기나 계속해서 대량생산해야 한단 말인가?

새로운 용어가 고안되었다. "핵 억지deterrence"라고 알려진 비유적 표현이었다. '억지'란 무언가가 일어나는 걸 막는다는 뜻이다. 대체 그게 무슨 뜻일까?

핵 억지

미국의 핵 정책에는 몇 가지 지침이 있다. 1950년대부터 전쟁 계획자들이 만들어낸 이 지침은 핵전쟁의 발발을 막기 위해 고안되었다. 동시에 이 개념은 핵전쟁이 일어날 경우 전쟁 계획자들이 핵전쟁에서 승리할 방법을 찾는 데 활용된다. 첫번째 규칙은 핵 억지라는 개념으로, 어마어마한 규모의 핵무기를 보유하는 것이 적군의 핵 공격을 포기하게 하는 데 필수적이라는 개념으로서 대중에게 광고되었다.

핵 억지는 핵 정책의 지침으로, 다음과 같이 작동한다. 핵무장한 각 국가는 핵무장한 적을 계속해서 겨냥하는 핵무기를 보유한다. 이런 핵무기는 몇 분 만에 발사될 준비가 되어 있다. 각 핵무장 국가는 불가피한 경우가 아니면 절대 핵무기를 사용하지 않겠다고 맹세한다. 어떤 사람들은 핵 억지를 평화의 구원자로 본다. 다른 사람들은 핵무기 보유가 어떻게 사람들을 핵전쟁으로부터 안전하게 지켜줄 수 있느냐고 물으며, 핵 억지란 본질을 호도하는 것에 불과하다고 본다.

수십 년 동안 핵 억지는 국방부가 수만 가지 핵무기와 핵무기 전달 체계, 핵 공격에 대항하기 위한 복합적인 방어 무기 체계를 구축할 수 있도록 해주었다. 수조 달러가 핵무기에 지출되었다. 정확한 수치는 기밀로 유지되고 있기에 총액을 알 방법이 없다. 국방부에서는 이런 정책의 제1원칙은 핵 억지가 핵전쟁이 일어날 가능성으로부터 세상을 안전하게 지켜주는 단순한 내용이라 주장한다. 하지만 핵 억지가 실패하면 어떻게 될까?

4장

SIOP

핵 총력전을 위한 단일통합작전계획

제2차세계대전이 끝나고 2주도 채 되지 않아 미군은 466기의 핵폭탄을 보유할 것을 요청했다.
이는 국방부가 소련과 중국의 표적을 파괴하는 데 필요하다고 생각한
최초의 체계적 핵무기 추산치로 알려져 있다. (미국 국가기록원)

미국의 핵무기 보유량이 통제할 수 없이 불어나던 것처럼 미군 각 부대의 핵전쟁 계획도 불어났다. 지금은 미친 짓으로 보이지만, 1960년 12월 이전에는 미 육군, 해군, 공군 수장이 각 군의 핵무기 보유량과 핵무기 전달 체계, 표적지 목록을 자체적으로 통제했다. 이처럼 다수의 경쟁적인 핵전쟁 계획이 초래할 수 있는 재앙을 막고자 국방부 장관은 그 모두를 단일한 계획으로 통합하라고 명령했다. 그것이 이 계획에 단일통합작전계획the Single Integrated Operational Plan, SIOP이라는 이름이 붙은 경위다.

1960년에 전략공군사령부(추후 미국 전략사령부가 된다)에는 28만 명의 직원이 있었다.[38] 그중 1,300명이 이 새로운 계획을 위해 합동 전략 표적 계획 참모진으로 동원되었다.[39] 이들이 맡은 단 하나의 업무는 개별적인 표적 관련 꾸러미들을 통합해 단 하나의 표적 선반에 쌓아놓는 것이었다. 이렇게 융합된 계획이 바로 존 루벨과 그의 동료들이 12월의 그날, 오펏 공군기지 지하 벙커에서 알게 된 내용이었다. 그대로 실행된다면 세계 반대편에서 최소 6억 명의 사람들을 죽이게 될 비밀 계획 말이다.

이런 핵 총력전 계획은 미군 전체의 전력이 예방적 선제공격으로 모스크바를 칠 방법을 보여주었다.[40] 국방과학자들의 신중한 계산에 따르면, 첫 한 시간 동안 2억 7,500만 명의 사람이 살해당할 것이며, 이후 6개월간 방사성 낙진으로 최소 3억 2,500만 명이 더 죽게 될 것으로 예상되었다. 사망자의 절반가량은 소련 인근의 국가에서 발생할 터였다.[41] 미국과 전쟁 중이 아님에도 그 여파에 시달릴 수 있는 나라들 말이다. 여기에는 3억 명의 중국인도 포함되었다.

1960년에 세계 인구는 30억 명이었다. 그 말은, 펜타곤이 1,300명에게 봉급을 주며 예방적 선제 핵 공격으로 지구상 인간의 5분의 1을 죽일 전쟁 계획을 정리하도록 했다는 뜻이다. 이 수치에 러시아의 동일 수준 반격으로 거의 확실하게 살해당할 약 1억 명의 미국인이 포함되지 않았다는 점을 지적하는 건 중요한 일이다. 이 수치에는 이후 6개월에 걸친 방사성 낙진으로 사망할 북미와 남미의 1억 명 정도 되는 사람도 포함되지 않았다. 세계가 불타면서 변화한 기후 때문에 굶어죽게 될 무수한 사람들도.[42]

보고가 마무리된 뒤, 두번째 기밀 공격 계획이 시연되었다. 루벨은 2008년의 회고록에서 이를 "다른 발언자가 발표한 중국 공격 계획"이라고 기술했다. 여기에도 사다리와 지휘봉, 비닐 시트를 포함한 비슷한 연극 장치가 동원되었다. "마지막에 〔이번 발언자는〕 낙진만으로 발생하는 사망자를 나타내는 그래프를 보여주었다."[43]

보고자는 그래프를 가리켰다. 루벨은 그 그래프가 "시간이 지나면서 낙진으로 인한 사망자의 수가 (중략) 중국 인구의 절반인 3억 명에 이를 것임을 보여주었다"라고 썼다.

어느 정도 시간이 지나고 회의는 종료되었다.

이튿날 아침, 존 루벨은 또다른 회의에 참석했다. 이번에는 비교적 규모가 작은 회의였다. 이 회의에는 루벨 자신과 국방부 장관, 합동참모본부의 각 구성원, 육해공군 장관과 해병 사령관이 포함되어 있었다. 루벨은 합동참모의장 라이먼 렘니처가 "다들 아주 섬세하고 어려운 일을 해냈으며, 이런 작업을 해낸 데 대해 칭찬받아야 마땅하다"고 말했다고 전했다. 루벨은 육군 참모총장인 조지 데커가 이와 비슷하게 축하하는 말을 했던 것으로 기억한다. 또 해군 참모총장인 알리 버크에 대해서는 이렇게 회상했다. "습관처럼 물고 다니는 파이프를 빼고 같은 메시지를 반복해 전했다. 힘든 작업을 잘해냈고, 칭찬받아야 한다"고. 또 루벨은 마지막 발언자인 공군

참모총장 토머스 화이트가 "언제나 특유의 권위 있는 분위기를 풍기는 걸걸한 목소리로 그날 아침 이와 비슷한 진부한 말들을 줄줄이 쏟아냈다"고도 말했다.

루벨은 미국 정부가 주도하여 6억 명을 무차별적으로 살해하는 예방적 선제 핵 공격을 아무도 반대하지 않았다고 썼다. 합동참모본부 구성원 중 단 한 명도. 국방부 장관도. 존 루벨 자신도. 그러다가 마침내 한 사람이 반대하고 나섰다.[44] 그는 미국 해병대 사령관인 데이비드 M. 쇼프 장군으로, 제2차세계대전에서 활약한 공로로 명예 훈장을 받은 인물이었다.

루벨은 "쇼프는 미국 중부의 시골 마을에서 온 교사로도 보일 법한, 무테안경을 쓴 왜소한 남자였다"고 기억한다. 그는 쇼프가 핵전쟁 계획에 대해 홀로 반대 의견을 낼 때 침착하고 흔들림 없는 목소리로 "내가 할 수 있는 말은, 중국과 전쟁을 하는 것도 아닌데 중국인 3억 명을 살인하는 계획은 좋은 계획이 아니라는 것뿐입니다. 그건 미국의 방식이 아닙니다"라고 말했다고 기억한다. 루벨의 글에 따르면 회의실은 조용해졌다. "아무도 옴짝달싹하지 않았다."

아무도 쇼프의 반대 의견에 동의하지 않았다.[45]

다른 누구도 입을 열지 않았다.

루벨의 말에 따르면, 다들 딴청만 피웠다.

나중에 루벨은 자신이 참여한 이런 미국의 핵전쟁 계획이 나치의 인종학살 계획을 떠올렸다고 고백했다. 회고록에서, 그는 앞선 세계대전 당시에 나치 관료들이 반제라는 독일 마을의 호숫가 별장에서 회동한 일을 언급했다. 합리적인 남자들로 구성되었다는 이 집단은 그 별장에서 당시 승기를 잡았던 전쟁—제2차세계대전—에서 자신들의 완전한 승리를 굳히

기 위해 인종 학살을 저지르기로 결정했다. 나치 독일은 이를 위해 수백만 명이 죽어야만 한다는 데 동의했다.[46]

수백만 명이.

존 루벨은 80대 후반이 되어서야 반제 회담과 네브래스카주 오펏 공군 기지 지하 회의실에서 열린 회의가 핵심적으로 어떤 유사성을 띠고 있었 는지 분명히 말했다. "나는 독일 관료들이 모여, 그때까지 사용되던 화물 차를 배기가스로 채우거나 일제사격, 헛간과 유대교 회당에 가두는 것보 다 기술적으로 효율적인 대량 학살 방법을 이용해 유럽 전역에서 찾아낼 수 있는 유대인을 마지막 한 명까지 말살시키겠다는 프로그램에 신속하게 동의했던 1942년 1월의 반제 회담을 떠올렸다." 삶이 끝날 때가 다가오자 루벨은 1960년에는 할 수 없었던 말을 세상에 털어놓기로 했다. "나는 강 제적이고 빈틈없으며 정력적으로 정신 빠진 집단 사고가 지배하는 깊은 어둠의 심연으로, 황혼의 지하 세계로 빠져드는 비슷한 광경을 목격하는 기분이었다. 그 집단 사고의 끝은 지표면의 3분의 1에 살고 있는 사람 중 절반을 쓸어버리는 것이었다."[47]

제2차세계대전 당시에 요구된 '최종 해결책'은 유럽에 사는 수백만 명의 유대인 전부와 나치가 인간 이하로 여긴 그 외 수백만 명의 사람들을 말살 하는 것이었다. 존 루벨과 그의 동료들이 서명한 핵 총력전 계획―단일통 합작전계획―에는 러시아인, 중국인, 폴란드인, 체코인, 오스트리아인, 유 고슬라비아인, 헝가리인, 루마니아인, 알바니아인, 불가리아인, 라트비아 인, 에스토니아인, 리투아니아인, 핀란드인, 스웨덴인, 인도인, 아프가니스 탄인, 일본인 등 미국 국방과학자들이 그 여파에 시달릴 수 있다고 계산한 6억 명 이상의 사람을 대량 말살해야 한다는 내용이 담겨 있었다.[48]

'최종 해결책'은 실현되었다. SIOP는 실행되지 않았다, 아직까지는. 하지만 오늘날에도 이와 비슷한 기밀 계획이 존재한다. 오랜 세월에 걸쳐 이름은 바뀌었다. 단일통합작전계획으로 시작되었던 것이 지금은 작전 계획, 즉 아플랜the Operational Plan, OPLAN이라고 불린다. 미국 과학자 연맹과 협력하는 핵 정보 프로젝트의 총괄 책임자 한스 크리스텐슨과 선임 연구원 맷 코르다는 현재의 작전 계획이 아플랜 8010-12이며, 이 계획은 "러시아, 중국, 북한, 이란 등 네 개의 식별된 적을 겨냥하는 '일단의 계획'"으로 이루어져 있다고 밝혔다.[49]

오늘날 미국의 핵무기 보유량은 1960년보다 적지만, 여전히 1,770기의 핵무기가 배치되어 있으며 그중 대다수는 당장이라도 발사할 수 있는 상태다. 또한 수천 기의 핵무기가 더 비축되어 있어서, 전체 탄두의 개수는 5,000기를 넘는다.[50] 러시아는 1,674기의 핵무기를 배치해두었는데, 그중 대다수가 당장이라도 발사할 수 있는 상태이고, 수천 기가 비축되어 있어 전체 보유량은 미국과 대략 비슷하다.[51]

『24분』은 바로 이런 대량 학살 계획의 결과에 토대를 두고 있다.

"핵전쟁은 승자가 없으며, 결코 일어나서는 안 됩니다." 로널드 레이건 대통령과 소련의 총서기 미하일 고르바초프는 1985년의 합동 선언문에서 세계를 향해 경고했다. 수십 년 뒤인 2022년에는 조 바이든 대통령이 미국인들에게 "〔핵〕 아마겟돈의 전망"이 무시무시한 수준의 새로운 고도에 올랐다고 경고했다.[52]

그것이 지금 우리의 상태다. 우리는 벼랑 끝에서 흔들리고 있으며, 어쩌면 그 어느 때보다도 핵전쟁에 가까워졌을지도 모른다.

핵폭발에 대비하세요

핵폭발은 폭발, 열, 방사능으로 심각한 손상과 인명 피해를 일으킬 수 있지만, 핵폭발시 무슨 일이 일어날지 알고 대비하면 가족을 지킬 수 있습니다.

연방재난관리청
2018년 3월

핵무기는 핵반응을 이용해 폭발을 일으키는 장비입니다.

핵 장비는 개인이 운반하는 소형 휴대용 장비부터 미사일로 운반되는 무기에 이르기까지 다양합니다.

핵폭발은 경고 후 수분 내 혹은 경고 없이 발생할 수 있습니다.

밝은 섬광	**폭발파**	**방사능**	**화재 및 열**	**전자기펄스(EMP)**	**낙진**
1분 이내에 일시적인 시력 상실을 일으킬 수 있음	폭발 지점으로부터 수 킬로미터에 이르는 지역에서 사망, 부상, 건물 붕괴를 일으킬 수 있음.	인체 세포를 손상시킬 수 있음. 대규모 방사능 노출은 방사병을 일으킬 수 있음.	수 킬로미터에 이르는 지역에서 사망, 화상, 건물 붕괴를 일으킬 수 있음.	폭발 지점으로부터 수 킬로미터에 이르는 지역에서 전자기기에 손상을 입히고, 그보다 먼 지역에서 일시적 교란을 일으킬 수 있음.	방사성 먼지와 잔해가 비처럼 내려 실외에 있는 사람에게 질병을 유발할 수 있음.

낙진시 폭발 후 수 시간 이내, 가장 높은 수준의 방사능이 방출될 때 가장 위험합니다.
낙진이 지상에 도달하기까지는 시간이 걸리며, 폭발로 인한 즉각적인 피해 지역이 아닌 곳에서는 도달에 15분 이상이 소요되는 경우가 많습니다.
심각한 방사능 노출을 예방하기에 충분한 시간입니다. 간단한 단계를 참고하세요.

 | |

실내로 들어가세요

 가장 가까운 건물로 들어가 방사능을 피하십시오. 벽돌 혹은 콘크리트 건물이 가장 좋습니다.

 낙진이 퍼진 이후 실외에 있었다면 오염된 옷을 버리고 낙진에 노출된 피부를 닦아내거나 씻으세요.

 건물 지하실 혹은 한가운데로 들어가십시오. 외벽이나 지붕에서 먼 곳에 머무십시오.

실내에 머무세요

 지역 관청에서 다른 지시가 내려올 때까지 24시간 동안 실내에 머무십시오.

 가족과 떨어져 있어도 실내에 그대로 머물러야 합니다. 위험한 방사능에 노출되지 않으려면 가족과는 나중에 합류하세요.

 반려동물은 실내에 두세요.

통신을 유지하세요

 나가도 안전한지, 어디로 가야 하는지 등의 정보에 접근하게 해주는 미디어와 통신을 유지하십시오.

 배터리나 수동 크랭크로 작동하는 라디오는 핵폭발 이후에도 작동할 것입니다.

 휴대전화, 문자메시지, TV, 인터넷 서비스는 불안정하거나 이용 불가능할 수 있습니다.

"핵폭발에 대비하세요." (미국 연방재난관리청)

2부

첫 24분

발사 후 10분의 4초
북한 평성

SBIRS 위성. (미국 국방부, 록히드 마틴)

핵전쟁은 레이더 화면의 깜빡이는 신호로 시작된다.

북한 시각으로 오전 4시 3분, 해뜨기 전 어두운 시각이다. 수도 평양으로부터 32킬로미터 떨어진, 황량하게만 보이는 들판 지면에서 불과 얼마 안 되는 높이에서 거대한 불의 구름이 피어오른다. 북한의 강력한 대륙간 탄도미사일, 즉 ICBM의 꼬리에서 뜨거운 로켓 배기가스가 뿜어져나온다. 이 미사일은 이곳 흙바닥에 주차된 바퀴 22개짜리 차량에서 발사된다. 분석가들이 "괴물"이라고 부르는 화성-17이 솟아오르기 시작한다.[1]

지구라는 행성의 상공 3만 6,000킬로미터 지점에서는 미국 국방부의 SBIRS("시버스") 위성 체계가 우주를 맴돌고 있다. 바로 그 SBIRS의 자동차만한 센서가 구름 너머에서 미사일이 뿜어내는 뜨거운 로켓 배기가스의 불꽃을 발견한다.[2] 발사 후 10분의 몇 초 만에 일어나는 일이다.

SBIRS는 미국의 우주 적외선 시스템에 속한 위성 중 일단으로, 움직이는 방식 때문에 달로 가는 길의 약 10분의 1 지점에 머무는 것처럼 보인다. 지구 회전속도와 정확히 같은 회전속도로 지구를 도는, 이 지구 정지 궤도* 위성은 마치 가만히 떠 있는 것처럼 움직인다.

SBIRS가 경보를 울린다: 탄도미사일 발사, 경고!

---

* 지구 적도로부터 상공 약 3만 5,000킬로미터 거리의 궤도. 이 궤도를 따라 움직이는 위성은 주기가 지구의 자전 속도와 일치하기 때문에 마치 우주의 한 지점에 정지해 있는 것처럼 보인다.

발사 후 1~3초
콜로라도주, 항공우주 데이터 시설

버클리 우주군기지 레이돔. (미국 우주군 기술 하사관 JT 암스트롱 제공)

우주에서 온 비가공 데이터가 콜로라도주 오로라의 버클리 우주군기지에 있는 국가정찰국National Reconnaissance Office, NRO 임무 지상기지인 항공우주 데이터 시설로 실시간 전송된다.[3] 버지니아주 포트벨보어와 뉴멕시코주 화이트샌즈와 같은 지상기지가 그랬듯, 이런 시설의 존재는 2008년까지 기밀이었다. NRO에서 수집한 정보는 미국의 국가 안보 기관에서 가장 공들여 지키는 정보다.[4] NRO의 모토는 **수프라 에트 울트라**Supra et Ultra, 즉 "위로, 그리고 그 너머로"다.

이 시설의 모든 것이 기밀이다.

이곳 사무실에서 다루는 모든 데이터는 미로 같은 고도의 보안 프로토콜로 보호되며, 그중 다수는 암호화되어 있다. 이곳의 정보에는 종종

"ECI"라는 이름표가 붙는데, 예외적 통제 정보Exceptionally Controlled Information라는 뜻이다.

NRO의 장교들은 고도의 훈련을 받았다. 이곳에서는 실수가 용납되지 않는다. 항공우주 데이터 시설은 국방부 정찰위성의 지휘와 통제를 맡는다. 이들은 다가오는 핵 위협에 관한 정보를 분석하고 보고하고 전파한다.

경보가 울린다.

'탄도미사일 발사, 경고!' 소리가 모두의 주의를 끈다.

이 시설에는 수백 명의 국가안전보장국National Security Agency, NSA 인원도 함께 있다. 이들이 세 개의 독립된 지휘 벙커에 자리한 세 곳의 핵 사령부로 암호화된 메시지를 보내기 시작한다. 이런 벙커는 각기 세 곳의 지하에 요새화되어 있다.

- 콜로라도주 샤이엔산 복합단지 내 미사일 경보 센터
- 워싱턴DC 펜타곤 내 국가 군사 지휘 본부
- 네브래스카주 오펏 공군기지 내 국제 작전 본부

이곳 콜로라도주에 있는 NRO 임무 지상기지는 미국의 모든 군사위성을 위한 가장 중요한 국내 다운링크* 시설이다. 전직 미국 공군 우주사령부 선임 과학자 더그 비슨은 "다른 다운링크 시설도 있다"고 말한다.[5] 그다른 곳으로는 국방부 특수 미사일 및 항공우주 본부Defense Special Missile and Astronautics Center, 일명 DEFSMAC("데프스맥")이라고 알려진 조직도

---

* 위성이나 우주선에서 보내오는 정보를 지상에서 전송받기 위한 통신 회선.

있다. 이 시설은 메릴랜드주 포트조지 G. 미드의 NSA 본부에 위치한 기밀 시설이다. 핵전쟁이 일어날 때 발생할 모든 일은 이런 지상기지의 분석가들이 그 순간 발생하고 있는 일이 무엇이라고 해석하느냐에 달렸다.

이 시나리오에서, 그들은 지금 핵전쟁이 일어나고 있다고 해석한다.

발사 후 4초
우주

북한 상공의 SBIRS 지구 정지궤도 위성은 양옆으로 각 약 6미터 길이의 태양열 날개가 넓게 뻗어 있는 관광버스 크기의 위성이다. SBIRS 센서는 독립적인 처리 능력을 갖추고 있는데, 그 말은 위성이 넓은 범위의 영토를 훑어보는 동시에 관심사가 되는 특정 지역에 집중할 수 있다는 뜻이다. 센서는 매우 강력해서 320킬로미터 떨어진 곳에서도 불 켜진 성냥 한 개비를 식별할 수 있다.[6]

우주 적외선 시스템은 미국의 21세기판 폴 리비어*다. 하지만 다가오는 건 영국 보병대도, 기병대도 아니다. 이번에 다가오는 것은 핵으로 무장한 대륙간탄도미사일이다. 전능하고 막을 수 없으며 문명을 위협하는 ICBM 말이다.

북한 상공의 미국 위성에 탑재된 센서들은 내장된 신호 처리 과정을 밟아, 지구라는 행성으로 어마어마한 양의 초기 경고 센서 데이터를 실시간 전송한다.[7]

이쯤에서 생각해볼 문제가 있다. 세계 최초의 위성은 1957년에 러시아인들이 발사한 비치볼 크기의 스푸트니크라는 우주선이었다. 이 우주선에는 라디오 안테나와 은-아연 배터리가 장착되어 있었다. 수십 년이 지난 오늘날에는 마이크로프로세서를 장착한 고출력 위성들이 9,000대[8] 넘게 지구 주위를 돌며 원격 통신으로 사람들을 연결하고 내비게이션, 기상예

---

* 미국독립전쟁 시기의 은세공사로, 영국군의 공격이 임박했을 때 이 사실을 식민지 민병대에 알렸다.

보, TV를 통한 오락 등을 제공하고 있다.

SBIRS는 이런 일을 전혀 하지 않는다. SBIRS는 경비를 선다. 하루 24시간, 일주일에 7일, 1년 365일 내내 핵 위협시 나타나는 최초의 폭발성 불꽃을 경계하며 기다리고 지켜본다.

돌이킬 수 없는 행위를 나타내는 불꽃을.

발사 후 5초
콜로라도주, 항공우주 데이터 시설

콜로라도주 항공우주 데이터 시설 내부에서는 세계에서 가장 빠른 컴퓨터 시스템이, SBIRS 센서가 보내온 비가공 데이터를 천문학적인 속도로 처리한다. 이 컴퓨터는 발사된 ICBM의 불꽃 규모를 측정하느라 바쁘다. 단거리 탄도미사일의 뜨거운 로켓 배기가스는 불꽃의 크기와 밝기 면에서 대륙간탄도미사일의 배기가스와 극명히 다르다. 둘 다 우주에서 정확히 측정할 수 있다.

탄도미사일 발사는 드문 일이 아니다. 발사 건수 또한 전례없는 속도로 증가하고 있다. 2021년에 미국 우주군은 전 세계에서 발사된 1,968기의 미사일을 추적했는데, 이 숫자가 "2022년에 3.5배 이상으로 늘어났다"고 우주시스템사령부의 브라이언 데나로 대령은 말한다.[9] 2023년 9월까지도 러시아는 계속해서 미국에 탄도미사일 시험 발사를 통지하고 있다.[10]

누구도 실수로 핵전쟁을 시작하고 싶어하지는 않으니까.

일반적으로, ICBM 발사만큼 중대한 미사일 시험은 보통 인근 국가에 공고된다. 외교 채널이나 비공식 채널, 기타 채널 등 어떤 채널을 통해서든 통지가 이루어진다.

북한은 예외다.

2022년 1월에서 2023년 5월 사이에 북한은 100기 이상의 미사일을 시험 발사했는데, 그중에는 미국 본토를 타격할 만한 핵 능력을 보유한 미사일도 있었다.[11]

그중 하나도 사전에 공표되지 않았다.[12]

"북한은 기습이라는 요소를 유지하고 싶어합니다." 정보 분석가 조지프 베르무데스 주니어는 말한다. "자신들이 강력하고 힘있는 국가라는 선전을 강화하기 위해서입니다."

국방부의 위성이 북한 상공에 "주차"되어 있는 이유다. 발사 이후 첫 순간부터 나오기 시작하는 ICBM 배기가스를 주시하기 위해서.

콜로라도주에서는 불꽃 크기 측정치가 분석가들이 보고 있는 바를 확인해준다. ICBM이 경계심을 자극하는 궤도를 그리며 북한에서 발사되었다. 미사일은 위성 발사 때처럼 우주로 향하지도, 위력을 과시하기 위한 핵실험에서 흔히 쓰이는 궤도를 따라 동해로 향하지도 않는다.

미국의 대규모 초기 경고 시스템의 주요 요소가 모두 현재의 미사일 궤도와 실시간 데이터의 상관관계를 통합적으로 분석하고 있다. 이번 사건의 성격을 보다 정확하게 특정하기 위해서다.

도발을 위한 실험인가, 아니면 핵 공격인가? 해킹인가, 속임수인가?

즉시 전 세계에 펼쳐져 있는 미국의 정보, 감시, 첩보 자원망이 무기고에 있는 온갖 종류의 정보를 뽑아내기 시작한다. SIGINT(신호정보), IMINT(영상 정보), TECHINT(기술정보), GEOINT(지역 정보), MASINT(계측 및 기호 정보), CYBINT(사이버 정보), COMINT(통신정보), HUMINT(인간이 수집한 정보), OSINT(오픈소스 정보) 등 모든 정보가 이번에 탐지된 사건에 관한 정확한 그림을 그리기 위해 시스템에 쏟아져들어온다.

찰나의 순간 하나하나가 중요하다. 정보 1바이트, 1바이트가 중요하다.

발사 후 6초
펜타곤, 국가 군사 지휘 본부

펜타곤. (미 공군 브리트니 A. 체이스 하사 촬영)

펜타곤 지하의 국가 군사 지휘 본부는 핵전쟁시 주요 지휘 통제 시설의 역할을 한다.[13]

표적이 될 수도 있고, 그렇지 않을 수도 있다.

이번 시나리오에서, 워싱턴DC 현지 시각은 오후 3시 3분이고 지금은 초봄인 3월 30일이다. ICBM이 발사된 지 6초가 지났다. 국가 군사 지휘 본부의 컴퓨터 알고리즘은 이미 가용한 데이터에 근거해 미사일의 대륙간 궤도를 예상하기 시작했지만, 국지적인 표적은 아직 정확히 식별할 수 없다.

미사일은 미국으로 향하는 걸까? 하와이로?

아니면 미국 본토가 표적일까?

삼엄하게 경비되는 펜타곤 지하의 이 핵 벙커에는 어느 날, 어느 시각에든 수백 명이 일하고 있다.[14] 저마다 미국의 국가 안보를 보장하기 위해 국가 군사 지휘 본부에 할당된 세 가지 주요 임무와 관련된 일을 한다.[15]

- 전 세계 군사 활동 및 사건 감시
- 전 세계 핵무기 활동 감시
- 필요할 경우, 구체적 위기에 대응—OPLAN(구 SIOP) 실행 포함

북한에서 ICBM이 발사되었음이 확인되고 겨우 몇 초가 지난 지금, 모두의 시선은 지휘 본부의 벽에 걸려 있는 영화관 스크린 크기의 전자 화면에 집중되어 있다. 화면을 가로질러 불길하게 움직이는 점, 핵무장한 화성-17 탄도미사일의 아바타에 말이다.[16]

J-3 작전참모부 장교들이 국가 군사 지휘 본부에 쏟아져들어오고, 동시에 J-2 정보부 차장이 북한의 관료와 공식적으로 연락해보려 노력한다. 이곳에서 명령을 내리는 합동참모본부 관료들은 다음과 같다.

- J-32 정보, 감시 및 정찰(ISR) 작전부 차장(2성 장군/사령관)
- J-36 핵 및 본토 방위 작전부 차장(1성 장군/사령관)
- J-39 국제 작전부 차장(1성 장군/사령관)

9·11 이후로 모든 참모와 참모진이 이렇게까지 극도로 긴장한 적은 없었다.

"전쟁의 안개와 마찰을 포착하고 설명한다는 건 어려운 일입니다."[17]
9·11 당시 펜타곤 지하 벙커에서 자신이 한 경험에 대해 존 브런더먼 대령은 이렇게 말한다. 그곳은 "전 세계의 모든 미국 사령부라는 피라미드에서 정점 역할을 하는 곳"으로, "단일통합작전계획의 실행, 전 세계적 상황 감시, 위기관리를 위한 연결성"을 담보하기 위한 기밀 시설이다. 그럼에도 전쟁이라는 안개 속에는 불확실성이 남아 있다. 브런더먼 대령은 경고한다. "비정상적인 것을 찾으려 들면 아주 많은 것이 비정상적으로 보입니다."

발사 후 15초
콜로라도주, 버클리 우주군기지

버클리 우주군기지. (미국 우주군)

콜로라도주에서는 전투기 조종사들이 활주로에 대기중인 전투기로 달려간다. 이륙할 준비가 된 것이다. 발사 후 15초가 지나, ICBM은 이제 위성 센서로 궤도를 더 정확히 식별할 수 있을 만큼 이동했다.

전망은 재앙에 가깝다.

상상도 할 수 없는 최악의 시나리오다.

화성-17이 미국 본토로 향하고 있다.

버클리 우주군기지는 전 세계의 지상 조기 레이더 경고 시스템은 물론 우주 국방 위성을 운용하는 미사일 경보 부대 스페이스 델타 4의 근거지다.[18]

스페이스 델타 4는 암호화된 통신회선을 통해 세 곳의 지휘부로 전략적

경보를 전하는 임무를 맡고 있다.[19]

- NORAD: 북미 항공우주방위사령부
- NORTHCOM: 미국 북부사령부
- STRATCOM: 미국 전략사령부

이 세 지휘부는 각기 우주군기지로부터 130킬로미터 떨어진 샤이엔산 복합단지 안에 조기 경보 센터를 두고 있다. 이 복합단지는 미국의 전설적 인 핵 벙커로서, 냉전 당시에 화강암 산속에 지어졌다.

스페이스 델타 4 소속 부대원들은 모두 미합중국을 공격하려는 것으로 보이는 대륙간탄도미사일에 엄청나게 집중하고 있다. 두려움의 대상인 ICBM은 멈출 수 없는 존재이자 핵 공격을 할 수 있는 존재다.

일단 발사된 ICBM은 되돌릴 수 없다.

NORAD, NORTHCOM, STRATCOM의 모든 구성원은 다들 지상의 지평선 감시 장비가 핵무장 미사일이 정말로 미국을 공격하려는지 확인해 주기를 기다린다.

이런 2차 확인은 꼭 필요하다.

미사일의 궤도로 볼 때, 공격 미사일이 지평선을 넘어오는 모습을 가장 먼저 목격하는 레이더기지는 알래스카주의 클리어 우주군기지다. 그들의 최첨단 기계 눈은 태평양에서 다가오는 위협에 계속 집중한다.

알래스카주의 레이더가 다가오는 미사일을 감지할 때까지는 8분이 더 걸릴 것이다. 분석가들에게 그 8분은 고문처럼 느껴지는 긴 시간일 터다. 핵미사일의 위협이 다가오는 가운데 시계가 째깍거린다.

발사 후 20초
알래스카주, 클리어 우주군기지

알래스카주 클리어 우주군기지의 장거리 식별 레이더. (미국 미사일 방어국)

알래스카주의 클리어 우주군기지는 전략적으로 페어뱅크스 외곽에 자리잡은 외딴 군사시설이다. 3월 말의 평균기온은 영하 10도 내외다. 이때쯤 눈은 대체로 녹았다.

기지 중심에는 장거리 식별 레이더라 불리는 5층 높이의 탐색, 추적, 식별 레이더가 서 있다. 이 엄청난 지상 보초병은 수십 년 된 조기 경보 레이더 중 가장 새로운 장치다. 이 장치의 역할은 태평양 전선에서 미국을 공격하는 미사일을 감시하고, NORAD, NORTHCOM, STRATCOM에 경고를 보내

는 것이다.[20]

구조물 안에서는 지름 18미터짜리 거대한 안테나 두 개가 1년 365일, 하루 24시간 내내 하늘을 살피며 미사일 공격의 조짐을 탐색한다. NORAD 의 A. C. 로퍼 중장은 레이더가 "우리 쪽으로 오는 모든 위협을 그려볼 수 있게 해주는 또하나의 예리한 눈"이라고 설명한다.[21]

발사 후 20초 만에, 이곳 페어뱅크스 외곽의 우주 경고 비행대에 배치된 북극 공군과 우주군은 스페이스 델타 4로부터 ICBM 공격에 관한 소식을 전달받은 상태다. 하지만 아무것도 보이지 않는다. 아직은 그렇다. 아무리 선진적인 지평선 감시 레이더를 사용하더라도 시스템으로 볼 수 있는 거리에는 한계가 있다.

그래서 이 시스템에 배치된 사람들은 기다려야만 한다.

거대한 레이더는 미사일이 중간궤도 수정 단계에 이를 때까지 공격해오는 ICBM을 보지 못한다. 그리고 그때는 이미 미사일 노즈콘에 장착된 핵무기라는 탑재물이 미국을 타격할 만큼 가까워지게 된다.

지상 레이더에 실시간으로 전송되는 데이터는 북아메리카대륙 건너편 수천 킬로미터 지점의 지휘부로 전달된다. 콜로라도주 샤이엔산 내부의 비밀 지하 미사일 경보 센터로.

당장은 장거리 식별 레이더가 기만스럽게도 고요하다.

발사 후 30초
콜로라도주, 샤이엔산 복합단지

콜로라도주 중심부, 세 개의 봉우리로 이루어진 화성암 산 아래 600미터 지점에 있는 이곳에서는 경보가 울리고 불이 번쩍인다. 모든 컴퓨터가 끔찍한 핵 발사 경보를 나타내는 기밀 메시지를 만들어낸다.

발사 후 30초가 지났다.

2023년 샤이엔산 복합단지 내 합동참모본부. (북미 항공우주방위사령부, 토머스 폴)

SBIRS 위성은 이제 ICBM 추적 데이터를 충분히 확보했기에, 궤도를 보건대 미국 동부 연안 어딘가의 표적지로 향하고 있다고 판단한다.[22]

샤이엔산 복합단지의 구성원 모두가 이 위협에 경각심을 느낀다. 벌어지고 있는 일에 충격을 받는다.[23]

전 세계 우주 및 지상 레이더기지에서 보내온 센서 데이터는 미사일 경보 센터 사람들이 감당하지 못할 정도다. 모두가 데이터에 치여 일을 처리하고 있다. 다가오는 위협의 특징을 파악하기 위해 일하고 있다. 모두가 같은 것을 보고 있다.

다가오고 있는 단 하나의 ICBM을.

모두가 같은 생각을 하고 있다.

단 한 발의 핵미사일은 말이 되지 않아.

북한이 정말로 ICBM으로 미국을 공격하는 거라면, 이는 예방적 선제 핵 공격으로 간주될 것이다. 대통령의 명령을 받으면, 미군은 압도적이고도 무조건적인 핵전력을 사용해 대응할 테고.

북한은 파괴될 것이다.

"이런 청천벽력 공격의 〔특징은〕 기습입니다.[24] 선전포고 없는 급습 말입니다." 전직 국방부 장관 윌리엄 페리는 말한다. 기습은 전쟁만큼이나 오래된 군사전략이다. 하지만 핵무기가 있는 오늘날에는 미국을 선제공격하는 건 어떤 나라에든 국가적 자살 행위나 다름없다. 핵 억지라는 개념 자체가, 핵무장한 초강대국을 상대로 청천벽력 공격을 가하면 공격한 국가는 반드시 전면적이고도 완전히 파멸당한다는 생각을 기반으로 한다.

기습은 역사를 바꾼다.

기습은 목을, 뱀의 머리를 자르기 위해 설계된다. 그러기 위해 엄청나게 많은 무기를 보내게 마련이다. 단 하나의 ICBM만을 쏘아 보내지는 않는다. 1,770기의 핵무기를 배치해두고, 그중 대다수가 발사 준비를 마친 상태인 미국 같은 나라를 상대로는.

"단 한 발의 미사일로 공격한다는 건 말이 되지 않습니다." 전직 국방부 장관 페리는 그렇게 덧붙였다. 이런 돌발 상황은 "추가 정보를 수집한 〔뒤에야〕 대통령에게 보고할 수 있다".

샤이엔산 복합단지가 빨갛게 번쩍이고 경고 사이렌이 비명을 질러대는 동안 복합단지 안의 모든 사람은 훈련받은 대로 행동한다. 발, 손가락, 눈, 직관—인간의 모든 기능이 기계 파트너와 함께 발레 비슷한 협응協應을 이루며 돌아간다. 이들이 센서 데이터를 활용 가능한 정보로 분류한다. 샤이엔산의 미사일 경보 센터는 전 세계 미사일 발사 데이터가 수집되는 곳이다. 이곳 사람들은 들어오는 정보를 북아메리카와 미국에 닥친 위험으로 분류할지 판단한다.

"우리는 그 모든 정보를 모으는 뇌간입니다."[25] 샤이엔산 복합단지의 차장 스티븐 로즈가 말한다. "정보의 상관관계를 찾고 이해한 다음 뇌로 올려보내는 것이죠. 뇌는 NORAD, NORTHCOM, STRATCOM의 사령관일 수 있고요." 샤이엔산 복합단지는 지휘부의 장관과 제독들이 대통령을 개입시켜야 할지, 개입시킨다면 언제 개입시킬지 판단할 수 있도록 데이터를 해석하는 뇌간이다. 로즈는 샤이엔산 복합단지가 총사령관에게 보고할 핵 공격 평가를 준비하기 때문에 "신경계에서 가장 중요한 부분이자 가장 취약한 부분"이라고 경고한다.

물리적으로 이 시설은 1메가톤급 열핵폭탄의 직접 충격에도 견딜 수 있다.[26] 하지만 여기에서 말하는 약점이란 이론적인 것이다. 지금 이곳에는 판단의 오류를 저지를 여유가 전혀 없다.

어떤 종류의 오류도.

한 나라, 한 행성, 그곳에 사는 사람 모두의 운명이 달려 있다.

발사 후 60초
네브래스카주, 미국 전략사령부 본부

60초가 지났다. 네브래스카주 오펏 공군기지 지하에는 미국 전략사령부, 일명 STRATCOM이 자리잡고 있다. 이곳은 8만 5,000제곱미터의 벙커, 지휘 본부, 의료 시설, 식당, 수면 시설, 발전소, 터널 등으로 이루어진 단지다.

지하 몇 층 깊이에 묻혀 있는 이 13억 달러짜리 핵 사령부는 1메가톤급 열핵폭탄의 직격에도 버틸 수 있게 설계되어 있다. 이곳에서 일하는 3,500명이 넘는 사람은 모두 현재 다가오는 핵 위협에 집중하고 있다.[27]

위잉! 위잉! 위잉!

모든 기밀 경보 시스템이 울린다.

"대응해야 할 때라는 걸 사령관에게 알려주는 방법이 열 가지쯤 있습니다."[28] 전직 STRATCOM 사령관인 존 E. 하이튼 장군은 말한다.

탄도미사일 발사, 경고!

전자 경보 시스템이 동시에 울리며 비명을 지르고 소리치고 깜빡이고 진동한다. STRATCOM 본부에서 일하면서 ICBM이 미국으로 오고 있다고 추정되는 현재 상황을 모르는 건 불가능하다.

이 순간 가장 중요한 사람은 미국 전략사령부 사령관, 즉 STRATCOM 사령관이다. 그는 핵 작전을 책임지는 미국의 최상위 사령관이다.[29] 15만 명이 넘는 육군, 해군, 공군, 해병, 우주군, 시민이 STRATCOM 지휘관의 명령에 따른다. 핵 지휘 통제 시스템에서 STRATCOM 사령관은 대통령에게 직접 조언하고 명령을 받는다.

STRATCOM 사령관과 대통령 사이에 다른 사람은 끼지 않는다. 국방부 장관도, 합동참모의장도, 부통령도.

STRATCOM 사령관의 일에는 세상 그 누구와도 다른 책임감이 따른다.[30]

퇴역 장군인 조지 리 버틀러는 1991년부터 1994년까지 미국 핵전력을 지휘했던 인물로, 자신의 임무를 다음과 같이 요약한다.[31] "우리 경보 시스템이 미국에 닥친 위협을 탐지할 경우 (중략) 내 역할은 대통령에게 우리가 공격당하고 있음을 알리고, 핵무기의 유형과 숫자, 표적을 특정하고, 대통령에게 핵전쟁 계획에 기술된 선택을 조언하며, 실행 명령을 이끌어 내고, 그 명령을 작전부대에 신속히 전달해 해당 부대가 적시에 무기를 이동, 발사하고 생존하도록 하는 것입니다."

이번 시나리오에서 핵 위기가 전개되고 나서 60초가 지난 시점에, STRATCOM 사령관은 집무실에서 나와 서둘러 전용 엘리베이터에 탄다. 세계 작전 센터라 불리는 지휘 센터의 벙커로 내려가는 데는 몇 초밖에 걸리지 않는다.

"우리 전략 부대는 언제나 대응할 준비가 되어 있습니다. 모두가 그 사실을 알아야 합니다." STRATCOM 사령관 하이튼 장군은 2018년 CNN에 이렇게 말했다. "우리 부대원들은 지금 이 순간에도 준비되어 있습니다. 지하에서도, 심해에서도, 하늘에서도 말입니다. 우리는 어떤 위협에도 대응할 준비가 되어 있으며, 김정은을 포함한 세계의 적들은 그 사실을 알아야 합니다."

엘리베이터 문이 열린다.

"누가 우리에게 핵무기를 발사하면 우리도 마주 발사합니다."[32] 하이튼 장군은 말한다. "그들이 핵무기를 하나 더 발사하면 우리도 하나 더 발사

합니다. 그들이 2기를 발사하면 우리도 2기를 발사합니다."

하이튼은 이것이 "확전 사다리Escalation Ladder"라고 말한다.

이 시나리오에서 STRATCOM 사령관은 서둘러 지하의 배틀 덱Battle Deck으로 들어간다.[33] 배틀 덱은 콘크리트 벽으로 둘러싸인 93제곱미터 크기의 방이다.

그의 눈은 거의 벽 전체를 덮고 있는 거대한 전자 화면에 집중한다. 영화관의 스크린과 같은 크기의 화면이다.

미국으로 돌진하는 핵미사일을 초 단위로 추적하며 세 개의 전자시계가 세 가지의 시간을 표시한다. 이 시간대는 다음과 같이 불린다.

- 레드 임팩트: 적의 미사일이 표적지에 도착할 때까지 남은 시간
- 블루 임팩트: 미국의 핵 반격이 적을 타격할 때까지 남은 시간
- 안전 탈출: 사령관이 벙커에서 빠져나와 탈출할 때까지 남은 시간

이곳 벙커 안에서는 배틀 덱의 직원들이 익히 연습했던 대로 사령관에게 상황을 보고한다. 시간 낭비를 전혀 하지 않는다. 레드 임팩트와 안전 탈출 시계가 카운트다운을 하는 가운데 블루 임팩트 시계를 돌아가게 하는 것, 즉 반격이 최우선 순위다.

배틀 덱의 뒤쪽에서는 방음벽이 천장에서 내려온다.

방음벽이 자리에 고정된다.

배틀 덱의 직원들은 미국 핵 지휘 통제 시스템에서 가장 높은 보안 자격을 가지고 있다. 그들은 매일 발사 프로토콜을 연습한다. 하지만 앞으로 방음벽 안쪽에서 논의할 정보는 소수의 STRATCOM 장교를 제외하면 누

구에게도 들려줄 수 없을 만큼 예민한 것이다.

이제 핵심 그룹이 모여 발사 계획을 의논하기 시작한다.

발사 후 1분 30초
콜로라도주, 피터슨 우주군기지 NORAD 본부

샤이엔산에서 북동쪽으로 14킬로미터 좀 넘게 떨어진 지점(직선거리 기준), 콜로라도주 NORAD 본부에서는 차관, 장교, 군사보좌관들이 피터슨 우주군기지의 복도를 달려 NORAD-NORTHCOM 지휘 본부로 들어간다. 피터슨 지휘 본부는 샤이엔산 내부의 지휘 본부와 비슷하지만 더 크다. 새로운 위협을 다루기 위해 이곳으로 모여드는 직원들을 모두 수용할 수 있도록 설계되었기 때문이다.[34]

이곳은 현재 수신되는 조기 경보 센서 데이터를 수집, 통합해 미국과 전 세계의 전략적 파트너에게 전송하는 중심 시설이다. 핵 지휘 통제는 하나의 조직이 실패하는 경우를 대비하여 여러 조직이 비슷한 일을 수행하도록 하는 중복 조치의 개념을 기반으로 한다.

콜로라도주 로키산맥의 그늘에 있는 이 기밀 시설 내에서 NORAD 사령관은 자신이 분석한 핵 공격의 내용을 국방부 장관과 합동참모의장에게 전달할 준비를 한다. 두 사람은 모두 워싱턴DC의 펜타곤 내에 있다.

NORAD 지휘 본부는 고급 초고주파 시스템이라 알려진, 암호화되고 전자기펄스와 신호 혼잡에 영향을 받지 않는 위성통신 시스템을 이용해 파트너 시설과 소통한다.[35]

하지만 국방부 장관과 합동참모의장은 펜타곤 지하 벙커에 없다. 아직은.

발사 후 2분
펜타곤, 국가 군사 지휘 본부

펜타곤 직원들은 본부가 과녁의 정중앙과 비슷해 보인다고 말한다.
(미국 의회도서관, 시어도어 호리드차크)

2분이 지났다. 두 남자가 펜타곤을 바삐 가로지른다. 가볍게 달리는 게 아니라 질주하며 E-링*의 반짝거리는 리놀륨 타일 바닥을 가로지른다.[36] 그중 한 명은 국방부 장관으로 정장에 흰 셔츠, 넥타이 차림이다. 다른 한 명은 합동참모의장으로, 별과 휘장과 리본으로 화려하게 장식된 군복을 입고 있다.

두 사람은 재빨리 여러 층의 계단을 내려가 방화문을 지난 다음 더 많은

---

* 펜타곤의 최외곽 건물.

계단을 지나고 더 많은 문을 통과한 뒤 고도 보안 터널에 접어든다. 터널은 국가 군사 지휘 본부로 이어진다. 여기에서 미국의 STRATCOM과 NORAD 사령관들이 대통령의 최고위 자문위원으로서 위성 신호와 영상을 지켜볼 것이다. STRATCOM과 NORAD가 핵전쟁의 뇌와 뇌간이라면, 펜타곤 지하의 국가 군사 지휘 본부는 핵전쟁이 될 제3차세계대전의 고동치는 심장이다.

최초에 작전실이라 불리던 이 지휘소는 1948년에 다음번 세계대전을 지휘하기 위한 장소로서 펜타곤에 만들어졌으며, 그 이후로 하루도 빠짐없이 1년 365일 사용되었다.[37]

미사일 발사가 탐지된 이후로 지금까지 2분이 흘렀다. 국방부 장관과 합참의장은 겨우 몇 초 차이로 도착한다. 콜로라도주에서 보내온 보안 위성 영상 신호를 통해 NORAD 사령관이 말한다.

그의 평가는 간략하고 핵심적이다.

추적 데이터를 통해 최악 중에서도 더 심각한 최악의 시나리오가 확인되었다.

공격용 대륙간탄도미사일이 미국 동부 연안으로 향하고 있다.

ICBM

아마겟돈까지 26분 40초

추진, 중간궤도, 종말 등 비행의 3단계로 나타낸 탄도미사일의 궤도. (미국 미사일 방어국)

대륙간탄도미사일은 대륙을 가로질러 표적지까지 핵무기를 운반하는 장거리 미사일이다. ICBM은 지구 반대편에 있는 사람 수백만 명을 죽이기 위해 존재한다. ICBM이 막 발명된 1960년, 펜타곤의 수석 과학자인 허브 요크는 이런 대량 살상 로켓이 소련의 발사대에서 미국의 도시에 이르기까지 정확히 몇 분이 소요되는지 알고 싶어했다. 요크는 제이슨 그룹이라 알려진 일군의 국방과학자들을 고용해 그 시간을 최대한 정밀하게 알아내도록 했다.[38]

허브 요크가 알아낸 숫자는 발사에서 몰살까지 26분 40초였다.

겨우 1,600초. 그게 전부다.

이런 비밀 평가서의 사본이 샌디에이고 가이젤도서관에 있는 허브 요크의 개인 문서 사이에 숨겨져 있다.[39] 요크가 문서를 남겨둔 이유는 부주의했기 때문일 수도 있고, 전쟁 계획자들과 무기 제조자들이 수십 년 동안 알고 있었으면서도 이토록 냉정하고 가혹한 용어로 밝힌 적이 없던 사실을 세상에 확실히 알리고 싶었기 때문일 수도 있다. 핵전쟁에서 이길 방법은 없다는 사실을.

핵전쟁은 그냥 너무 빠르게 일어난다.

핵전쟁이 펼쳐지고 확대되는 속도를 보면, 오직 확실한 건 그 전쟁이 핵 홀로

코스트로 끝나리라는 것뿐이다.

요크는 이렇게 썼다. "핵무장 ICBM은 우리를 절멸이라는 위험에 빠뜨린다. 전망이 어둡다는 걸 인정할 수밖에 없다."[40]

제이슨 그룹의 과학자들은 ICBM이 이동하는 26분 40초는 3단계 비행으로 나뉜다고 계산했다.

- 추진 단계 5분 지속
- 중간궤도 단계 20분 지속
- 종말 단계 1.6분(100초) 지속

추진 단계 5분은 미사일이 발사대에서 로켓 모터에 시동을 걸고 우주로 향하는 동력 비행을 마칠 때까지의 시간이다. 동력 비행이 끝나면 보통 800~1,100킬로미터 고도에서 탄두가 방출된다.[41]

중간궤도 단계는 20분간 지속되며, 방출된 탄두가 지구 주위로 호를 그리며 우주를 가로지르는 데 걸리는 시간이다.

종말 단계 혹은 최종 단계는 믿을 수 없을 만큼 짧다. 겨우 1.6분이다. 100초. 종말 단계는 탄두가 지구 대기권에 다시 들어올 때부터 핵무기가 표적지에서 폭발할 때까지다.

이 시나리오에서 발사된 화성-17은 2단계 액화연료 도로 이동식 대륙간탄도미사일이다. 2024년 현재까지는 이 미사일이 1기 이상의 핵탄두를 운반할 수 있는지, 열핵폭탄을 장착할 수 있는지, 파괴력은 어느 정도인지 확인된 바가 많지 않다.[42] 확실한 건 화성-17이 미국 본토의 모든 지역을 타격할 수 있다는 점이다.

제이슨 그룹 과학자들이 허브 요크의 의뢰로 발사부터 표적지까지 걸리는 시간을 26분 40초로 계산한 건 세계에 핵 초강대국이 미국과 소련밖에 없던 1960년이었다.

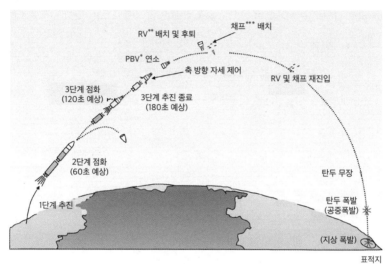

ICBM, 발사부터 표적지까지. (미 공군)

오늘날 핵보유국은 미국, 러시아, 프랑스, 중국, 영국, 파키스탄, 인도, 이스라엘, 북한 등 9개국이다.[43] 북한의 지리학적 위치를 고려할 때 한반도에서 미국 동부 연안까지, 발사부터 표적지에 이르는 시간은 약간 더 길다. MIT 명예교수 시어도어 "테드" 포스톨이 계산을 해주었다.

---

* Post-Boost Vehicle. 추진 이후의 비행체로, 추진 단계가 끝난 후 여러 개의 탄두를 개별 목표에 배치하는 데 사용된다.

** Reentry Vehicle. 대기권에 재진입해 목표물에 탄두를 전달하는 탄두 재진입체.

*** 적 레이더와 미사일 방어 시스템을 혼란시키기 위해 얇은 금속조각을 뿌려 허위 신호를 생성하는 교란 물질.

소요 시간은 33분이다.

시계가 째깍거리고 있다.

이 시나리오에서는 2분이 지났다.

일단 발사되면 ICBM은 돌이킬 수 없다.

허브 요크의 먼지투성이 문서고에 처박혀 있던 기밀 문서는 아마겟돈에 대해 미리 세상에 경고했고, 지금 우리는 그 미래에 와 있다.

요크는 **ICBM이 우리를 절멸이라는 위험에 빠뜨린다**고 했다.

1960년에도, 오늘날에도 이 말은 사실이다.

발사 후 2분 30초
네브래스카주, 미국 전략사령부

2019년 네브래스카주 오펏 공군기지 STRATCOM 본부, 침수된 활주로.
(미국 전략사령부)

네브래스카주의 미국 전략사령부는 오마하에서 남쪽으로 16킬로미터도 안 되는 곳이자 미주리강으로부터 서쪽으로 3킬로미터 떨어진 곳에 있다. 원래 이름은 포트크룩이었다. 이곳의 파괴적인 기상 현상으로는 토네이도, 사이클론, 홍수가 있다. 치명적인 토네이도가 미국에서 가장 중요한 전략적 핵 사령부를 점점 더 자주 위협하고 있다. 2017년에는 토네이도가 오펏 공군기지에 불어닥쳐 비행기 열 대가 파손되었다.[44]

이곳의 홍수는 재앙이다. 〈에어포스 타임스〉에 따르면, 2019년 홍수철에는 700명의 오펏 공군이 23만 5,000개의 모래주머니를 쌓아 "물을 막으려 용감히 노력했지만 결과적으로는 성공하지 못했다".[45] 하수로 오염된 7억 2,000만 갤런의 물이 기지에 넘쳐흘러 137채의 건물을 망가뜨리고 작업 공간 9만 2,000제곱미터를 파괴했다. 그중에는 특수 정보 시설 Sensitive Compartmented Information Facility, SCIF 1만 900제곱미터도 포함되어 있었다. 이곳은 기밀 자료를 다루는 곳이다. 활주로는 800미터 넘게 침수되었다.

오펏 공군기지의 활주로는 중요한 핵 반격 기간 시설로, 핵무장한 ICBM이 미국으로 향하고 있는 이 시나리오에서는 더더욱 중요하다. 이곳의 활주로는 미국의 공수 핵 사령부의 소규모 비행대가 쓰는 것으로, 이 비행대는 불길하게도 둠즈데이 플레인*이라 불린다. 새로운 부품을 장착한 둠즈데이 플레인의 보잉 항공기들은 언제나 공중에서 핵전쟁을 지휘할 준비를 하고 있다.

"우리 군대는 아주 강력하고 위협적입니다."[46] 둠즈데이 플레인에서 항공병들을 관리하는 장교 라이언 라 랜스 대위는 말한다. "하지만 통신 없이는 그런 일도 불가능합니다."

지상에 있는 미국의 핵 지휘 통제 시설이 파괴된 뒤에도 핵 위기 사태 때 STRATCOM 지휘관은 둠즈데이 플레인 내부에서 발사 명령을 받아 그 명령을 실행할 수 있다.[47]

STRATCOM 지휘관이 현재 블루 임팩트, 다른 말로 반격 시계를 작동시키는 데 엄청나게 집중하고 있는 이유다. 그런 다음 그는 STRATCOM의 지하 벙커에서 나와 이곳 활주로에 대기중인 둠즈데이 플레인에 오른

---

* '심판의 날의 비행기'라는 뜻.

다. 둠즈데이 플레인은 엔진을 윙윙거리며 이륙하기만을 기다리고 있다.

오펏 공군기지에 있는 STRATCOM의 국제 작전 본부는 모든 적의 핵 공격 표적지 목록의 상위 10위 안에 든다. 하지만 STRATCOM 지휘관은 대통령과 먼저 이야기하지 않고는 벙커를 떠나지 않을 것이다.

ICBM 추적 정보에 따르면, 이 미사일의 최종 목적지는 동부 연안 어느 곳으로 판단된다. 아마 뉴욕시나 워싱턴DC일 것이다.

하지만 표적은 2~3분 뒤에야 더 정확하게 규명된다.[48]

발사 후 2분 45초
펜타곤, 국가 군사 지휘 본부

펜타곤 지하 핵 사령부 벙커 안에서 국방부 장관과 합동참모의장은 NORAD 지휘관이 방금 영상통신으로 한 이야기에 대해 빠르게 토의하고 있다. 공격용 ICBM이 미국 동부 연안으로 향하는 듯하다는 말에 대해서.

국방부 장관이 진두지휘한다. 그는 다른 지휘 본부의 수장들과 함께 대통령의 질문에 대비한 답을 준비한다. 이번 영상통신에 참여한 사람들은 직업인으로서 자신의 인생을 핵 지휘 통제에 바쳐온 사람들이다. 이들은 이론상의 핵전쟁을 공기처럼 들이마시고 산다.

지상 레이더가 공격용 ICBM이 동부 연안으로 향하고 있음을 확인하자마자 불가능할 만큼 위험한 미국의 핵전쟁 전략의 다음 단계가 전면으로 나온다.

이 단계는 경보 즉시 발사Launch On Warning, LOW라 불리는 수십 년 된 정책을 중심으로 한다.[49]

"우리는 핵 공격을 받았다는 경고를 듣자마자 발사를 준비합니다." 전직 국방부 장관 윌리엄 페리가 말한다. "우리 정책은 그렇습니다. 우리는 기다리지 않습니다."[50]

경보 즉시 발사 정책은 미국이 대부분의 핵무기를 발사 태세로 배치해둔 이유이자 방법이다. 이 정책은 일촉즉발 경보Hair-Trigger Alert라고도 불린다.

경보 즉시 발사

경보 즉시 발사 정책은 초기 경보 전자 센서 시스템이 핵 공격이 임박했음을 **알리기만 해도** 미국이 핵무기를 발사하리라는 것을 의미한다. 달리 말해, 공격이 임박했음을 통지받을 경우 미국은 물리적으로 핵 타격을 받을 때까지 **기다리지 않고** 미국을 공격할 만큼 비합리적이었던 상대를 향해 상대국이 어디든 핵무기를 발사한다.

경보 즉시 발사 정책은 "대중이 거의 듣지 못하는 핵전쟁 계획의 핵심적인 측면"이라고, 워싱턴DC 소재 조지워싱턴대학교 국가 안보 기록원의 선임 분석가인 윌리엄 버는 말한다.[51]

냉전이 정점에 이르렀을 때부터 시행되어온 경보 즉시 발사 정책은 놀라울 정도로 위험성이 높기도 하다.

"이건 변명의 여지 없이 위험합니다." 대통령 자문위원인 폴 니츠는 수십 년 전 우리에게 경고했다.[52] "극심한 위기 시점"에서 경보 즉시 발사 정책은 재앙으로 향하는 지름길이나 마찬가지라는 것이다.

2000년, 조지 W. 부시의 대통령은 선거운동 당시에 자신이 선출되면 이 위험한 정책을 해결하겠다고 맹세하며 이렇게 말했다. "이토록 많은 무기를 고도 경계 태세로 유지하는 것은 실수로 인한 발사나 비준되지 않은 발사 같은 용납할 수 없는 위험을 불러올 수 있습니다. 고도 경계의 일촉즉발 상태는 냉전 대립이 빚어낸 또하나의 불필요한 잔재입니다."[53]

변화는 이루어지지 않았다.

버락 오바마도 선거운동 당시 똑같이 근본적인 우려를 나타냈다.

그는 "즉시 발사할 수 있도록 핵무기를 준비해놓는다는 것은 냉전의 위험한 유산입니다. 이런 정책은 재앙적 실수로 인한 사고와 잘못된 판단의 위험을 높입니다"라고 선언했다.

전임자처럼 오바마 대통령도 변화를 일으키지는 않았다.

바이든 대통령이 취임하자 물리학자 프랭크 폰히펠은 그에게 이 위험한 정책을 없애라고 촉구했다.[54] 그는 『핵 과학자 회보』에 "바이든 대통령은 (중략) 경보 즉시 발사라는 선택과 그에 따르는 의도치 않은 핵 아마겟돈이라는 위험을 끝내야 한다"고 적었다.[55]

하지만 전임자들과 마찬가지로 바이든 대통령 역시 아무것도 바꾸지 않았다.

그래서 수십 년이 지난 지금도 우리는 이렇게, 경보 즉시 발사 정책이 효력을 발휘하는 가운데 살고 있다.

발사 후 3분
펜타곤, 국가 군사 지휘 본부

펜타곤 지하 벙커 안에서 국방부 장관과 합동참모의장은 합참 부의장과 의논하고 있다. 이 시나리오에서 부의장은 (엘런 폴리카우스키 장군이 그렇듯) 여성으로, 캘리포니아주의 우주미사일방어사령부는 물론 콜로라도주 NRO 우주사령부를 지휘했던 인물이다.

그는 그간의 경험 덕분에 이 순간, 그러니까 평양 북부에서 ICBM이 발사되고 3분이 지난 시점에 벌어지는 일을 평가할 만한 특별한 능력을 갖추고 있다.

합참 부의장은 북한에서 발사한 ICBM 추적 자료를 충분히 연구해왔기에—이런 ICBM은 탁 트인 바다에 떨어지도록 궤도가 미리 설정되어 있었다—누가 알려주지 않아도 지금 자신이 보고 있는 것이 전과 같은 궤도가 설정되어 있지 않다는 것을 안다.

이번 미사일의 궤도를 보면 미사일은 미국으로 향하고 있다.

똑똑하고 사나우며 직설적으로 말하는 것으로 알려진 부의장은 불길하게 화면을 가로지르는 작고 검은 ICBM 아바타를 가리킨다.

그는 숨을 들이쉬고 내쉰다.

국방부 장관에게 바로 말한다.

대통령님과 연결해야 합니다.

발사 후 3분 15초
워싱턴DC, 백악관

이 시나리오에서 지금은 동부 표준시로 오후 3시 6분이다. 대통령은 백악관 응접실에서 정오 브리핑 서류를 읽고 커피를 마시며 오후 간식을 먹고 있다. 그 일을 마치지는 못하겠지만.

백악관. (제트 제이콥슨의 사진)

국가 안보 자문위원이 손에 핸드폰을 쥐고 응접실로 뛰어들어온다. 그는 대통령에게 국방부 장관이 3.3킬로미터 떨어져 있는 펜타곤 지하의 국가 군사 지휘 본부에서 전화를 걸어왔다고 말한다.

대통령은 귀에 핸드폰을 댄다.

국방부 장관이 대통령에게 말한다: 북한이 미국을 향해 공격용 미사일을 발사했습니다.

처음에는 말도 안 되는 진술처럼 들린다.

국방부 장관이 대통령에게 말한다: NORAD와 STRATCOM의 지휘관들이 이러한 추정을 확인했습니다. 알래스카주의 지상 레이더기지에서 2차 확인을 해주기를 기다리는 중입니다.

대통령은 국가 안보 자문위원을 돌아본다. 일종의 훈련 상황이냐고 묻는다.

국가 안보 자문위원은 말한다: 이건 훈련 상황이 아닙니다.

발사 후 3분 30초
펜타곤, 국가 군사 지휘 본부

펜타곤 지하에서 국방부 장관이 눈앞의 거대한 화면을 가로지르는 미사일의 궤도를 지켜본다. 이제 겨우 3분 30초가 지났다(210초다). 그 말은 ICBM이 아직 추진 단계에 있다는 뜻이다. 미사일의 아바타는 곧 북한의 북쪽 국경을 넘어 중국 영공으로 들어갈 것이다.

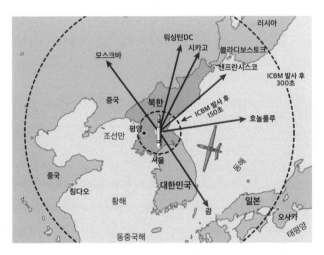

추진 단계에서 화성-17 ICBM을 상대할 수 있는 드론의 범위.
리처드 가윈과 시어도어 포스톨이 고안. (마이클 로하니가 다시 그림)

국방부 장관의 임무는 민간의 군 지휘권을 보장하는 것이다. 그의 상관은 대통령뿐이고 대통령이 총사령관을 맡게 된다. 군 지휘 계통에서 국방부 장관과 대통령은 단둘뿐인 민간인이다.[56]

국방부 장관 옆에는 이 나라에서 가장 계급이 높은 군 지휘관인 합동참모의장이 서 있다. 합참의장의 일은 대통령과 국방부 장관, 국가안전보장회의의 구성원을 비롯한 군사 관련자들에게 조언하는 것이다. 합창 부의장이 다음 서열이다.

합참의장은 군대의 다른 모든 장교보다 계급이 높으나 군대를 지휘하지는 않으며, 지휘할 수도 없다.[57] 그의 임무는 대통령과 국방부 장관에게 조언하는 것이다. 핵전쟁을 포함한 모든 상황에서 다음 행동으로 무엇이 올바를지에 관해 그들이 최선의 방책을 결정하도록 돕는 것 말이다.

이곳, 지하 국가 군사 지휘 본부에서는 모두가 당장의 임무에 고도로 집중하고 있다. 모두가 충격에 빠진 상태이지만, 모두가 그렇지 않은 것처럼 행동하기 위한 훈련을 받았다.

핵 위기는 수많은 최악의 시나리오 중 하나가 아니라, 최악의 시나리오 그 자체다.

생각조차 할 수 없다고들 하지만, 그럼에도 예행연습을 해보지 않았다고는 할 수 없는 위기.

앞으로 일어날 일의 파문은 거의 헤아릴 수 없다. 핵전쟁은 전례가 없다. 지난 수십 년 동안 유의미한 거짓 경보는 몇 차례 있었다. 이 시나리오에서는 핵전쟁이 정말로 벌어지고 있다.

이제 대통령은 가차없이 짧은 결정의 시간에 직면한다. 다음으로 일어날 일은 현재 위성통신에 참여하고 있는 모두가 예행연습해온 것이다. "아마 대통령은 예외일 테지만"이라고 전직 국방부 장관 페리는 말한다.[58] 이 시나리오의 대통령은 존 F. 케네디 이후 거의 모든 미국 대통령이 그랬듯 핵전쟁이 일어날 경우 어떻게 그 전쟁을 치러야 할지 전혀 모른다.

대통령은 지금 벌어지고 있는 상황을 보고받고 겨우 6분 만에, 심사숙고한 끝에 어떤 핵무기를 발사해야 하는지 결정해야 한다는 것을 전혀 모르고 있다.

6분 만에.[59]

도대체 어떻게 그럴 수 있을까? 6분은 대략 커피 열 잔 분량의 물을 끓이는 데 소요되는 시간이다. 로널드 레이건 전 대통령이 회고록에서 애석하게 말했듯, "레이더망에 뜬 신호에 어떻게 응답할지, 아마겟돈을 일으킬지 결정하는 데 주어진 시간이 겨우 6분이라니! 그런 시간에 그 누가 이성을 활용할 수 있을까"?[60]

앞으로 알게 되겠지만, 핵전쟁은 인간에게서 이성을 앗아간다.

발사 후 4분

워싱턴DC, 백악관

대통령은 백악관 식당에 서 있다. 천으로 된 냅킨은 바닥에 떨어진 상태다. 지구상에는 약 80억 명의 사람이 있다. 다가오는 6분 동안 대통령은 지구 반대편에 있는 수천만 명을 죽일 수도 있는 결정을 내리라는 요구를 받게 된다. 그 사람들은 대통령의 승인 이후 (몇 시간이 아니라) 몇 분 만에 죽게 된다.

경보 즉시 발사 정책이 시행되고 핵전쟁이 목전에 닥친 상황에서 모든 것이 아슬아슬하게 균형을 유지하고 있다.

전직 국방부 장관 페리는 이런 순간에 대해 다음과 같이 말한다. "우리가 아는 문명은 종말하기 일보 직전입니다. 과장이 아닙니다."[61]

이곳 백악관에서, 국가 안보 자문위원은 대통령과 몇 걸음 떨어진 곳에 서 있다. 그는 북한 관료와 전화 연결을 하려고 노력중이다. 그때 대통령 경호를 담당하는 비밀경호국 특수 요원이 문을 두드린다.[62] 위기 대응을 준비하고 있는 이 방의 모든 사람 중에서 대통령 경호를 맡은 요원들이 가장 훈련이 잘되어 있다.

미국 비밀경호국 요원들은 매일 이러한 상황에 대비해 훈련한다.

지금 긴급 벙커로 들어가십시오. 담당 특수 요원이 대통령에게 소리친다. 다른 경호원들이 근처에 머물고 있다. 모든 요원이 귀와 손의 통신 장비에 대고 동시에 말하고 있다.

정신없이 부산한 움직임이 일어난다. 비밀경호국 요원 두 명이 여전히 핸드폰을 쥐고 있던 대통령의 겨드랑이를 잡는다. 위성통신으로 이 모든 장면을 보고 있던 장군과 제독들은 각자의 벙커에 앉거나 선 채로 대통령의 입이 떨어지길 기다린다.

비상 계획서를 챙기세요. 국가 안보 자문위원이 말한다.

암호 책자는 대통령님을 모실 때 함께 가져갑니다. 경호원이 말한다. **작전상황실로 모시겠습니다.**

대통령은 지금 벌어지는 일을 전혀 이해하지 못한다. 핵 반격이 얼마나 빨리 전개되어야 하는지에 대해서도. 이 일은 아직 대통령에게 완전히 가닿지 못했다.

오바마 대통령의 국가 안보 자문위원이었던 존 울프스탈은 핵전쟁은커녕 "위기 지역이나 분쟁 지역에서 무슨 일이 벌어지고 있는지 완전히 아는 사람은 아무도 없습니다. 대통령도 마찬가지입니다"라고 말한다.[63]

"많은 대통령이 핵전쟁에서 해야 할 역할에 대해 알지 못하는 채로 업무를 맡게 됩니다."[64] 전직 국방부 장관 페리는 설명한다. "어떤 사람들은 알고 싶어하지 않는 것처럼 보입니다."

1982년의 한 기자회견에서 레이건 대통령은 대중을 상대로 "잠수함 탄도미사일은 회수 가능하다"라는 잘못된 정보를 말할 정도였다.[65]

베를린장벽이 무너지고 소련이 해체된 이후, 윌리엄 페리는 국방부 장관으로서의 경험을 통해 "많은 사람이 핵전쟁은 더이상 위협이 되지 않는다는 생각을 고수한다"는 것을 알게 되었다.[66] 지금 그는 "그보다 진실과 동떨어진 것도 없다"고 말한다.

핵전쟁에서는 절차에 대한 혼동과 행동의 빠르기로 인해 누구도 파악하기 어려울 만한 의도치 않은 결과가 발생하게 된다. 이런 결과가 1960년의 국방 관료 존 루벨이 경고했던 어둠의 심연으로 미국을 몰아가게 될 것이다.

　존 루벨이 "강제적이고 빈틈없으며 정력적으로 정신 빠진 집단 사고, 지표면의 3분의 1에 살고 있는 사람 중 절반을 쓸어버리는 것을 목표로 하는 집단 사고가 지배하는 황혼의 지하 세계"라고 말했던 곳으로 말이다.[67]

ICBM 발사 체계

뉴스특보
북, 장거리 로켓 발사

대선방송 2012
뉴스와이

Y news
촤대통령, 외교안보장관회의 긴급 소집키로
사일로 금융시장 불안하면 선제조치" "웰컴 원/달러 1074.9 ▼1.8

2012년에 이루어진 탄도미사일 발사 이후 북한의 ICBM은 점점 더 강력해지며
위협적으로 변해갔다. (펜타곤 채널을 통해 제공받은 연합뉴스 자료)

이 시나리오에서 워싱턴DC로 향하는 화성-17 미사일은 도로 이동식이다. 그 말은 미사일이 이동 발사대라 불리는 바퀴 22개짜리 차량에 실려 발사지까지 이동한다는 뜻이다. 미사일 자체의 높이는 26미터다. 노즈콘에는 탄두 배치부가 들어 있는데, 여기에는 날아오는 미사일을 요격하는 미국 미사일 방어 체계를 혼란시킬 목적으로 고안된 모조(가짜) 탄두가 들어 있을 수도 있다.

2021년에 국방 분석가들은 북한 ICBM의 50퍼센트가[68] 미국 내 표적지를 타격하는 데 성공할 것이라고 예상했다. 2022년에 일본 방위성 대신은 화성-17이 1만 5,000킬로미터를 이동할 수 있다고 공식적으로 확인했는데, 이는 미국 본토에 이를 수 있는 거리다.[69]

화성-17 ICBM은 값싼 재료로 포장된 북한의 시골길을 따라 이동하기에는 너무 무거우므로 최근에 비나 눈이 내리지 않은 단단한 땅을 따라서 흙길로 이동한다. 미국에는 도로 이동식 미사일 발사대가 없다. ICBM 미사일 400대 전부가 미국 전역의 지하 저장고에 보관되어 있다. 대부분의 미국 시민은 핵탄두를 장착한 도로 이동식 미사일이 자기 마을이나 도시를 가로질러, 자기 집을 지나, 아이들의 학교 근처에서 이동한다는 생각을 합리적인 상황으로 받아들이지 않는다.

도로 이동식 로켓 발사대(1944년경 나치의 로켓 과학자들이 발명했다) 덕분에 북한에는 전략적 이점이 생긴다. 미국의 ICBM 지하 저장고 400곳의 정확한 위치는 전부 인터넷에서 확인할 수 있는 반면(전에는 지도로 확인할 수 있었다) 북한의 도로 이동식 ICBM은 계속해서 움직인다. 그러므로 국방부는 핵전쟁 전이나 핵전쟁 와중에 이 발사대를 쉽게 표적으로 삼을 수 없다.

콜로라도주 버클리 우주군기지 NRO 항공우주 데이터 시설에서 일하는 분석가들은 흙바닥에 주차된 트럭 짐칸에서 미사일이 발사되기 몇 분 전, 혹은 몇 시간 전의 위성 이미지를 살핀다.[70] 그들은 그 미사일이 화성-17임을 식별한다. 앞서 찍힌 NRO의 위성 이미지를 돌이켜보면, 이 미사일이 흙길을 따라 평양 북쪽 32킬로미터 지점에 있는 발사 장소로 이동했음을 알 수 있다.

화성-17의 탄두 성능에 관해서는 알려진 바가 거의 없지만, 그 로켓 모터인 RD-250이 러시아산이라는 것을 포함해 로켓 모터에 대해서는 꽤 많은 정보가 알려져 있다.[71] 2017년 11월, 북한은 이 모터로 구동되는 최초의 ICBM을 날렸는데, 이로 인해 네 명의 미사일 전문가들이—미국 과학자 리처드 가윈과 MIT 명예교수 테드 포스톨, 독일 로켓 공학자 마르쿠스 실러와 로베르트 슈무커였다—주의를 촉구했다.

"러시아산 엔진은 아마 소련이 붕괴한 이후 저장고에서 도난당한 것으로 보이며, 이후 북한에 판매되었을 것"이라고 포스톨은 말한다.[72]

핵무기와 그 전달 체계 절도는 핵개발 프로그램 시작 단계에 있던 몇몇 국가에는 개발을 가속하는 방법이 된다. 이런 방식의 절도는 복잡한 연구 개발 프로그램을 회피할 수 있게 해줌으로써 해당 국가의 시간뿐 아니라 돈까지 아껴준다. 1940년대에는 클라우스 푹스가 나가사키에 투하된 원자폭탄의 청사진을 훔쳐 모스크바에 있던 자신의 지휘관에게 넘겼다. 그 순간부터 스탈린이 자체 원자폭탄을 개발하는 건 시간문제였다. 포스톨의 말에 따르면, 화성-17에 러시아산 RD-250 로켓 엔진이 활용되기 전까지 북한은 미국 동부 연안 근처 어디에도 미사일을 쏠 수 없었다. 아마도 이런 절도를 통해 은둔의 왕국은 수십 년은 걸렸을 "기술 발전을 겨우 넉 달 만에 이루게 되었을 것이다"라고 포스톨은 말한다.

테드 포스톨과 리처드 가윈은 2017년의 논문에서 북한의 능력에 관해 동료들에게 경고했다. 포스톨은 미사일 기술 전문가로, 해군 작전 사령관의 전직 자문위원이자 MIT의 명예교수다. 세계 최초의 열핵폭탄 설계도를 그린 리처드 가윈은 그 누구보다 핵무기에 대해 많이 안다.[73] 가윈은 그 이후로 쭉 핵무기 개발과 국가 안보의 선두에 있었다. 그는 세계 최초의 첩보 위성을 개발하는 작업에 참여했으며, 국가정찰국을 설립한 열 명 중 한 명으로 꼽힌다.

2017년의 논문에서, 가윈과 포스톨은 북한의 특정한 지리적 위치 때문에 전통적인 미사일 방어 방법으로는 북한의 ICBM을 거의 막을 수 없다고 주장한다.

이들의 논문에 따르면 북극 주변에는 사각지대가 있다. 그러므로 그들은 화성-17을 막는 최고의 방법은 무장한 MQ-9 리퍼 드론(테러와의 전쟁 당시에 만들어진 날개가 크게 개조된 드론)을 1년 365일 내내 동해의 북한 연안에 띄워놓는 것이라고 제안한다. 포스톨은 "발사 후 240~290초 안에 미사일을 공격할 준비를 하는 것"이라고 명확히 밝힌다.[74]

그로부터 몇 초만 지나면 ICBM이 동력 비행을 완료하고 꺼질 것이므로 반드시 제한된 시간 안에 완수해야 한다.[75]

ICBM이 '꺼진다'는 말은 더이상 보이지 않게 되고, 초기 경보용 우주위성으로 추적되지도 않는다는 뜻이다.

"위성은 뜨거운 로켓 배기가스만을 볼 수 있습니다. 로켓 모터가 멈춘 뒤에는 로켓을 볼 수 없습니다." 포스톨이 설명한다.

포스톨과 가윈의 경고에 따르면, 이것이 ICBM에 대응하는 국가 방위의 어둡고 검은 구멍이다.

발사 후 4분 30초
네브래스카주, STRATCOM 본부

STRATCOM의 모든 사람이 추적 화면에서 시선을 떼지 않는다. 화성-17이 발사되고 4분 30초가 흘렀다.

이제 ICBM은 추진 단계의 마지막 몇 초에 접어들었다. 미사일이 중간 궤도 단계에 접어들면 방어는 거의 불가능해진다. 지금이 공격용 ICBM을 격추할 마지막 기회지만, 미국 국방부에 그런 시스템이 없으므로 격추는 불가능하다.

"우리는 워싱턴DC의 온갖 사람들에게 이에 관해 이야기했는데, 그들 모두가 이런 견해를 무시했습니다." 포스톨은 말한다.[76]

가원의 폭로는 이렇다. "우리는 러시아와의 합동 계획을 제안했습니다. 러시아도 북한이 핵무기를 발사하지 못하도록 막는 데 관심이 있습니다. 우리와 마찬가지로요." 하지만 포스톨과 가원의 제안에는 아무도 귀기울이지 않았다. 지금 공격용 ICBM을 격추하기 위해 동해상을 순찰하고 있는 리퍼 드론은 없다.

275초가 지난다. 285초…… 295초……

로켓 모터의 연료가 소진된다.

추진 단계가 끝난다.

화성-17이 탄두를 방출하고, 탄두는 계속해서 상승한다.

중간궤도 단계가 시작된다.

수십억 달러짜리 SBIRS 조기 경보 위성 체계는 더이상 북한 ICBM의 궤도를 좇을 수 없다. 미국으로 향하는 핵탄두의 위치를 더이상 볼 수 없다.

탄두는 탄도미사일이 되어 움직이기 시작했고, 이제는 위성 센서에 전혀 잡히지 않는 채로 지구라는 행성 위 어느 지점의 고점으로 향하는 고속 궤도에 올라 날아간다.

발사 후 5분
버지니아주 포트벨보어, 미국 미사일 방어국 본부

버지니아주 포트벨보어 미사일 방어국. (미 육군)

펜타곤에서 남쪽으로 19킬로미터 떨어진 버지니아주 포트벨보어에서, 미사일 방어국 지휘 본부의 인원들은 완전히 흥분한 상태다. 미국인들 사이에는 미국이 다가오는 공격용 ICBM을 쉽게 격추할 수 있다는 신화가 있다. 대통령, 의회 의원, 국방 관료와 군산복합체 내에 있는 무수히 많은 사람이 모두 그렇게 말해왔으니 말이다. 이건 그야말로 거짓이다.

미국 미사일 방어국은 다가오는 미사일을 상공에서 격추하는 임무를 맡은 조직이다. 그 주력 시스템인 지상 기반 외기권 방어 시스템은 2000년대 초반부터 북한의 ICBM 프로그램이 빠르게 발전한 여파로 만들어졌다.

미국의 요격 시스템은 44기의 요격 미사일을 중심으로 구성된다. 각 미사일은 외기권 파괴 미사일이라 부르는 높이 16미터, 무게 63킬로그램짜리 추진체로 빠르게 날아가는 핵탄두를 타격하도록 설계되어 있다. 북한의 탄두는 시속 약 2만 2,500킬로미터로 이동하는 반면 요격기의 파괴 장치는 시속 3만 2,000킬로미터로 이동하므로, 성공할 경우 이런 행위는 "총알로 총알을 쏘아 맞히는 것과 비슷하다"는 것이 미사일 방어국 대변인의 말이다.[77]

2010년부터 2013년까지 초기 시험 요격은 단 한 건도 성공하지 못했다.

단 한 건도.

이듬해에 미국 회계감사원은 이 시스템이 "설계상 결함" 때문에 사실상 작동하지 않는다고 보고했다. 각 요격 미사일이 "단순한 위협만을 제한적인 방식으로 중단할" 수 있다고 말이다. 5년 뒤, 수십억 달러의 세금이 소모된 뒤에도 20건의 직격 파괴 미국 요격기 시험 중 9건이 실패했다. 그 말은 화성-17이 표적지에 도착하기 전에 격추될 확률이 겨우 55퍼센트라는 뜻이다.

어느 때에든 이 44기의 요격체는 경계 태세로 미국 본토의 별개 지역 두 곳에 보관되어 있다. 이 미사일 중 40기는 알래스카주 포트그릴리에 있으며 4기는 캘리포니아주 샌타바버라 근처 반덴버그 우주군기지에 있다.

도합 44기의 미사일.

그게 전부다.

요격 과정은 10단계 절차로 이루어져 있는데, 이 시나리오에서 그중 세 단계는 이미 발동된 상태다.[78]

1. 적군이 공격용 미사일을 발사했다.
2. 우주 기반 적외선 위성이 발사를 탐지했다.

3. 추진 단계부터 중간궤도 단계가 시작될 때까지 지상 기반 조기 경보 레이더가 공격용 미사일을 추적했다.

북한의 공격용 미사일은 이제 탄두와 유인체를 방출하고, 탄두를 추적해(센서와 탑재된 컴퓨터를 이용한다) 요격하고자 하는 외기 요격체의 센서 시스템을 혼란시키기 위한 미끼 역할을 한다.[79] 탄두 배치부 내의 단일한 탄두인지 탄두일 가능성이 있는 유인체인지 구별하는 것은 미국 미사일 방어국에 새로운 도전 과제가 된다.

미사일 방어국은 이 도전 과제를 몇 분이 아니라 몇 초 만에 처리해야 한다. 이를 위해 바다로, 기밀로 유지되는 100억 달러짜리 해상 기반 X-밴드 레이더기지를 주목한다. SBX라고 알려진 곳이다.

발사 후 6분
북태평양 쿠레 환초 북쪽

호놀룰루로부터 2,400킬로미터도 넘게 떨어진 광활한 북태평양에 떠 있는 이곳, 산호가 둥글게 둘러싸고 있는 쿠레 환초 북쪽 32킬로미터 지점에 자리한 SBX 레이더기지는 그야말로 장관이다. 이런 시설 중 가장 독특한 스타디움 크기의 원양 항로용 자체 추진 레이더기지인 이곳은 무게만 5만 톤으로, 운행에는 190만 갤런의 휘발유가 필요하고 9미터 높이의 파도도 견딜 수 있으며 규모가 축구장보다 커서 26층 높이까지 바다 위에 우뚝 솟아 있다. 임무 수행에는 86명의 선원이 필요하다. SBX는 전자 기계식으로 조종되는, 세계에서 가장 섬세한 위상 배열* X-밴드 레이더로 알려져 있다.

바다에 있는 해상 기반 X-밴드 레이더. (SBX, 미국 미사일 방어국)

---

* 안테나 자체를 움직이지 않고 빔의 방향이나 방사 패턴을 바꾸는 레이더 안테나.

SBX의 기반시설은 석유시추선을 전문적으로 만드는 노르웨이 회사가 건조한 것으로, 미국 국방부에서 구매해 개조했다. 현재 여기에는 세계에서 가장 비싼 미사일 방어 레이더와 함교, 작업 공간, 통제실, 숙박 시설, 동력 생산 구역, 헬리콥터 이착륙장이 있다.[80]

SBX는 다가오는 미사일 위협을 탐지, 추적, 식별할 수 있으며 비슷한 장비 중 가장 뛰어난 시스템으로서 미사일 방어국 지도자들에 의해 의회에 판매되었다.[81] SBX가 얼마나 막강한지 보여주려는 SBX 옹호자들의 눈에 띄는 설명 중 하나는 체서피크만에 SBX를 배치하면 그 레이더가 워싱턴DC의 관측소에서 4,600킬로미터도 넘게 떨어진, 샌프란시스코에 있는 야구공 크기의 사물도 탐지할 수 있다는 것이다.[82] 이 말은 사실이다. 어느 정도는 그렇다. 그 야구공이 워싱턴DC에 있는 레이더의 직선 가시 범위 안에, 즉 샌프란시스코 상공 1,400킬로미터 지점에 떠 있어야 하지만 말이다.[83]

SBX의 목표는 공격용 핵탄두가 중간궤도 단계에서 대기권 내 어느 지점에 있는지 정확한 자료를 미국의 요격 미사일에 제공하는 것이다.

아주 짧은 시간에, 그러니까 몇 초 이내에.

대부분의 미국인은 SBX에 대해 들어본 적이 없고, 그 강점이나 약점에 대해서도 전혀 모른다. 3년간 이 프로그램을 감독했던 퇴역 공군 대령 마이크 코빗은 2017년에 이미 SBX가 실패하리라고 예측했다. "끔찍하게 많은 돈을 쏟아붓고 아무 결과도 얻지 못할 수도 있습니다." 코빗은 2015년 LA타임스에 말했다. "이런 [SBX] 시스템에 수십억 달러가 소모됐지만 아무것도 얻지 못했습니다."

비판적인 사람들은 SBX 레이더를 "엉망이 된 펜타곤의 100억 달러짜

리 레이더"라고 부른다.[84]

　대부분의 사람이 SBX의 수많은 결함에 대해 직접적으로 알게 될 때는
이미 너무 늦은 후일 것이다.

발사 후 7분
알래스카주 포트그릴리, 미 육군 우주미사일방어사령부

핵탄두와 유인체를 구분하는 것은 바다에 있는 초일류 SBX 레이더의 임무다. SBX는 수십억 달러의 세금을 들여 개발하고, 유지를 위해 매년 수억 달러를 더 들이고 있다(최근 의회 예산실 보고서에 따르면, 2020년에서 2029년까지 국방부의 미사일 방어 비용은 1,760억 달러에 이를 수 있다).[85] 공격용 미사일이 아시아에서 미국을 향해 발사되고 7분이 지난 이 중차대한 순간에, 미국의 국방은 (요격 미사일 내에 있는) 외기권 파괴 미사일이 SBX 레이더와 교신해 무엇을 직격 파괴해야 하는지 판단하는 데 전적으로 달려 있다.

페어뱅크스에서 남동쪽으로 160킬로미터 떨어진 알래스카주의 황야에서는 조개껍데기 모양의 지하 저장고 문 여러 개가 활짝 열린다.[86] 무게 2만 2,600킬로그램, 높이 16미터에 이르는 요격 미사일이 포트그릴리의 미 육군 우주미사일방어사령부에서 공중으로 폭음을 울리며 쏘아져나간다.

전쟁의 역사를 통틀어 전투의 목표는 공격하는 칼에 방어하는 방패로 맞서는 것이었다. 요격 시스템의 목적은 미국 본토를 핵 공격으로부터 제한적으로 방어하는 것이다. 여기서 핵심은 '제한적'이라는 말인데, 그 이유는 요격 미사일이 도합 44기뿐이기 때문이다. 2024년 초를 기준으로 러시아는 1,674기의 핵무기를 배치해두었고, 그중 대다수는 발사 대기 상태다(중국은 500기 이상을 비축하고 있다. 파키스탄과 인도는 각각 165기, 북한은 약 50기를 비축중이다).[87]

추진 단계의 미국 요격 미사일.
(미국 미사일 방어국)

요격 미사일의 전체 보유량이 44기밖에 안 되는 미국 요격 프로그램은 대체로 보여주기용이다.[88]

미사일 방어국이 언론 보도용으로 제공한 사진에서, 요격 미사일이 솟아오르는 모습은 멋지고도 강력해 보인다. 보랏빛 하늘을 배경으로 불꽃과 연기가 상승하는 로켓 몸체 뒤로 피어오르고 있다. 그러나 현실적으로, 이 요격 미사일은 미국을 구해주기 어렵다.

요격 미사일이 우주로 올라가면, 미사일에 탑재된 센서가 텔레미터법이라고 알려진 방법을 통해 지상 및 해상의 레이더와 교신한다. 텔레미터법이란 데이터의 원격 수집, 측정, 전달 방법이다. 요격 미사일의 자체 추진 단계가 끝나면, 외기권 파괴 미사일이 로켓 몸체에서 떨어져나와 상승을 계속한다.

이것이 (이른바) 방패다. 공격용 미사일이 미국 내 표적지를 맞히지 못하게 막겠다는 약속이 바로 이것이다.

다른 방패는 없다. 이게 전부다.

"직격 파괴란, 비행중인 탄두를 파괴하기 위해서 그 탄두와 충돌해야 한다는 뜻"이라고, 리처드 가윈은 분명히 말한다.

미사일 전문가 톰 카라코는 이 절차를 의인화해 지금이 "요격체가 눈을 뜨고 안전띠를 풀고 작업에 들어가는" 때라고 설명한다.[89] 하지만 화성-17에 실린 탄두의 실제 위력을 보건대 탄두 배치부에는 최대 다섯 개의 유인체가 들어 있으리라 추정된다.

요격은 성공할까, 실패할까?

발사 후 9분
알래스카주, 클리어 우주군기지

포트그릴리의 요격 미사일 발사장에서 서쪽으로 약 160킬로미터 떨어진 곳에서는 클리어 우주군기지의 강력한 장거리 식별 레이더가 지평선을 넘어오는 공격용 미사일을 처음으로 포착한다. 국방부는 탄도미사일에 관한 한 알래스카가 "세계에서 가장 전략적인 곳"이라고 말하며, 이곳의 장거리 식별 레이더가 다가오는 위협을 탐지하는 데 필요한 "시야"를 확보하고 있다고 말한다.[90]

9분이 지났다.

비밀 사격 지휘소 안에서는 책상에 앉아 있던 항공병 한 사람이 앞에 놓인 빨간색 전화기를 집어들고 말한다.

여기는 클리어. 현장 보고 확인. 대상의 개수는 하나다.[91]

공격용 ICBM이 미국 동부 연안으로 향하고 있다는 2차 확인이 방금 이루어졌다.

이곳 알래스카주의 시설은 냉전 초기부터 핵 공격을 감시해온 여러 개의 조기 경보용 지상 레이더 시설 중 하나다. 이와 비슷한 다른 시설은 다음과 같은 장소에 있다.

- 캘리포니아주 빌 공군기지
- 매사추세츠주 케이프코드 우주군기지
- 노스다코타주 캐벌리어 우주군기지
- 그린란드 피투피크 우주군기지(전 툴레 공군기지)

■ 영국 왕립 공군 필링데일스 기지

수십 년 동안, 우리는 다가오는 탄도미사일 공격에 대비해 상공을 살필 때 작은 피라미드 크기의 이런 지상 레이더에 의존해왔다.

실수는 인간적인 면이다. 하지만 기계도 실수를 저지른다. 이와 동일한 시스템이 몇 차례 거짓 경보로 재앙을 일으킬 뻔했다. 1950년대에는 조기 경보 레이더가 백조떼를 북극을 통해 미국으로 가는 러시아의 MiG 전투기 함대로 오인했다. 1960년 10월에는 그린란드 툴레에 있는 지상 레이더 기지 컴퓨터가 노르웨이 위로 떠오르는 달을 공격중인 1,000개의 ICBM이 보내오는 레이더 회신 신호로 오독했다. 1979년에는 시뮬레이션 실험 테이프가 실수로 NORAD 컴퓨터에 삽입되는 바람에, 분석가들이 속아 미국에 러시아의 핵무장 ICBM과 핵 잠수함 공격이 이루어지고 있다고 생각했다.[92]

전직 국방부 장관 페리는 인간의 뇌가 미국이 실제로 핵 공격을 받고 있다는 끔찍한 가정을 처리할 때 그야말로 광기가 일어난다고 말한다.[93] NORAD 실험 테이프 소동은 페리가 지켜보는 가운데 일어났고(그는 당시 연구 및 공학 담당 국방부 차관이었다), 그는 짧은 몇 분간 지미 카터 대통령에게 끔찍한 순간이 왔다고 알릴 준비를 했다. 대통령이 반격용 핵무기를 발사해야 한다고 말이다.

다만 당시의 조기 경보는 허위 공격 통보로 밝혀졌다.

페리는 이렇게 회상한다. "컴퓨터를 통해 전달된 것은 실제 공격에 대비한 시뮬레이션이었습니다. 아주, 아주 현실적으로 보였습니다." 너무도 현실적이어서, 그는 그게 현실이라 생각했다.

하지만 1979년에는 페리가 한밤중에 카터 대통령을 깨우지 않았다. 대신, 그날 밤 당직중이던 NORAD의 핵 감시 수석 장교가 "좀더 알아보고 오류가 있다고 결론을 내렸다"는 것이 페리의 설명이다. 무시무시한 몇 분 동안 윌리엄 페리는 핵전쟁이 시작되기 일보 직전이라고 생각했다. "그날 밤을 영영 잊지 못할 겁니다."[94] 90대가 된 그는 우리에게 말한다. "지금은 우발적으로라도 핵전쟁이 일어날 위험이 냉전 시대보다도 더 심각하게 고조되어 있습니다." 그는 이 책에서 제시한 시나리오가 "공연히 공포감을 조성하는 게 아니"라고, 오히려 "전적으로 일어날 가능성이 있는" 것으로 이해되어야 한다고 말한다.

21세기에 미국의 위성 시스템은 지상 시스템을 대신해 기습적인 핵 공격에 대비한 최초의 경종을 울리게 되었다. 전 세계의 지상 레이더기지는 핵 지휘 통제 시스템이 이미 파악했을 사실을 2차적으로 확인하기 위해 존재한다.

이 시나리오에서, 사격 지휘소가 방금 보고한 내용은 시뮬레이션 테이프나 백조떼, 떠오르는 달이 아니다.

핵 공격은 현실이다.

발사 후 9분 10초
알래스카주 포트그릴리, 미 육군 우주미사일방어사령부

포트그릴리에 있는 미 육군 우주미사일방어사령부와 앤더슨의 클리어 우주군기지는 직선거리로 약 160킬로미터 떨어져 있다. 이 긴장되는 미사일 방어의 순간에, 양쪽 기지의 모든 사람은 정확히 같은 행동에 집중하고 있다. 요격 미사일로 공격용 ICBM을 격추하는 것이다.

수백 킬로미터 상공, 우주에서는 요격 미사일이 동력 비행을 완료한다.[95]

추진체의 연료가 소진되어 떨어진다.

노즈콘 내부의 외기권 파괴 미사일이 방출되어 센서와 탑재된 컴퓨터, 표적까지 방향 조정을 하도록 설계된 로켓 모터를 이용해 화성-17의 핵탄두를 찾기 시작한다.

요격 절차의 마지막 단계가 시작된 것이다.

요격 미사일은 시속 약 2만 4,000킬로미터의 속도로 우주를 가로지른다. 적외선 '눈'을 뜨고 표적을 찾으려 노력한다. 한편으로는 검기만 한 우주라는 배경에서, 탄두의 따뜻한 표면에서 나오는 신호를 찾으려 애쓴다. 요격 미사일이 탄두로 생각되는 물체를 발견한 다음에도 그것을 파괴하려는 시도는 더욱 어려운 도전이다. 우주를 가르며 날아가는 탄두를 파괴하려면, 요격체는 자체적인 추진 에너지와 극도로 정밀한 물리적 충돌에 의존해야 한다. 요격 과정에는 폭탄이 사용되지 않는다. 여기에 "총알로 총알을 맞추는 것과 비슷하다"라는 말이 적용된다. 심각한 문제들이 있다. 우리는 요격 미사일 프로그램의 역사를 통해 고도로 각본이 짜인 실험조차 실패로 얼룩져 있다는 것을 알고 있다.[96] 이 말은 미사일 방어라는 측면에서, 재앙에 가까운 성공률을 의미한다. 2017년에 실험 성공률은 40퍼센트로 곤두박질쳤다. "설계상 결함"이라는 지적에 당황한 미사일 방어국은 요격 미사일 프로그램을 "전략적으로 중단"하겠다고 발표했다.[97] 자칭 "차세대"라는 새로운 시스템에 대신 집중하겠다고 말이다. 하지만 용납될 수 없는 결함에도 2024년 44기의 요격 미사일은 전부 발사 대기 상태로 남아 있다.

시계가 째깍거리고 있다.

외기권 파괴 미사일의 요격이 시도된다.[98]

시스템은 실패한다.

곧바로 이어서, 두번째 요격 미사일의 두번째 요격체가 표적을 찾다가 실패한다. 지상 기반 요격 미사일은 "쏘고, 보고, 쏘기"로 알려진 개요에 따라 운용되지 않는다. 그럴 시간이 없다.

이 절차에는 세번째, 네번째 시도가 곧장 뒤따른다.

요격 미사일 4기 전부 공격용 북한 ICBM을 막는 데 실패했다. 비판적인 입장의 전직 국방부 차관보이자 미국의 수석 무기 평가자인 필립 코일의 말을 빌리자면, "1센티미터가 빗나가면 1킬로미터를 빗나가는 것이나 마찬가지"다.[99]

주사위는 던져졌다.

시간이 왔다. 대통령은 행동해야만 한다.

발사 후 10분
워싱턴DC, 백악관

대통령은 백악관 응접실에서 웨스트윙 지하의 지휘 본부로 이동하는 중에 이스트윙 지하에 있는 좀더 견고한 시설인 대통령 긴급 상황실Presidential Emergency Operations Center로 다시 안내된다. PEOC("피오크")로 알려진 이 벙커는 제2차세계대전 당시 적군이 미 공군의 방어 시스템을 뚫고 워싱턴DC를 폭격하는 경우에 대비해 루스벨트 대통령의 은신처로 설계되었다.

PEOC는 9·11 이후 몇 주 동안 유명해진 곳이다. 미국이 테러 공격을 당하고 있다는 걸 국가 안보 기구에서 깨달은 뒤 혼란이 한창일 때에 경호원들이 딕 체니 부통령을 은신시킨 곳이 이곳이기 때문이다. 부통령은 바로 이 요새화된 작전 본부에서 공식적인 국가 지휘 기구를 중단시키고 전투기를 포함한 미국의 군 자산을 통제할 수 있었다.[100]

전직 STRATCOM 지휘관인 로버트 켈러 장군의 말에 따르면, 핵전쟁에 관한 미국의 결정에 지침이 되는 것은 "대단히, 대단히, 대단히" 기밀로 보호되는 문서에 적힌 일련의 절차와 프로토콜이다.[101] 하지만 미국은 민주국가로서 대중에게도 정보를 공개하며, 여기에는 지휘 구조와 핵 보유고에 대한 정보가 포함되어 있다. 기밀 조치가 풀린 국방부의 참고 매뉴얼인 "2020년 핵물질 안내서"에서 많은 것을 알 수 있다.

군 지휘 계통은 엄격한 규칙에 따른다. 각자 지휘 계통 내의 다른 사람에게서 받은 명령에 기반해 명령을 수행한다. 명령은 위에서 아래로 전달된다. 도표로 그리면, 군의 지휘 계통은 권력 피라미드를 닮았다. 아랫부

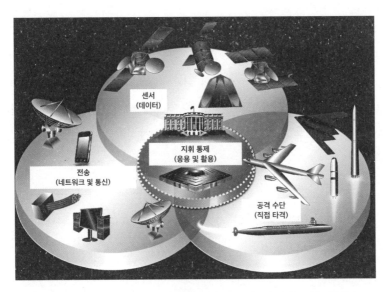

군부와 핵전력사령부, 방어국에서 대통령에게 위기시 핵무기 사용 허가 수단을 제공한다.
(미국 국방부)

분에는 많은 사람이 있다. 최고 지휘관인 대통령이 맨 위에 있다.

미국 대통령은—이상해 보이긴 하지만—미국의 핵무기를 발사할 유일한 권한을 가지고 있다.

대통령은 누구의 허락도 구하지 않는다.

국방부 장관의 허락도, 합참의장의 허락도, 의회의 허락도. 2021년에 의회조사국은 핵무기 발사 결정권이 오직 대통령만의 것임을 확인하는 검토서를 펴냈다. "그 권한은 최고 통수권자인 대통령의 역할에 내재되어 있다"는 것이 조사에서 확인되었다.[102] 대통령은 "군사 자문위원이나 미국 의회의 동의 없이 핵무기를 발사할 수 있다".

레드 임팩트 시계가 다가오는 핵미사일이 미국 내 표적지를 타격할 때까지 걸리는 분과 초를 카운트다운하는 가운데, 대통령이 반격용 핵무기를 발사할 시간이 왔다. 반격용 핵무기를 발사하면 블루 임팩트 시계, 곧 반격 시계가 돌아갈 것이다.

때로 미국에 정말 경보 즉시 발사 정책이 있는지에 관한 논쟁이 일어난다. 미국이 아직 물리적으로 타격당한 것은 아니지만, 핵 공격의 **위협**을 받는 상황일 때 군 통수권자가 정말로 핵무기를 발사할 것인지 말이다. 전직 국방부 장관 페리가 오해를 바로잡는다.

"우리에게는 경보 즉시 발사 정책이 있습니다." 확실하다.

이 시나리오에서, 대통령의 자문위원들은 서둘러 그에게 선택할 수 있는 반격에 대해 보고한다.

블루 임팩트 시계를 가동하도록.

보고가 진행중인 가운데, 숙고를 위한 6분의 카운트다운은 시작되었다. 대통령은 딱 6분만 숙고한 뒤 어떤 핵무기를 사용할 것이며, STRATCOM에 어떤 적의 표적지를 타격하도록 지시할지 결정해야 한다. 전직 발사 지휘 장교이자 핵무기 전문가인 브루스 블레어 박사의 말을 빌리자면, "숙고와 결정을 위한 제한 시간이 6분이라는 건 말도 안 된다".[103] 인간은 어떤 방법을 써도 이런 일에 대비할 수 없다는 뜻이다. 시간이 너무 부족하다. 하지만 이것이 바로 우리가 처한 상황이다.

대통령 옆, PEOC에 서 있는 사람은 이른바 "밀 에이드mil aide"라고 불리는 군사보좌관Military aide이다. 그는 대통령의 비상 가방을 들고 있다. 풋볼이라고도 알려진, 알루미늄과 가죽으로 만든 손가방이다. 이 가죽가방은 언제나 대통령과 함께한다. 클린턴 대통령이 시리아를 방문했을 때, 하페즈 알아사드 대통령의 보좌관들이 클린턴 대통령과 함께 엘리베이터에 타려는 군사보좌관을 막으려 한 적이 있다. "우린 그런 일이 일어나도록 놔둘 수 없었고, 그런 일이 일어나게 놔두지도 않았습니다." 전직 경호 국장 루이스 멀레티는 말한다.[104] 멀레티는 당시 클린턴의 경호를 맡고 있던 인물로, 나중에는 미국 비밀경호국 국장이 되었다. 멀레티는 "풋볼은 언제나 대통령과 함께해야 하며, 예외는 없다"고 확인해주었다.

풋볼 안에는 미국 정부에서 가장 극비로 분류되는 일련의 서류가 있다(고 한다). 대통령 긴급 행동 서류Presidential Emergency Action Documents, PEAD라 불리는 이 서류는 핵 공격 같은 비상 시나리오가 발생하는 즉시 발효될 수 있는 행정명령과 메시지로 이루어져 있다. 브레넌 정의 센터*는 풋볼이 "'특별한 상황에 대통령이 특별한 권한을 실행할 수 있도록' 고안된 것"이라고 전한다.[105] "PEAD는 '기밀'로 지정되었으며, 그 어떤 PEAD도 기밀이 해제되거나 누설된 적이 없다."

이처럼 특별한 대통령의 권한은 어디에서 왔을까? 풋볼의 초기 역사는 오랫동안 신비로 감싸여 있었다. 로스앨러모스 국립 연구소에서 이 책을 위해 그 기원에 관한 비밀을 밝혔다.

---

* 뉴욕대학교 로스쿨의 공공 정책 연구소.

대통령의 풋볼

1959년 12월의 어느 날, 원자력 합동 위원회의 소규모 관료들이 유럽의 나토 기지를 방문했다. 공동 보호 핵폭탄 프로토콜을 검토하기 위해서였다. 그곳의 나토 비행사들은 리퍼블릭 F84F 전투기를 몰았다. 리플렉스 액션 작전이 발효 중이었기 때문에 항공대원들이 핵전쟁 발발 후 15분이 채 안 되어 소련 내의 미리 결정된 표적을 공격할 준비가 되어 있었다.

방문단 중에는 독특한 이력을 가진 과학자 해럴드 애그뉴가 있었다. 애그뉴는 과학적 관찰자로서 히로시마 원폭기에 함께 타고 가는 임무를 배정받았던 세 명의 물리학자 중 한 명이었다. 그는 영화 카메라를 들고 다니며, 현재 유일하게 존재하는 히로시마 원폭 조감 영상을 촬영했다. 1959년 당시에 애그뉴는 로스앨러모스 연구소에서 열핵폭탄 실험을 감독하고 있었으며, 나중에는 이 연구소의 소장이 되었다.

나토 기지를 방문하는 도중에 애그뉴는 경계심을 일으키는 무언가를 발견했다. 그는 2023년에 기밀 해제된 문서에 이렇게 써두었다. "나는 F84F 전투기 넉 대가 (중략) 활주로 끝에 서 있는 것을 보았다. 각 비행기는 MK 7 [핵] 중력탄 2기를 싣고 있었다."[106] 그 말은 "MK 7의 관리를 맡은 이는 여덟 발의 탄약이 들어 있는 M1 소총 한 정으로 무장한 매우 젊은 미 육군 이등병 한 명이었다"는 뜻이었다. 애그뉴는 동료들에게 말했다. "원자폭탄의 무단 사용을 막는 유일한 보호 장치가 소련군 수천 명으로부터 겨우 몇 킬로미터 떨어진 외국 영토에서, 엄청나게 많은 수의 외국군에 둘러싸인 단 한 명의 미군 사병뿐"이라고 말이다.

미국으로 돌아온 애그뉴는 샌디아 연구소에서 일하는 돈 코터라는 프로젝트 공학자에게 연락해, "[폭탄의] 발사 회로에 전자식 '잠금 장치'를 넣어 지나가는 사람이 아무나 MK 7을 무장시키는 것을 막을 수 있느냐"라고 물었다. 코터는 작업에 착수했다. 그는 잠금 장치와 암호화된 스위치를 시연했는데 이것들은 "세 자리 암호가 입력되고 스위치를 누르면 파란불이 꺼지고 빨간불이 들어와 무장 회로가 작동중임을 나타내는" 방식으로 작동했다.[107]

애그뉴와 코터는 이 자물쇠를 시연하기 위해 워싱턴DC로 갔다. 처음에는 원자력 합동 위원회에서, 그다음에는 대통령의 수석 과학 자문위원 앞에서, 마지막으로는 대통령 앞에서 시연했다. "우리는 이 장치를 케네디 대통령에게 제시했고, 대통령은 개발을 완료하도록 명령했다." 애그뉴의 말이다.

군에서는 반발했다. 당시 핵무기를 담당하던 앨프리드 D. 스타버드 장군이 이런 견해에 반대했다. 현재는 기밀 해제된 논문을 (애그뉴와 함께) 공동 집필한 글렌 맥더프는, 스타버드 장군이 기록한 우려 사항을 "미군이든 외국군이든, 세계 어느 곳에 있을지 모르는 단 한 명의 비행사가 미국 대통령에게서 암호를 얻어, 엄청난 수적 우위를 차지하고 있는 소련군에게 제압되기 전에 어떻게 핵무기를 작동할 수 있느냐"라는 내용으로 이 문제를 요약했다.[108] 미군에 잠금 장치 문제는 판도라의 상자를 여는 것이나 마찬가지였다. 맥더프는 이렇게 설명한다. "중력탄에 암호가 걸린다면, 미사일 탄두와 전자 핵 지뢰, 어뢰 등 모든 핵무기에 암호를 걸지 못할 이유는 무엇이겠는가?"[109] 대통령은 그 모든 무기에 암호를 걸어야 한다고 판단했다.

그 답으로 대통령의 비상 가방인 풋볼이 만들어졌다. 애그뉴와 코터가 케네디 대통령과 만나는 동안, 최초의 SIOP는 최종 단계에 있었다. 이 계획은 군대가 아닌 대통령에게 미국 핵무기에 대한 통제권을 주려는 계획이었다. 허가제 핵탄두 안전장치 해제 기구Permissive Action Link, PAL라 불리는 이 새로운 장치는 이제 새로운 통제 시스템에 포함될 터였다. 풋볼의 발명으로 핵무기 발사명령—그리고 핵무기를 물리적으로 장착할 능력—은 **오직** 대통령에게서만 나오게 되었다. 군 통수권자에게서. "대통령은 이렇게 풋볼을 손에 넣게 되었다." 애그뉴는 말한다.[110]

발사 후 10분 30초
워싱턴DC, 백악관

대통령은 풋볼을 바라본다. 이 비상 가방 안에는 흑서라고 알려진 일련의 서류가 들어 있다. 흑서란 미국 대통령이 핵 공격을 실행하기 위해 하나를 골라야만 하는 목록이다. 대통령은 이로써 핵전쟁을 시작하게 된다. 기밀 해제된(그러나 많은 부분이 삭제된) 서류인 "닉슨 행정부를 위한 SIOP 보고서"를 통해 우리는 이런 서류가 수십 년 동안 **결정** 안내서로 불려왔다는 걸 알고 있다.[111] 풋볼에 들어 있는 다른 항목의 자세한 내용도 유출되었다. 이런 정보에는 다음이 포함된다.[112]

- 사용해야 하는 핵무기
- 타격해야 하는 표적지
- 그 결과로 추산되는 사상자의 수

이 시나리오에서 대통령이 쓸 수 있는 핵무기는 대통령 자신에게도 경악스럽다. 더욱 경악스러운 것은 일촉즉발 경보라 알려진 정말로 위험한 정책이다.[113]

일촉즉발 경보는 경보 즉시 발사 정책과 맞물려 돌아간다. 핵 억지에 저항하면서 수뇌부를 무력화하려는 목표로 다른 핵무장 국가를 공격하는 교활한 적을 반드시 절멸하고자, 미국 핵전력은 발사 준비 태세라고도 불리는 소위 일촉즉발 경보 태세로 무기들을 유지하고 있다.

이 말은 대통령이 자신의 선택에 따라 1년 365일, 하루 24시간 언제든 미국의 핵무기 1기, 10기, 100기, 혹은 전부를 발사하도록 명령할 수 있다는 뜻이다.[114] 대통령이 해야 하는 일은 풋볼 내의 지침에 따르는 것뿐이다.

이로써 우리는 미국의 핵 삼위일체에 이른다. 대통령에게 발사 권한이 있는 핵무기 삼합, 즉 육해공 핵무기 말이다. 미국의 핵 삼위일체에는 다음이 포함된다.[115]

- 육상: 각기 1기의 탄두를 장착한 400기의 ICBM
- 공중: 각기 다수의 핵탄두를 장착한 66기의 핵 탑재 폭격기(B-52 폭격기, B-2 스텔스 폭격기)
- 해상: 각기 다수의 핵탄두를 장착한 잠수함 발사 탄도미사일(SLBM)을 여러 기 실은 14척의 핵무장 잠수함
- (유럽의 나토 기지에 있는 100기의 전략 핵폭탄은 공식적으로 핵 삼위일체의 일부로 간주되지 않는다.)

이제는 대통령이 결정할 시간이 왔다. 이 시나리오에서, 미국은 제2차 세계대전 이후 처음으로 핵무기를 발사하려 한다. 군사보좌관이 대통령 앞에서 풋볼을 연다. 대통령이 흑서를 바라본다.

STRATCOM 지휘관: **대통령님.**

흑서의 내용을 본 사람은 미국 핵 지휘 통제부의 최고위 관료뿐이다. 그들이 본 것—관련된 표적, 사용되어야 할 무기의 종류(킬로톤 vs. 메가톤), 그 결과로 발생할 대량 사상자의 수—을 글로 쓴 사람의 숫자는 극도로 적다. 그중에는 존 루벨도 있고, 국방부 비밀 보고서로 유명한 대니얼 엘즈버그도 있다. 테드 포스톨과 존 울프스탈은 흑서의 내용을 보았지만, 알

게 된 내용을 공개하지 않았다. 흑서에 자세히 적혀 있는 내용은 대부분의 사람이 무덤까지 안고 갈 비밀이다. 그 이유는 아마 루벨이 죽기 전에 우리와 공유했던 것과 같은 이유일 것이다.

클린턴 대통령의 군사보좌관인 로버트 "버즈" 패터슨은 언젠가 흑서를 "데니스의 아침 메뉴"에 비유했다.[116] 그는 미리 결정된 핵 공격 목록에서 보복 표적지를 선택하는 것이 레스토랑에서 음식의 조합을 결정하는 것만큼 간단하다는 의미에서 이런 비유를 들었다. "A열에서 하나를 고르고 B열에서 두 개를 고르는 식입니다."

로스앨러모스의 역사학자이자 핵무기 공학자인 글렌 맥더프 박사는 직접 흑서를 본 적은 없으나 흑서를 본 적이 있는 사람을 많이 안다. 그는 "그 책이 흑서라고 불리는 이유는 너무도 많은 죽음이 연관되어 있기 때문"이라고 말한다.[117]

모두가 일제히 대통령에게 소리친다. 다들 그의 관심을 끌려고 경쟁한다.

대통령이 딱히 상대를 향하지 않고 큰 소리로 말한다.

조용.

발사 후 11분
펜타곤, 국가 군사 지휘 본부

펜타곤 지하 국가 군사 지휘 본부 안에서는 국방부 장관과 합참의장이 대통령과 위성 영상통화를 한다. 시각은 오후 3시 14분이다. 연방 정부 직원들은 여전히 일하고 있다. 국방부 장관과 합참의장에게는 좋은 상황일 수도, 나쁜 상황일 수도 있다.

한편, 핵 위기시 대통령의 가장 중요한 자문위원 두 사람은 언제든 그에게 조언할 수 있는 상황이다. 또 한편, 이 두 사람은 폭격당할 확률이 높은 두 표적지 중 하나의 아래에 서 있다. 이들이 그 자리를 지키고, 핵무기가 워싱턴DC를 타격한다면 둘은 죽을 것이다.

대통령은 합참의장에게 관심을 집중한다.

뭘 해야 할지 말해주십시오.

자연스러운 말이다. 자진해서 핵무기를 발사하고 싶어하는 사람은 광인밖에 없을 테니까.

합참의장은 대통령에게 자신은 핵 발사를 허가하는 "명령 계통"이 아니라 "소통 계통"에 속해 있다고 말한다. 합참의장은 명령을 하는 자리가 아니라 조언하는 자리다.

조언하세요. 대통령이 명령한다. 몇 초가 지난다.

합참의장은 대통령에게 지금까지 전개된 상황을 보고한다. 반격 선택지에 관해서도. 앞으로 일어나야만 하는 일에 관해서도. "대통령에게 설명해주어야 할 실제 각본이 있습니다." 전직 대통령 특별보좌관 존 울프스탈은 말한다. "정말 그대로 적혀 있어요. 국가 군사 지휘 본부의 최고사령관이 대통령에게 그 내용을 설명할 겁니다." 합참의장은 대통령에게 반격을 명령할 시간이 몇 분밖에 남지 않았다고 말한다. 하지만 대통령은 핵무기를 발사하기 전에 군의 태세를 방어준비태세Defense Readiness Condition, DEFCON 1단계로 올려야 한다. 최대한의 방어 태세, 즉각 대응, 핵전쟁 준비. 군의 준비 태세는 한 번도 데프콘 1단계로 격상된 적이 없다. 최소한 대중이 아는 바로는 그렇다. 1962년 쿠바 미사일 위기 당시에 미군의 준비 태세는 데프콘 2단계로 격상되었다.[118] 이 말은, 핵무기 전쟁이 임박한 것으로 생각된다는 뜻이다.

알겠습니다. 데프콘 1단계로 올리죠. 대통령이 말한다. 그런 다음, 그는 이제 거의 정신이 나간 듯 사나운 눈으로 국방부 장관에게 속으로 생각하던 말을 내뱉는다. 감히 아무도 하지 못했던 말이다. 이게 실제 상황이긴 한 겁니까?

합참의장: 네.

대통령: 이런 세상에.

국방부 장관: (조심스럽게) 더 많은 정보가 들어오기를 기다리고 있습니다.

어째야 합니까? 대통령이 묻는다.

그리고 여기서 바로 조언과 선택 가능한 방법이 위험할 정도로 나뉠 수 있다.

잠시만요. 이 시나리오의 국방부 장관은 그렇게 말하고, 대통령에게 러시아와 중국의 담당 관료와 먼저 의논하라고 조언한다.

국방부 장관: 정보를 모아야 합니다, 대통령님.

정보 수집은 재앙에 가까운 실수를 할 가능성을 떨어뜨린다.

대통령의 국가 안보 자문위원은 여전히 딴 데 정신이 팔려 있다. 북한과의 전화 연결은 실패했다. 지금 그는 모스크바와 연결하려고 애쓰고 있다.

네브래스카주 벙커의 위성통신에서 STRATCOM 지휘관이 국방부 장관과 반대되는 의견을 낸다.

적이 핵무기로 조국을 공격하고 있습니다, 대통령님. 그가 말한다. 방점은 "핵"에 찍힌다.

대통령은 사상자 담당 사무관에게 정보를 요구한다.

워싱턴DC에서만 수십만 명의 사상자가 발생할 것입니다. 사상자 담당 사무관이 말한다.

합참의장이 그 숫자를 수정한다. 최대 100만 명일 겁니다, 대통령님.

STRATCOM 지휘관: 경보 즉시 발사 정책을 통해 적의 계획을 바꿀 수 있습니다, 대통령님.

우리가 보복하는 이유는 적의 수뇌부를 무력화하기 위해서입니다. 합참의장이 말한다. 이제 그는 이른바 "대통령 옭아매기"라 알려진 방식을 쓰고 있다.[119] 이 말은, 미국이 공격받고 있다는 사실이 아직 확인되지 않은 상태에서 장군과 제독들이 대통령에게 재빨리 핵무기를 발사하도록 압박하는 상황을 뜻한다.

하지만 국방부 장관은 단호하다: 아닙니다, 대통령님. 기다려야 합니다.

국방부 장관이 모두가 두려워하지만 감히 하지 못한 말을 분명히 꺼내는 순간이다.

국방부 장관: 지금 발사하면 확전이 확실해질 뿐입니다.

발사 후 12분
네브래스카주, STRATCOM 본부

오핏 공군기지 지하 벙커에서, STRATCOM 지휘관은 영상통신으로 대통령과 그의 군사보좌관을 마주보고 서 있다.[120]

핵과 관련된 선택을 논의하고 마무리지을 때가 왔다.

백악관 지하 벙커에서 대통령 군사보좌관이 풋볼을 열고 있을 때, 이곳 STRATCOM의 벙커인 배틀 덱에서도 비슷한 일이 벌어지고 있다. 이 핵 작전 본부 안의 검은 금고에는 대통령의 핵 결정 안내서, 흑서와 똑같은 사본이 들어 있다.[121]

"대통령의 풋볼 [안에 들어 있는 흑서]와 우리의 흑서는 같은 것입니다." CNN과의 인터뷰에서 STRATCOM의 전투 감독 지휘관인 캐럴린 버드 대령은 말했다.[122] 이 두 책에 "똑같은 정보가 똑같은 방식으로 들어 있어 핵 옵션에 관해 의논할 때 같은 서류를 보고 말할 수 있습니다"라고도 했다.

핵 옵션.

행동할 시간이 왔다.

STRATCOM 지휘관 옆에 서 있는 사람은 핵 공격 자문위원으로, "매일" 흑서의 내용을 연구하는 것이 업무인 사람이다.[123] 크리스토퍼 길런 중령이 한때 이 자리에 있었다. 자신이 맡은 업무의 섬뜩한 복잡성을 설명하기 위해 길런은 피상적인 언어를 사용했다.

길런이 CBS 탐사보도 프로그램 〈60분〉에서 인터뷰한 바에 따르면 "STRATCOM 핵 공격 자문위원으로서의 책임은 핵 결정 안내서와 미국 전체의 핵전력 경보 상태에 관한 전문가가 되는 것"이다.

"미국 전체의 핵전력"이란 육해공이라는 핵 삼위일체를 말한다. ICBM 400기, 핵 탑재 폭격기 66대, 핵무장 잠수함 14척.

STRATCOM 벙커의 핵 공격 자문위원 옆에 기상 장교가 서 있는데, 그의 업무는 미국의 반격 이후 핵 낙진으로 얼마나 많은 사람이 죽을 가능성이 있는지 대통령에게 보고하는 것이다.[124] 끔찍한 업무다. 놀라울 정도로 많은 사망자 수를 계산해 보고하기 위해서는 수학 및 계산 능력이 필요하다. 존 루벨이 우리에게 전한 대로라면 1960년 모스크바를 향한 핵 공격 계획에서 핵 낙진으로 인한 사망자 수에는 중국에서만 "중국 인구의 절반"이 포함되었다.[125] 그 말은, 오늘날이라면 7억 명 이상의 중국 민간인이 러시아를 향한 핵 공격 이후 방사능 중독으로 죽게 되리라는 뜻이다.

STRATCOM 지휘관은 대통령에게 경보 직후 발사 옵션에 관해 보고한다. 이 옵션들은 흑서에 알파, 베타, 찰리 옵션으로 제시되어 있으며 셋 중 일부를 선택할 수도 있고 모두 쓸 수도 있다.[126] 핵 억지가 실패할 경우 "결정적 대응을 하겠다"는 STRATCOM의 약속에 기반한 선택지다.[127] (2020년에 사망한) 미사일 발사 장교 브루스 블레어의 말에 따르면, 북한은 "핵전쟁 유지 산업체"와 그 지도자들을 포함한 약 80개의 표적지를 노리고 있다.[128]

대통령은 흑서를 빤히 본다.

STRATCOM 지휘관은 레드 임팩트 시계를 보고 있다. 초 단위로 짧아져가는 핵 뇌관이나 다름없다.

STRATCOM 지휘관: 대통령님, 명령을 내려주십시오.

합참의장: 공격 옵션 찰리를 제안합니다.

국가 안보 자문위원: 대체 누가, 왜 빌어먹을 핵전쟁을 시작할 정도로 멍청하게 구는 겁니까?

STRATCOM 지휘관은 블루 임팩트 시계를 작동시키는 데 집중한다: 군사 목표물에 중점을 두십시오, 대통령님.

국방부 장관은 모스크바와 전화 연결을 하려 간절히 노력하고 있다.

모스크바에 알리지 않고 발사하는 건 우리로서 미친 짓입니다. 국방부 장관이 경고한다.

STRATCOM 지휘관: 대통령님!

국방부 장관: 하지 마십시오, 아직은 아닙니다. 이어서: 중국에는 누가 전화하고 있나?

합참의장: 저희는 명령을 기다리고 있습니다, 대통령님.

국가 안보 자문위원: 북한은 평양 주변 지역에 핵 시설을 두고 있습니다. 거기에 거의 300만 명의 민간인이 삽니다.

흑서를 읽은 대통령은 옵션을 고려한다. 합참의장이 제안했던 찰리 옵션에 집중한다.

합참의장은 북한에 있는 수많은 군사 표적지를 분명히 밝힌다.[129] 평양, 영변, 용저리, 상암리, 통창리, 신오리, 무수단리, 평산, 신포, 박천, 순천, 풍계리다.

국가 안보 자문위원의 보좌관은 중국과의 연결에 성공한다.

북한 통창리 미사일 발사 단지는 인구 220만 명의 중국 국경 도시 단둥과 65킬로미터도 떨어져 있지 않습니다. 누군가가 말한다.

STRATCOM 지휘관: (대통령에게) 한반도 상공에 폭격기 여섯 대를 배치하십시오. 전 세계의 잠수함을 대기시키십시오.

핵 기상 장교: (국방부 장관에게) 찰리 옵션에 따른 낙진 사망자 추산치는 중국인 40만 명에서 400만 명입니다.

국방부 장관: 모스크바와는 아직 연결되지 않았습니다.

국가 안보 자문위원: 풍계리는 러시아 블라디보스토크에서 약 321킬로미터 떨어져 있습니다. 인구는 60만입니다.

블라디보스토크는 러시아 태평양 함대의 주둔지로, 해상 전함 수십 대가 배치되어 있다.[130]

레드 임팩트 시계는 핵폭탄이 워싱턴DC를 파괴할 때까지 21분이 남았음을 알린다.

크렘린과 연락이 닿지 않습니다. 국방부 장관이 말한다. 그는 여전히 기다리는 중이다. 믿기 어려운 일도 아니다. 2022년 11월, 러시아 미사일이 폴란드 나토 영토를 타격했다는 잘못된 보도가 나온 이후 합참의장 마크 밀리 장군은 24시간 넘게 러시아의 국방 관료와 연락할 수 없었다. "우리 참모들은 게라시모프 장관과 나를 연결하지 못했습니다."[131] 밀리는 이 사건이 있고 나서 하루 반 만에 열린 기자회견에서 이렇게 인정했다.

국가 군사 지휘 본부의 모든 보좌관이 미친듯이 미국-러시아 충돌 방지 핫라인에 전화를 걸고 있다.[132] 이 핫라인은 핵무장한 두 열강 사이에 군사적 오해를 막기 위해 열어둔 통신선이다.

국가 안보 자문위원: (손에 전화기를 들고) **중국에서는 방사능 중독으로 중국인을 죽이면 전쟁 행위로 간주하겠다**고 합니다.

통신중인 모두가 서로의 말을 끊고 떠들어댄다.

누군가가 말한다: 쉬이잇.

미국의 인도태평양사령부 지휘관이 제일 먼저 입을 연다: 남한에 미군

2만 8,500명이 있습니다, 대통령님. 미국을 위해 복무하는 이 사람들은 평양을 향한 미국의 핵 반격으로 인한 위험뿐만이 아니라, 그로 인한 북한의 재반격에서 발생하는 치명적 방사능의 위험에 처해 있다.

모두의 시선이 대통령을 향한다.

STRATCOM 지휘관은 명령을 기다린다. 그 수하의 15만 명도 대통령의 명령을 기다리고 있다. 대통령이 흑서에서 핵 공격 옵션을 선택할 때까지는 아무도 행동할 수 없고, 행동하지도 않을 것이다.

기다리고 있습니다, 대통령님. STRATCOM 지휘관이 다시 말한다.

대통령은 망설인다.

그는 흑서의 페이지를 넘긴다. 그의 시선이 숫자, 글자, 단어를 빠르게 훑는다. **폭격기를 띄우십시오.** 그가 흑서를 읽으며 말한다. 미국의 핵무장 폭격기는 핵 삼위일체 중 유일하게 취소할 수 있는 한 축이다.

합참의장과 국방부 장관: (동시에) **폭격기를 띄우도록, 당장.** 허둥지둥 경보가 울린다. 하지만 모두가 시간에 예민하게 반응한다. 미국 폭격기는 핵무기를 탑재한 채로 배치되어 있지 않다. 핵무기를 탑재하는 데에도 시간이 든다.

대통령: 이게 일종의 전자 시뮬레이션이 아니라는 걸 어떻게 확신할 수 있습니까?

STRATCOM 지휘관: 다수의 조기 경보 시스템이 발사를 확인했습니다.

대통령: 나를 속여서 실수로 핵무기를 발사하게 하려는 일종의 속임수는 아니고요?

1979년에 윌리엄 페리가 보았던 비디오 시뮬레이션의 21세기 버전 얘기다.

141

합참의장: 이 상황이 현실이라는 건 매우 확실합니다, 대통령님.

STRATCOM 지휘관: 블루 임팩트 시계를 작동시켜야 합니다.

합참의장: 지금요.

모두가 북극 위로 날아가는 ICBM의 아바타를 지켜보고 있다.

안에 핵탄두가 들어 있는 건 확실합니까? 대통령이 묻는다.

적합한 질문이다. 국방부 장관의 답: 확실하지 않습니다.

대통령: 뭐라고요?

STRATCOM 지휘관: 폭발하기 전까지는 ICBM 탄두 안에 뭐가 들어 있는지 확인할 방법이 없습니다.

대통령: 안에 핵탄두가 들어 있지 않으면요?

실수로 핵전쟁이 시작된다고 상상해보라.

합참의장: 반격당할 거라고 예상하지 않고 미합중국을 향해 ICBM을 발사할 나라는 없습니다.

대통령: 하지만 혹시……?

STRATCOM 지휘관: 탄두는 화학무기나 생물학무기일 수 있습니다.

대통령: 그래서 모른다고요?

국방부 장관: 모릅니다.

STRATCOM 지휘관: 대통령님, 골드 코드가 필요합니다.

합참의장: 대통령님, 지금입니다.

대통령은 항상 가지고 다녀야 하는 코팅된 핵 암호 카드를 꺼내느라 지갑에 손을 넣는다. 국가 안보 용어로는 "비스킷"이라 한다. 대통령은 지갑을 손에 든 채 카드를 꺼내려 한다. 그때 PEOC 지하 문이 획 열린다.

SR-16 가스 작동식 공랭식 카빈총과 AR-15 돌격 소총으로 무장한 남자 열 명이 뛰어들어온다.

　그들은 대통령에게 달려들어 그의 겨드랑이를 잡는다. 그의 발은 더이상 땅에 닿지 않는다.

발사 후 12분 30초
괌, 앤더슨 공군기지

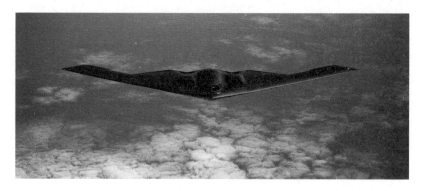

B-2 핵 폭격기. (미 공군, 러스 스컬프 상사 사진)

워싱턴DC에서 1만 3,000킬로미터 떨어진 미크로네시아의 섬(미국의 영토이다), 괌의 앤더슨 공군기지의 격납고에서 B-2 스텔스 폭격기 두 대가 활주로로 나갈 준비를 하고 있다. 이건 시험 비행이 아니다.

B-2는 20억 달러에 달하는 길이 52미터짜리 비행기로 무기고에 최대 16기의 핵폭탄을 탑재한다. 시속 1,010킬로미터로 이동하는 B-2는 연료를 추가 보급할 필요 없이 9,600킬로미터를 날 수 있다. 미주리주의 화이트먼 공군기지에서 파견되는 함대 소속 20대 폭격기는 각각 아이슬란드, 아조레스, 디에고가르시아를 포함한 전 세계의 기지에 배치된다.[133] 괌에서 이륙하면, B-2 폭격기는 약 세 시간 뒤 평양을 공격할 수 있는 거리에 접어든다.

핵전쟁에서는 세 시간 안에 너무도 많은 일이 일어날 수 있다.

B-2는 레이더에 감지되지 않고 적의 방공망을 뚫을 수 있는 스텔스 기

술을 활용한다. 이처럼 대단한 일을 해낼 수 있는 건 장거리 핵 탑재 미국 비행기뿐이다. B-2 한 대에는 각기 두 명이 탄다. 왼쪽 좌석에는 조종사가, 오른쪽에는 지휘관이 탄다. B-2에는 B61 모드 12 열핵중력폭탄을 탑재하는데, 이 폭탄은 지표면을 관통하는 능력 때문에 벙커 파괴 핵이라고도 불린다. 이런 능력으로 B61은 깊이 파묻힌 표적을 파괴하는 데 더욱 효과적이다.[134]

현재 북한의 최고 지도자가 숨어 있을 것으로 의심되는 벙커 같은 표적 말이다.

"B61-12의 주된 강점은 모든 표적 시나리오에 대항한 중력폭탄 능력을 모두 하나의 폭탄으로 꾸렸다는 점입니다."[135] 핵무기 전문가 한스 크리스텐슨이 말한다. "여기에는 파괴력이 아주 낮고 적은 낙진을 동반한 전략적이고 '깨끗한' 무기 사용부터 지하의 표적을 노리는 좀 더 지저분한 공격까지 포함됩니다."

B-2 스텔스 폭격기는 역사상 가장 비싼 비행기다. 가장 효과적이기도 하다. 하지만 펜타곤의 장군들이 알고 있고, 아무도 딱히 말하고 싶어하지 않는 한 가지 사실은 이 비행기에 핵무기를 탑재하는 데 시간이 걸린다는 점이다. 필요한 비행시간을 고려하면, 이와 비슷한 시나리오에서 B-2가 평양 근처에라도 도착할 때쯤이면 핵 총력전이 한창일 것이다.

그 말은, B-2 폭격기의 행선지를 생각할 때 20억 달러짜리 스텔스 비행기에 연료가 필요할 때쯤에는 연료를 보급할 곳도, 착륙할 곳도 없으리라는 뜻이다.

발사 후 13분
버지니아주, 마운트 웨더

연방재난관리청FEMA 청장은 비행기에 오르려고 267번 고속도로를 따라 덜레스 공항으로 가는 중이다. 그때 운전기사가 국토안보부로부터 차를 세우고 FEMA 수색 및 구조 팀을 기다리라는 통지를 받는다. 이 팀은 FEMA 청장이 있는 곳에서 겨우 몇 분 거리에 있으며, 길가에서 그를 데려갈 것이다.

백악관이 "프로그램"을 발동했다.[136]

FEMA 청장으로서 그는 절차에 따라 헬리콥터에 실려 마운트 웨더 긴급 작전 본부로 옮겨질 것이다. 고속도로에서 사람을 태워 가는 이런 일은 냉전 초기에 처음 도입된 핵 위기 프로토콜 가운데 한 가지에 불과하다. 1950년대에 아이젠하워 대통령은 이런 식의 이중적 활용을 염두에 두고 미국 고속도로 시스템을 만들었다. 그는 회고록에 "독일 아우토반이라는 최상급 시스템"을 본떠 미국 최초의 "주간 고속도로 및 방위 고속도로 국가 시스템"을 만들었다고 적었다.[137] 미국의 고속도로 시설은 핵전쟁시 도시에서 대규모 대피를 가능하게 할 뿐만 아니라, 넓고 평평한 주와 주를 잇는 고속도로는 폭격 항정* 때 이착륙을 위한 활주로로도 활용할 수 있다. 중앙분리대나 도로변의 풀밭에 헬리콥터를 착륙시킬 수도 있다. 20세기 중반에 수많은 미국의 수송 시스템은 바로 이런 식으로 설계되었다.

FEMA는 핵전쟁을 대비하는 임무를 맡은 국가 기구다. FEMA의 특수

---

* 폭격 개시부터 폭탄 투하까지의 비행.

접근 프로그램은 극비 사항이다. 대중이 오해할 만한 내용이 숨겨져 있거나 모호하게 내포되어 있기도 하다. 사실, 핵전쟁 자체에서 시민들의 생존을 돕기 위한 연방 기구는 없다. FEMA가 하는 일은 핵 공격이 발생할 때 특정 정부 관료를 구하는 데 집중하는 것이다. 이는 작전 계획의 지속성 Continuity of Operations Plan, COOP이라 불리는 기밀 정보를 기반으로 만들어진 FEMA 비밀 프로그램의 일부다.[138]

이때 "프로그램"이란 정부에서 쓰는 용어다.

전직 FEMA 청장 크레이그 퍼게이트는 이를 정부의 지속성 Continuity of Government 프로그램과 혼동해서는 안 된다고 분명히 밝힌다.[139] "정부의 지속성 프로그램이 있고, 작전 계획의 지속성 프로그램이 있습니다. 정부의 지속성은 현직 대통령과 기관 수장들의 합헌적 승계를 말합니다. 작전 계획의 지속성 프로그램은 상황이 매우 나쁠 때 여러 기관이 편성〔혹은 재구성〕할 수 있어야 하는 '필수 기능'의 목록입니다." '상황이 매우 나쁠 때'에 관해 퍼게이트는 "핵전쟁을 돌려 말한 것"이라고 부연한다.

"프로그램" 발동 이후 FEMA의 임무는 기본적이고도 무시무시한 하나의 개념으로 요약된다.

"과연 정부의 기능을 충분히 온전하게 보전할 수 있을까요?"[140] 퍼게이트가 수사적 질문을 던진다. "지속성 프로그램은 발생 가능성이 낮으나 발생시 엄청난 결과를 초래하는 사건을 중심으로 만들어져 있습니다. 상황이 아무리 나쁘더라도, 그러니까 전면적인 핵 교환〔을 포함하는 일〕이 일어나더라도 정부가 합법적인 방식으로 계속 기능할 수 있다는 개념을 토대로 만들어져 있죠. 〔FEMA에서〕 우리가 목표로 삼는 게 바로 그런 겁니다."

지속성 프로그램과 별개로, 인구 보호 계획이라는 또다른 프로그램이 있다. 이 계획은 허리케인, 홍수, 지진 같은 비상사태의 여파에서 미국 시민들을 돕기 위해 FEMA에서 응급 요원들을 조직하는 프로그램이다. 하지만 핵전쟁은 FEMA에서 청천벽력 공격이라 부르는 것이다. 퍼게이트는 말한다. "청천벽력 공격 상황이라면, 인구 보호 계획은 완전히 다른 문제가 됩니다. 청천벽력 공격 상황에서 인구 보호 계획은 작동되지 않을 겁니다. 모두가 죽을 테니까요."[141]

이 시나리오에서 FEMA 청장의 운전기사는 지시받은 대로 자동차를 길가에 세운다.

FEMA 수색 및 구조 팀을 태운 헬리콥터가 풀밭에 착륙한다.

FEMA 청장은 회전식 날개가 달린 비행체에 올라 이륙한다. 그가 타고 온 자동차는 길가에 시동을 켠 채로 서 있다. 사람들은 워싱턴DC 시내나 그 근방에 출몰하는 정부 차량에 익숙해져 있기에 잠시 바라본다. 몇몇은 사진을 찍어 소셜미디어에 올리고 각자의 삶으로 돌아간다. 잠시 주위를 두리번거린 뒤 차량들은 다시 움직인다.

이제 FEMA 청장은 마운트 웨더로 날아가며 위성통신에 참여한다. 그는 특별한 난관이 기다리고 있다는 걸 알게 된다. 퍼게이트는 말한다. 핵 공격시에는 "뭔가 [핵과 관련된 일이] 일어나고 있다는 걸 탐지하는 시점부터 모든 것이 카운트다운의 문제가 됩니다. 핵 공격시의 (중략) 시간제한을 보자면 (중략) 15분 정도입니다." 그러니까 문제는 "얼마나 빠르게 움직일 수 있는가? 얼마나 빠르게 가동할 수 있는가?"이다. "상황이 너무 빠르게 진행될 때는 착오와 실수가 일어나기 때문입니다."

이와 비슷한 시나리오에서, 퍼게이트처럼 많은 정보를 알고 있는 FEMA

청장은 세상이 끝나기 직전이라고 생각한다.

이 순간부터 FEMA 청장의 임무는 프로그램에 집중하는 것이다. 다른 모든 것은 무시해야 한다. "핵 공격 이후 [대부분의] 사람에게 아무것도 해줄 수 없다는 점을 극복해야 할 겁니다." 퍼게이트는 경고한다. 그는 자기 자리에 있는 누군가가 청천벽력 핵 공격으로 무엇이 망가질 것인지에 관한 현실에 집중한다면 "마비되고" 말 거라고 말한다. "공포로부터 나 자신을 떼어내는 것과 거의 비슷한 상황이죠. 우리가 하는 일은 발생 가능성은 낮지만 일단 벌어지면 심각한 결과가 뒤따르는 일입니다. 그러니까, 우리는 소행성 충돌 같은 것에 대비합니다."

FEMA 청장은 최악의 상황에 대비하는 방법을 안다. 그리고 소행성의 지구 충돌을 제외하면, 핵 공격보다 더한 재앙은 없다.

퍼게이트는 말한다. "핵 공격 이후로 가장 먼저 해야 하는 질문은 무엇이, 누가 남았느냐는 것입니다." 그런 다음에는 "어떻게 그 사람들을 계속 살려두느냐"에 집중해야 한다.

거기서부터는 상황이 훨씬, 훨씬 나빠질 것이다. 핵 공격 이후 몇 시간, 며칠이 지나면 "이제 정말로 생존의 문제가 될 것"이라고 퍼게이트는 예측한다. "이건 정상으로 돌아가는 문제가 아닙니다. 전통적 대응의 문제가 아니에요. 이건 우리[FEMA]가 무엇을 해야 최초의 공격에서 살아남은 대부분의 사람들을 계속 생존시킬 수 있느냐는 문제입니다." 그는 사실 "연방 정부에서 할 수 있는 최선은 (중략) 아직 라디오를 가지고 있는 사람들에게 (중략) 그 사람들이 자체적으로 생존하기 위해 **직접** 할 수 있는 일을 알려주는 것"이라고 말한다.

예를 들면 "물을 비축하십시오. 페디얼라이트를 복용하십시오. 실내에 머무십시오. 사기를 잃지 마십시오" 같은 것들을.

알아서 생존해야 한다.

발사 후 14분
워싱턴DC, 백악관

방금 대통령 긴급 상황실에 들어온 무장한 남자들은 대응타격부대 Counter Assault Team, CAT라는 비밀경호국의 특수 전술 부대원들이다. 그들은 대통령 경호를 맡은 특수 경호원special agent in charge, SAC("the sack")의 호출로 이곳에 왔다. SAC는 엘리먼트라는 삼인조 긴급 CAT 팀에도 명령을 내렸다. 그들은 대통령을 워싱턴DC 외부의 안전한 장소로 옮기기 위해 이곳에 왔다.

CAT 엘리먼트는 평소보다 오래 걸려 나타났다. SAC가 그들에게 백악관 본부를 지나 그곳에 있는 낙하산을 전부 PEOC로 가져오라고 명령했기 때문이다. 대통령 전용 헬리콥터인 마린 원을 의미하는 비밀경호국의 암호명 나이트호크 원에는 낙하산이 장비되어 있지 않고, SAC의 임무는 언제나 한발 앞서 생각하는 것이다.

CAT 엘리먼트가 도착했을 때, SAC는 전화기를 들고 KNEECAP의 상황 업데이트를 요청하고 있었다. KNEECAP란 POTUS, 즉 "미합중국 대통령president of the United States"을 태우고 있을 때의 둠즈데이 플레인을 뜻하는 비밀경호국의 암호명이다.

엘리먼트는 대통령에게 달려간다. 검은 옷을 입고 헬멧과 야간 투시경을 쓴 채 탄약을 장비하고 보안 통신 장비를 장착한 CAT 요원들이 대통령의 팔을 잡고 그를 들어올린다. 그들은 논의나 토론을 위해서가 아니라 POTUS를 이송하기 위해 이곳에 왔다.

19분 뒤면 핵무기가 워싱턴DC를 타격할 것이다. 대통령은 전용 헬리콥터에 탑승해 4분 안에 백악관 단지에서 대피해야 한다. 그러지 않으면 폭탄이 터질 때 나이트호크 원이 그라운드제로에 너무 가까이 있게 될 위험이 있다. 그럴 경우 충격파 폭발과 그뒤로 이어지는 시속 수백 킬로미터의 바람으로 인해 하늘에서 추락하는 것을 포함한 치명적인 위협이 도사린다. 하지만 SAC가 가장 우려하는 것은 핵 EMP, 즉 핵 전자기펄스의 잠재적이고 재앙적인 영향이다. 핵 전자기펄스란 대통령 전용 헬리콥터의 전자 시스템을 파괴하고 헬리콥터를 추락시킬 수 있는 3단계의 빠른 전류 폭발이다.

CAT 엘리먼트는 레드 임팩트 시계가 0에 도달하기 전에 위험 구역에서 벗어나지 못할 경우를 대비해 POTUS와 함께 헬리콥터에서 점프할 수 있도록 낙하산을 가져왔다.

SAC: 남쪽 잔디밭으로 간다. 이동하겠습니다, 대통령님!

영상통신을 통해 STRATCOM 지휘관이 이동에 이의를 제기한다.

STRATCOM 지휘관: 그전에 발사 명령이 필요합니다, 대통령님.

합참의장도 동의한다: 찰리 옵션을 권고합니다, 대통령님. STRATCOM에 골드 코드가 필요합니다.

SAC: 우린 지금 POTUS를 이송해야 합니다.

STRATCOM 지휘관: 먼저 POTUS의 발사 명령이 필요합니다.

합참의장: EAM 명령을 내려주십시오, 대통령님.

EAM이란 우발 사태 조치 전문Emergency Action Message을 의미하는 것으로, 이는 전 세계 전쟁터의 사령관들에게 전송되는 암호화된 핵 발사 명령이다.

국가 안보 자문위원: 제3차세계대전을 시작하지 않는 유일한 방법은 우

리가 물리적으로 공격당하는지 지켜보는 것뿐입니다.

　합참의장은 반대한다: 대통령님, 대통령님에게는 공격을 받으면 즉시 핵무기를 발사할 의무가 있습니다.

　국방부 장관: (SAC에게) POTUS를 모시고 나가세요. R 사이트로 모셔가십시오.

　POTUS를 이송하겠습니다. SAC가 말한다.

　군사보좌관이 풋볼을 닫는다. 그는 풋볼에 자물쇠를 채우고 움직이기 시작한다. 훈련받은 대로, 언제나 팔을 뻗으면 대통령과 닿을 거리에서.

발사 후 15분

펜타곤, 국가 군사 지휘 본부

펜타곤 지하의 국가 군사 지휘 본부 안에서 국방부 장관은 발사에 버금 가는 문제에 엄청나게 집중하고 있다. 문제는 바로 정부의 지속성이다. 군 대의 명령 계통에 있는 단 두 명의 민간인 중 한 명인 국방부 장관은 핵 공 격 이후 연방 정부의 기능을 유지할 방법에 대해 심각하게 우려한다.[142]

핵폭탄이 워싱턴DC에 명중하면 미국 전역이 혼란에 빠질 것이다. 제대 로 기능하는 정부가 없으니 법치도 없을 것이다. 민주주의는 무정부주의 로 대체된다. 도덕이 사라질 것이다. 살인과 대혼란, 광기가 만연할 것이 다. 니키타 흐루쇼프의 말을 빌리자면, "생존자들이 죽은 자들을 부러워하 게 될 것이다".[143]

제대로만 실행되면 정부의 지속성 프로그램은 대통령과 그 자문위원들 이 미국의 군대를 이끌어, 이른바 레이븐 록산 복합단지 혹은 R 사이트라 알려진 워싱턴DC 외곽의 펜타곤 대용 국가 군사 지휘 본부 같은 예비 사령 부에서 전면적인 핵전쟁을 치를 수 있도록 해준다.[144] 이 지하 지휘 본부는 백악관에서 북서쪽으로 112킬로미터 떨어진 펜실베이니아주의 블루리지 서밋에 있다. 백악관과 가장 가까운 곳에 있는 가장 안전한 지하 벙커로 간 주되는 곳이다.[145]

안전 탈출 시계에 남은 시간이 겨우 몇 분밖에 되지 않는 지금, 국방부 장관은 R 사이트로의 대피도 고려한다.

그는 국방부 차관을 돌아본다. 헬리콥터 이착륙장에 오스프리*가 있습니 까? 그가 묻는다.

♠

발사 후 16분
네브래스카주, STRATCOM 본부 배틀 덱

STRATCOM 지휘관은 격노한다. 그는 위성통신 화면을 통해 백악관 대통령 긴급 작전 본부를 본다. 자문위원들과 보좌관들, 장교들과 차관들이 보인다. 하지만 대통령은 보이지 않는다. 어떻게 미합중국 대통령이 데프콘 1단계 상황에서 STRATCOM 지휘관과 연락이 닿지 않는단 말인가? 어떻게 감히 비밀경호국이 저런 일을 할 수 있는가?

대통령님 명령이 필요합니다! 지휘관이 화면을 보며 소리친다.

대통령에게서 발사 암호를 받지 못하면 STRATCOM 지휘관은 꼼짝도 할 수 없다. 그는 기다린다.

상황이 이 이상 나빠질 수 없을 것이라는 생각이 든 그 순간, 콜로라도주 NRO 항공우주 데이터 시설에서 새로운 데이터가 들어온다.

잠수함에서 발사한 탄도미사일의 뜨거운 로켓 배기가스가 SBIRS 센서에 감지되었다. 이 두번째 공격 미사일은 캘리포니아 연안에서 약 560킬로미터 떨어진 곳의 해수면을 돌파했다.[146] 유일하게 표적지에 접근할 수 있고, 그런 만큼 지구 반대편에서 발사된 ICBM보다 빠르게 표적지를—이 시나리오에서는 미국 본토를—공격해 명중시킬 수 있는 유일한 핵 탑재 미사일은 잠수함에서 발사하는 탄도미사일이다. 무시무시한 SLBM 말이다.

이런. 제기랄. 벙커 안의 누군가가 말한다.

---

* 헬리콥터처럼 수직 이착륙이 가능한 군용 수속기인 V-22 오스프리.

발사 후 17분
캘리포니아주, 빌 공군기지

핵 탑재 ICBM이 평성의 흙바닥에서 솟아올라 미국의 동부 연안으로 향한 지 17분이 지났다. 지구 고궤도의 조기 경보 위성이 이제는 추진 단계를 지나 캘리포니아주로 향하는 이 두번째 탄도미사일을 추적한다.

이 미사일의 소유자나 미사일을 발사한 잠수함을 식별할 데이터는 부족하다. 적어도 지금 현시점에서는 그렇다. 하지만 모두가 가장 가능성이 높다고 생각하는 건 북한이다. 위성은 바닷속을 보지 못한다. 잠수함은 해수면 아래에 숨어 있다가 해수면 가까이 솟아올라 미사일을 쏘고 사라진다.

캘리포니아주 유바시 외곽의 빌 공군기지 내 분석가들은 이 두번째 사건이 초음속 탄도미사일의 발사라는 정보를 얻어 추적하고 확인한다.

콜로라도주, 네브래스카주, 워싱턴DC의 지하 지휘 본부에 있던 장군과 제독들은 더이상 중립적인 표정을 유지하지 못한다. 그중 너무 많은 사람이 서로 비슷하게 충격적인 진실을 생각하거나, 심지어 소리내 말하고 있다.

미사일 한 발은 오해일 수도 있지만 두 발은 실수가 아니다.

핵 억지가 실패했다.

핵전쟁이 일어났다. 지금.

그중 대다수는 알고 있다. 세상의 종말이 시작되었다.

공격용 미사일 한 발이 날아오는 것은 끔찍한 사고일 수 있다. 변칙적인 사건 말이다. 하지만 서로 다른 발사지에서 날아오는 두 발의 공격용 미사일은 조직적인 핵 공격이라는 문턱을 넘어버린다.

미국이 할 수 있는 대응은 한 가지뿐이다. 방금 선제 핵 공격을 한 적을 무력화시킬 반격. 북한을 고대 카르타고로 만들어버릴 시간이 왔다. 소금 뿌린 땅으로.

STRATCOM 지휘관: (이번에도 영상통신으로) 대통령님은 어디 계십니까?!

합참의장: 암호가 필요합니다!

하지만 대통령은 여전히 PEOC 외부의 계단실에서 이동중이다.

저 높이 우주에서는 고급 초고주파 위성통신 시스템이 설계된 대로 작동하고 있으나 대통령의 흑서는 여전히 풋볼 안에 안전하게 담긴 채 군사 보좌관의 손에서 흔들리고 있다.

발사 후 17분 30초
워싱턴DC, 백악관

대통령은 계단을 뛰어올라간다. 그의 뒤에서 대통령 긴급 상황실의 지하 문이 닫혀 잠긴다.[147] 대통령 자문위원 일부는 뒤에 남았다. 그들은 이런 시나리오에 관한 보고서를 읽었고, 지금 벌어지는 일을 이해하고 있다.[148] 과거 카터 대통령과 레이건 대통령이 결정했듯, 이들도 배와 함께 침몰할 생각이다.

CAT 엘리먼트의 구성원들은 대통령을 다른 복도로 안내해 방폭 문 두 개를 지난다.

또 한번, 그리고 또 한번 계단을 올라간다.

복도를 지난다. 또 한번 문을 지난다.

이제 그들은 백악관 밖에 있다. 신선한 공기가 느껴진다. 잭슨 목련*에 푸른 싹이 돋아 있다. 헬리콥터 날개가 낮게 윙윙거리는 소리. 마린 원이 이륙할 준비를 마쳤다. CAT 요원들은 대통령과 함께 가볍게 달려 백악관 잔디밭을 가로지른다. 아직 잔디는 푸르지 않다. 그저 차갑고 축축한 땅일 뿐이다.

---

* 워싱턴DC 백악관 남쪽 정원에 있는 역사적 의미를 지닌 목련. 1800년대 앤드루 잭슨 대통령 시절에 그의 부인 레이철을 기리기 위해 심었다.

발사 후 18분
펜타곤, 국가 군사 지휘 본부

펜타곤 지하의 국가 군사 지휘 본부 안에서 국방부 장관은 무슨 일을 해야 할지 결정한다. 미국을 향해 날아오는 ICBM이 워싱턴DC의 모든 것을 파괴하기 일보 직전이다.

서부 연안으로 향하는 두번째 탄도미사일은 몇 분 안에 캘리포니아주나 네바다주 어딘가에서 폭발할 것이다. 국방부 장관은 이곳에 그대로 있다간 죽으리라는 걸 안다. 단단한 벽과 천장이 최초의 폭발에서 그를 보호해주더라도, 펜타곤 지하의 국가 군사 지휘 본부가 용광로처럼 변하면 타 죽을 것이다.

전직 국방부 장관 윌리엄 페리는 아직 자기 한몸을 챙겨 빠져나갈 시간이 있을 때 국방부 장관으로서 고려할 만한 생각에 대해 말해주었다.

"이런 경우, 워싱턴DC에 떨어지는 것이 [핵]폭탄이라면 내각은 무력화되고 비상 정부가 작동하게 될 겁니다.[149] 핵 공격의 결과 즉각 민주주의가 완전히 사라지고 군의 지배가 이루어지겠죠." 페리는 오늘날 미국에 군정이 실시된다면, 미국에서 "군정을 없던 것으로 되돌리기란 거의 불가능할 것"이라고 생각한다.

내각은 대통령의 주요 자문 기구다. 여기에는 부통령과 15개 행정부의 수장이 포함되어 있다. 백악관 비서실장, UN 미국 대사, 국가 정보기관의 수장, 소수의 다른 관료 등 워싱턴DC에 자기 사무실을 두고 있는 사람 거의 대부분도 물론이다. 시각은 오후 3시 21분. 연방 정부의 직원과 공무원들은 여전히 열심히 일하고 있다. 그 말은, 몇 분 만에 대통령의 주요 자문위원들도 전부 죽을 가능성이 높다는 뜻이다.

대통령의 내각 구성원 중 다수가 계승자 명단(대통령이 사망할 경우 권력이 이양되는 순서)에도 올라 있는 걸 보면, 국방부 장관에게 최선은 즉시 펜타곤을 벗어나는 것이다. 윌리엄 페리의 말에 따르면, 그가 향할 곳은 레이븐 록이다. 서둘러 가야 한다.

"합참의장과 의논한 적이 있습니다." 그가 말한다.

그는 이렇게 말할 터였다: 우리 중 한 명은 남고, 한 명은 가야 합니다.

"객관적으로, 가장 현명한 행동은 나 자신을 구하려고 노력하는 것입니다."[150] 페리는 설명한다. "결국 내가 이 나라의 지도자가 될 수도 있으니까요." 대통령 계승자 명단에서 국방부 장관은 서열 6위다. 상위 열두 명은 다음과 같다.

1. 부통령
2. 하원 의장
3. 상원 임시의장
4. 국무부 장관
5. 재무부 장관
6. 국방부 장관
7. 법무부 장관
8. 내무부 장관
9. 농무부 장관
10. 상무부 장관
11. 노동부 장관

12. 보건복지부 장관

페리는 분명히 밝힌다. "나와 합참 부의장이 할 수 있는 현명한 행동은 탈출이 될 겁니다. 헬리콥터를 타고 그곳에서 빠져나가는 것입니다."

폭탄이 워싱턴DC를 타격하면, 대통령 계승자 중 상위 다섯 명—이 시나리오에서 그들은 모두 워싱턴DC에 있다—모두가 거의 확실하게 사망하게 될 것이다. 합참의장은 거의 확실하게 펜타곤에 남기로 선택할 것이다. 페리는 말을 잇는다. "국방부 장관으로서 내 결정은 나와 합참 부의장이" 펜타곤 내부가 아닌 "안전한 지휘 본부에 있는 것이 될 겁니다".[151]

안전한 곳. R 사이트 같은 곳.

국방부 차관이 펜타곤 육군 헬기장과 통신한다. 그곳은 펜타곤 건물 북쪽에 있는 오각형 모양의 헬리콥터 이착륙장이다. 그곳에 가려면 국방부 장관은 십대처럼 전력 질주해야 한다.

주차장에서 만납시다. 합참 부의장은 육군 헬기장 지휘부에 말한다. 덕분에 국방부 장관은 소중한 시간을 아끼게 될 것이다.

가십시오. 합참의장이 국방부 장관에게 말한다. 자네도. 그가 합참 부의장에게 지시한다.

펜타곤을 겨냥한 핵 무력화 공격으로 국가의 지휘 권한, 즉 대통령의 권한이 행사되고 작전 지휘와 통제가 이루어지는 방식은 뒤집힐 것이다.[152] 합참의장은 이 사실을 알고 있다. 그는 딕 체니가 했던 일을 한다. 프로토콜을 무시하고, 풋볼이 다시 열리고 대통령이 다시 위성통신에 참여할 때까지 전략적 결정을 도맡는다.[153]

합참의장은 STRATCOM 지휘관에게 대통령이 핵 반격에 잠수함 전력을 활용하고 싶어할 가능성이 높다고 말한다.

잠수함은 핵 삼위일체 중 살아남을 가능성이 가장 높은 축이다. 전자 통신 시스템이 곧 멎어도 잠수함은 냉전 당시에 개발, 연습, 숙련된 초장파/장파를 활용해 STRATCOM에서 발사 명령을 받을 수 있기 때문이다. 이런 수중 전파 시스템은 대기권에서 작동하는, 전자기펄스로 쉽게 파괴될 수 있는 다른 시스템과는 다르게 움직인다. 두번째 이유는 적군이 잠수함을 쉽게 발견할 수 없기 때문이다.

"바다에서 잠수함을 찾는 것보다는 우주에서 자몽 크기의 물건을 찾는 게 더 쉽습니다."[154] 전직 해군 중장이자 미국 (핵) 잠수함 지휘관인 마이클 J. 코너는 말한다. 역으로, "고정된 것은 무엇이든 파괴할 수 있다"고도 한다.

경보 즉시 발사 정책은 북한이 더이상의 핵미사일을 미국으로 발사하기 전에 지금 북한 지도부를 무력화해야 한다고 명령한다. 미국 잠수함 전력은 이런 표적에 미사일을 보낼 때 가장 빠른 방법이다. 오하이오급* 핵무장·핵동력 잠수함인 USS 네브래스카호는 대통령이 원하리라고 생각되는 바에 대비하며 바다의 지정된 위치로 나간다. 미국 해안에서 먼 티니언섬 북쪽, 광활한 태평양으로. 국방부 장관과 합참 부의장은 서둘러 펜타곤을 떠난다.

핵전쟁이 시작되기 일보 직전이다.

---

* 미국 해군이 운용하는 핵무장 잠수함으로 트라이던트 II 탄도미사일을 탑재하고 있으며 여기에 핵탄두를 장착할 수 있다.

오스프리가 펜타곤을 떠난다.
(미국 해병대 일병 브라이언 R. 돔잘스키 사진)

핵무장 잠수함

핵무장·핵동력 잠수함은 악몽 같은 무기 시스템이다. 다가오는 소행성만큼이나 인간의 존재에 위험한 물건. 이런 잠수함은 여러 이름으로 불린다. 부머 boomer, 죽음의 배, 악몽의 기계, 종말의 시녀. 이들은 위치가 드러나지 않으며 철저히 무장하고 있다. 미국 무기고에 있는 오하이오급 잠수함 14척은 각자 1분 30초 만에 80기의 핵탄두를 방출하고 사라질 수 있다.[155]

러시아는 거의 동등한 수준의 함대를 보유하고 있다.

무시무시한 경탄의 대상인 이 잠수함들은 공학의 걸작으로, 자체 동력을 생산하고 자체 산소와 식수를 만들어내며 거의 무한히 혹은 승선원들의 식량이 떨어질 때까지 바닷속에 있을 수 있는 자족적 생태계다. 정찰위성으로부터 숨은 잠수함은 아무 제재 없이 바다를 돌아다닌다. 이런 잠수함은 탐지가 아예 불가능하기에 항구로 돌아와 수면으로 떠오를 수밖에 없을 때까지는 선제공격을 포함한 거의 대부분의 공격에 영향을 받지 않는다.

축구장 두 개 길이인 오하이오급 잠수함은 20기의 잠수함 발사 탄도미사일, 그 무시무시한 SLBM을 쏠 수 있다.[156] 발사시 길이 13미터, 지름 2미터, 무게 5만 9,000킬로그램인 SLBM은 노즈콘에 다수의 핵탄두를 탑재하고 있다.[157]

이런 잠수함 한 대의 화력으로 한 국가를 거의 파괴할 수 있다.

핵 잠수함의 타격 능력은 육지 기반의 ICBM과 핵심적인 부분에서 차이가 있다. 바닷속에서는 탐지가 불가능하기에, 핵 잠수함은 한 국가의 연안에 매우 가깝게 몰래 접근해 선제공격을 가할 수 있고 발사부터 타격까지의 시간을 약

30분 혹은 그 이하로 줄일 수 있다. 잠수함은 독특한 방식으로 핵미사일을 발사한다. 여러 대륙을 가로지르는 장거리로, 그리고 (비교적 낮은) 하강 궤도를 이용해 단거리로 쏘는 것이다. 예를 들어 미국 서부 연안에 숨어 있는 러시아 잠수함은 50개 주에 있는 모든 표적지에 동시에 미사일을 발사할 수 있다.[158] 이는 각 미사일의 노즈콘에 들어 있는 다수의 탄두가 수백 킬로미터 떨어진 곳의 개별 표적지를 폭격할 수 있기 때문이다.[159] 이것이 경보 즉시 발사 정책의 주된 추진력이자 미국 핵 삼위일체가—러시아의 핵 삼위일체처럼—일촉즉발 경보를 유지하는 이유다.

대통령에게 핵 반격을 숙고하고 결정할 시간이 6분간 주어지는 이유기도 하다.

"워싱턴DC가 미국 해안에서 1,000킬로미터 떨어진 곳에 있던 러시아 잠수함의 공격을 받는다면, 발사부터 충돌까지 비행시간은 7분에도 못 미칠 겁니다."[160] 테드 포스톨은 경고한다. "대통령에게는 탈출할 시간이 없을 테고, '지정된 계승자'가 그 이후 핵 지휘권을 맡아야 합니다."

1982년, 미국 해군 참모총장의 자문위원 자격으로 포스톨은 펜타곤에서 러시아 잠수함의 공격과 속도에 관한 기밀 보고를 해달라는 부탁을 받았다. 그의 보고용 슬라이드는 손으로 그린 것이었다. "초기의 개인용 컴퓨터에는 그래픽 기술이 없었습니다." 포스톨은 말한다.

당시 펜타곤 장교들에게 보고하는 일반적인 방법은 보안 검사를 통과한 전문가가 (프레젠테이션을 공식화하기 위해) 작성실에 슬라이드를 제출하는 것이었다. 테드 포스톨은 이 규칙에서 예외였다. 그의 의견은 높은 평가를 받았고, 필요할 경우에는 빠르게 참조되었다.[161] 수십 년 뒤, 과거에 기밀이었던 이런 슬라이드 중 "거의 동시적인 발사"라는 제목이 붙은 슬라이드는 당장의 아마겟돈과 비슷한 결과를 생각하면 이상하게 유치해 보인다.

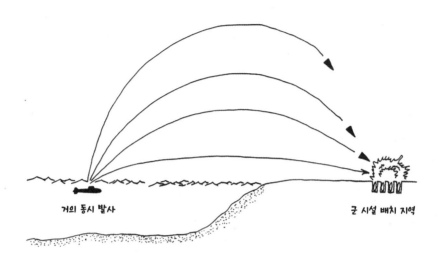

거의 동시 발사

군 시설 배치 지역

시어도어 포스톨의 펜타곤 보고 슬라이드, 1982년.
(시어도어 포스톨 제공)

하지만 포스톨은 "소련의 잠수함이 약 5초 간격으로 미사일을 전부 발사[할 수 있다]는 점을 지적하기 때문"에 이 수십 년 된 슬라이드가 중요하다고 말한다. "잠수함은 모든 미사일을 약 80초 안에 방출할 것이다."[162] 게다가 각 미사일의 노즈콘에는 다수의 탄두가 들어 있다. "발사부터 타격까지의 시간이 너무 짧아서, 미국이 공격용 잠수함으로 소련의 탄도미사일 잠수함을 추적하더라도 소련 잠수함의 미사일이 전부 떨어지기 전에 어뢰를 발사해 그 잠수함을 격침할 수 없다."

포스톨의 그림은 지금이나 그때나 핵무장 잠수함을 상대로는 방어가 전혀 불가능하다는 현실을 강조한다. 그럼에도 1982년에는 이 슬라이드 한 장이 당시 잠수함전을 책임지고 있던 바로 그 사람들에게 충격적이었다. 포스톨은 회상한다. "이 사실에 해군 참모총장 짐 왓킨스는 충격받았습니다. 그는 이런 일

166

이 가능하리라는 걸 몰랐습니다." 포스톨의 말에 따르면 더욱 말도 안 되는 건 "왓킨스 [자신이] 잠수함 승무원이었고, 자기가 지휘하는 잠수함을 타고 소련의 탄도미사일 잠수함을 비밀리에 따라다니는 작전에 참여한 적이 분명히 있었다"는 점이었다.

잠수함이 종말의 시녀인 까닭은 핵무기를 발사할 수 있는 속도 때문이다. 국방 분석가 서배스천 로블린의 말에 따르면, "탄도미사일 잠수함은 핵 보복이라는 막을 수 없는 영향력을 보이며 제정신인 모든 적들이 선제공격을 시도하거나 핵무기에 의존하지 못하도록 억지한다".[163]

하지만 역사를 보면 확인되듯 모든 적이 제정신인 건 아니다.

"세상에는 나폴레옹 같은 자들이 있습니다." 열핵무기 설계자 리처드 가윈은 경고한다.[164] "아프레 무아, 르 델뤼주"*라는 사고방식을 반복하는 지도자들 말이다.

내가 떠난 다음에 일어날 홍수.

핵전쟁의 원칙을 논의하면서, 가윈은 전직 국방부 장관 페리와 마찬가지로 핵무기를 가진 허무주의적 광인 한 명만 있으면 승자 없는 핵전쟁이 시작될 수 있다고 말한다. 이 시나리오에 나오는 북한의 통치자처럼 가문 대대로 수십 년 동안 국가를 통치해왔으며, 전체주의적 계엄령을 통해 나라를 다스리고, 아주 작은 불만이라도 있는지 시민들을 감시하는 통치자 말이다.

북한에서는 어떤 위법행위라도—지도자에 대해 나쁜 말을 하거나, 지도자의 초상에 얼룩을 남기거나, 스키니진을 입는 등—체포와 고문, 감금, 사망으로 이

---

* Après moi, le déluge. "내가 떠난 다음에 일어날 홍수"라는 뜻으로, 자신이 떠난 뒤에는 무슨 일이 일어나든 신경쓰지 말라는 의미에서 루이 15세에게 그의 정부 퐁파두르가 한 말이라고 전해진다.

어질 수 있다.[165] TV와 라디오는 국가의 프로파간다를 쏟아낸다. 국경은 폐쇄되어 있다. 평범한 사람들은 은둔자의 왕국 바깥의 삶이 어떤지 거의 모른다. "저는 세계지도를 한 번도 본 적이 없었어요." 탈북자인 박연미가 조 로건의 팟캐스트에서 말했다.[166] "아시아인으로서 저는 제가 아시아인이라는 것조차 몰랐어요. 북한 체제는 제가 김일성 민족이라고 했죠. 달력은 김일성이 태어난 날부터 시작된다고요."

북한은 상당 부분 울퉁불퉁한 산악지대다. 겨우 17퍼센트의 땅에서만 기초적인 농업을 할 수 있다. 작물에는 인분을 비료로 준다고 알려져 있다. 영양실조가 흔하다.[167] 평양이 아닌 곳에서는 사람들이 메뚜기를 비롯한 곤충을 잡아먹는다. 가축은 국가의 재산으로 여겨진다. 소를 소유하는 것은 사실상 불법이다. 2017년에 영양실조에 걸린 국경 경비병의 극적 탈출이 동영상에 담겼고, 그후 의사들은 그의 소장에서 25센티미터 길이의 기생충을 여러 마리 발견했다.[168] 가난한 북한의 시민들은 상징적으로든, 문자 그대로든 최소한의 힘마저도 빼앗긴 것만 같다. 미국 항공우주국NASA에서 한반도의 야간 위성사진을 공개했을 때(국제 우주 정거장의 엑스퍼디션 38 승무원들이 찍은 것이다), 한반도의 남쪽 절반은 환한 도시의 불빛으로 밝았으나 북쪽 절반은 어두웠다. 이 사진에 덧붙인 설명에 NASA는 "북한은 이웃한 남한이나 중국과 비교해 거의 완전히 어둡다. 어두운 땅은 서해가 동해에 합류하는 수역처럼 보인다"라고 적었다.[169] 북한의 시민들이 괴로워하고 굶주리는 동안, 이 나라의 지도자 자리를 계승해온 자들은 핵전쟁 이전, 핵전쟁중, 핵전쟁 이후에 권력을 지키게 해줄 토끼굴 같은 지하 사령부와 지휘 벙커를 지었다. 이는 미국의 공격에 의한 무력화를 피하기 위한 것이기도 하다.

다른 국가들과 마찬가지로 북한은 냉전 당시 핵분열을 추진했다. 1990년대에는 핵개발을 시작했다. 1994년, 중앙정보국CIA은 클린턴 대통령에게 북한이 이미 핵탄두 한두 기를 생산했을지 모른다고 보고했다. 클린턴은 국방부 장관 윌리엄 페리를 평양으로 파견해, 경제적 혜택을 주는 대가로 이 프로그램을 포기하도록 김정일을 설득하려 노력했다. 결과적으로 아무 소용이 없었다. 2002년, 북한은 몇 년째 핵무기를 개발해왔음을 인정했다. 2003년에는 북한의 첫 원자로에서 무기 등급의 플루토늄을 생산하게 되었다. 2006년에는 북한이 핵폭탄을 실험했다. 2009년에는 이들이 성공적으로 두번째 실험을 선보였다. 2016년에 이르자 북한은 열핵폭탄을 보유하게 되었다. 2017년에는 "세계 어느 곳에든 닿을 수 있는" ICBM을 만들어냈다.[170]

북한은 핵무기고를 늘려가는 한편 80척에 이르는 범상치 않은 잠수함 함대를 보유하고 있다.[171] 이 수치가 정확하다면, 북한이 세계에서 가장 큰 규모의 잠수함 전력을 보유하고 있다는 뜻이다(미국 해군은 총 71척의 잠수함을 보유한 것으로 알려져 있다). 북한 함대의 잠수함들은 낡고 투박하다. "핵동력 잠수함이 아닙니다. 어림도 없습니다." 포스톨은 말한다. 하지만 최소한 그중 한 척은 잠수함 발사 탄도미사일을 운반할 수 있을 가능성이 높다. 우리가 이 사실을 아는 이유는 2019년 10월에 북한이 잠수함 발사를 모의하는 수중 플랫폼을 통한 시험 발사에 성공했기 때문이다.[172] 그로부터 2년 뒤, 북한은 일본 연안의 공해상으로 실제 잠수함 발사 탄도미사일일 가능성이 높은 무언가를 발사했다. "세계 최강의 무기"라고, 조선중앙통신(북한 국영 언론사)은 선포했다.

그리고 미친 왕에게 필요한 건 단 하나의 잠수함 발사 탄도미사일뿐이다.

과연 북한의 잠수함이 현실적으로 미국 가까운 곳까지 몰래 다가와 미사일을 쏠 수 있느냐에 관해서는 전문가마다 의견이 다르지만(가윈은 그럴 가능성이 낮다고 말한다), 테드 포스톨은 그럴 가능성이 당연히 있다고 주장한다. "까다로운 작전이겠지만 불가능하지는 않을 겁니다. 내가 분석을 해봤습니다. 나라면 그럴 가능성을 배제하지 않을 겁니다."

포스톨의 계산은 다음과 같다.

이 시나리오에서 북한의 디젤엔진 잠수함은 1950년대의 로메오급 공격용 잠수함을 개조한 것이다.[173] "바다에서 이런 전기식 디젤엔진 잠수함을 탐지하기란 매우 어렵습니다. 배터리를 재충전할 때만 예외죠. 그럴 때는 이 잠수함들이 취약해집니다." 디젤 전기 잠수함은 디젤 모터에서 전력을 얻는데, 디젤 모터는 발전기를 돌려 배터리를 충전한다. 포스톨은 말한다. "잠수함은 모습을 감추고 싶을 때 오직 배터리만으로 움직이며 수면 아래에 머뭅니다. 전기로 작동하는 시스템이기에 매우 조용하고요." 결국 배터리가 다 닳으면 재충전을 해야 한다. 그러기 위해서는 디젤엔진에 공기가 필요하다. 이게 어떤 방식인지 설명하기 위해 포스톨은 자신이 북한 잠수함 승무원이 되었다고 상상해본다.

"그러니까 내가 할 일은 수면으로 가까이 떠올라, 스노클이라 불리는 장비를 수면까지 연장하는 것입니다. 기본적으로 스노클은 파이프이며, 보통은 맨 윗부분에 파도로부터 보호하기 위한 장치가 달려 있죠. 동시에, 나는 스노클을 수면 가까이로 낮게 유지합니다. 파이프가 너무 높이 올라가는 건 바라지 않습니다. 현대 레이더는 물 위로 삐죽 튀어나온 스노클 같은 것을 꽤 잘 탐지할 수 있으니까요."

잠수함은 매우 천천히 움직여야 할 것이다. "약 5노트 정도의 속도로 느리게 움직입니다." 디젤엔진 잠수함은 배터리 전력 대부분을 호텔 로드*에 소모하기 때문이다. "그 말은 사람들이 체온을 유지하게 해주고, 산소를 계속 발생시키기

---

* 선박, 잠수함 등에서 엔진이 꺼져 있는 동안 시스템을 유지하는 데 사용되는 전력.

위해 팬을 가동한다는 뜻입니다." 포스톨은 "대단히 선진적인 배터리를 장착하지 못한" 이런 원시적 잠수함은 "물속에서 5노트 속도로 72~96시간을 이동한 뒤 스노클을 이용해 공기를 얻어야 한다"라고 말한다. 또한 그는 그보다 빨리 이동할 경우 잠수함이 얼마나 많은 전력을 소모할지 알려주고자 다음과 같이 말한다. "25노트로 이동한다면 동력은 한 시간이 못 되어 소진되므로, 천천히 가야 합니다. 하지만 북한 잠수함 승무원은 꽤 거칠겠죠."[174] 포스톨은 상상하고 계산한다. "그러니까, 스노클을 할 필요 없이—수면으로 떠올라 배터리를 재충전할 필요 없이—5노트로 한 번에 100시간씩 운행할 수 있다고 해봅시다. 그 말은, 조심해서 조용히 이동할 경우 스노클을 하고 다음 스노클을 할 때까지 약 500해리를 이동할 수 있다는 뜻입니다." 어렵지만 불가능하지는 않다. "내가 북한의 잠수함 승무원이었다면 아무도 나를 보지 못하도록 노력하면서 두어 시간 스노클을 할 겁니다. 바다야 넓으니 어렵지 않은 일입니다. 그러니까 이동 거리가 5,000~6,000해리라고 가정해보죠. 그러면 두어 달이 걸립니다. 음식도 아주 많이 필요할 테고, 아마 집으로 돌아가지도 못하겠지만, 북한 사람은 그런 걸 임무의 일부로 받아들이겠죠."

포스톨은 이동 경로도 생각해냈다. "미국을 위협하고 싶다면 알래스카주 남쪽 해안을 따라가려 할 겁니다." 그는 이와 관련된 해저지형을 인용해 말한다. "나라면 잠수함이 이용할 수 없을 정도로 얕지 않으면서도 비교적 얕은 대륙붕에 머물고 싶을 겁니다. 심해로 들어가면 미국에 발견될 확률이 높으니까요. 심해에서 잠수함이 스노클을 하는 동안 나는 소리는 수백 킬로미터 거리에서도 탐지될 가능성이 있습니다."[175]

포스톨은 잠수함의 탐지 가능성이 단순히 "얼마나 시끄러운가"에 달린 문제가 아니라고 주장한다. 그 문제는 "어디든 잠수함이 작동하는 환경에서 무슨 일이 벌어지느냐"에 달려 있다. 이는 메아리 효과라 알려진 개념으로, 포스톨은 이에 관해 생각하는 건 물론 펜타곤 관료들에게 설명하는 데에도 오랜 시간을 들였다. "잠수함이 얕은 물에 있을 때는 매우 발전된 음향 장치로도 잠수함 소리를 듣기가 거의 불가능합니다." 냉전 시대에 소련 잠수함을 추적하고 잠수함전 전략을 수립하기 위해 미국 해군에서 개발한 수중음향 감시체계Sound Surveillance System, SOSUS 같은 고급 수중음향탐지기를 사용해도 마찬가지다. SOSUS는 오랜 세월에 걸쳐 발전했다. 2023년 6월에 미국 해군이 잠수정 타이탄호에서 난 소리일 가능성이 높은 수중 폭발음을 들을 수 있었던 것도 SOSUS 덕분이다. 하지만 SOSUS는 얕은 물이 아니라 심해에서 작동한다. 얕은 물에서 나는 소리를 탐지하기가 거의 불가능한 이유는 해수면과 해저에서 반사되는 신호의 복잡성 때문이다. 이를 반향실 효과라 한다. 포스톨은 말한다. "얕은 물에는 반향음이 너무 많습니다. 빌어먹을 아무것도 들리거나 '보이지' 않습니다."

이 시나리오에서, 북한의 로메오급 디젤 전기 잠수함은 바다를 가로질러 알래스카주의 대륙붕을 따라 이동한 뒤 남쪽으로 향한다. "그러면 갑자기 미국 연안에 가까워지면서, 단거리 탄도미사일로 공격할 수 있게 됩니다."

지금 우리가 보고 있는 시나리오가 그것이다. 그것이 북한 해군이 미국 서부 연안을 공격할 수 있는 거리까지 탄도미사일 잠수함을 접근시킬 수 있었던 방법이다. 그리고 화성-17 ICBM이 처음 발사되고 18분이 흐른 지금, 핵 탑재가 가능한 잠수함에서 발사된 단거리 탄도미사일이 바다에서 나왔다.

탄도미사일은 동력 비행을 끝내고 중간궤도 단계에 돌입한다. 추적 데이터에 따르면 미사일은 캘리포니아주의 중남부를 향해 날아가고 있다. 2,500만 명이 사는 곳이다.

발사 후 19분
콜로라도주, 항공우주 데이터 시설

콜로라도주 항공우주 데이터 시설에서는 NRO, NSA, 우주군의 분석가들 모두가 동시에 데이터를 본다. 그들은 이제 두번째 탄도미사일이 미국을 공격해오고 있다는 걸 안다. 마하 6, 다시 말해 시속 7,400킬로미터로 유사 탄도 궤적을 따라 날아오는 이번 미사일은 캘리포니아주 남부로, 어쩌면 네바다주로 향하는 것으로 보인다. 해변에서 480킬로미터도 떨어지지 않은 곳이다.

이 미사일은 2021년 10월에 분석가들이 지켜본, 신포 해변의 수면 아래 플랫폼에서 성공적으로 발사된 것과 유사한 북한의 단거리 탄도미사일인 KN-23이다.[176] 당시 분석가들은 KN-23의 목적이 남한의 표적지로 핵무기를 발사하는 것이라 믿었다.[177] 지금은 그중 하나가 캘리포니아주 남부를 향해, 음속의 여섯 배 속도로 날아오고 있다.

KN-23은 약 7.6미터이며[178] 꼬리날개가 달려 있다.[179] 작동 범위는 탑재량에 따라 450~700킬로미터 사이다. 노즈콘에는 500킬로그램에 달하는 탄두를 실을 수 있다. 하지만 KN-23 핵미사일이 향하는 표적지는 파괴력이야 어떻든 간에 그야말로 재앙을 맞게 될 것이다. 표적지는 제네바 협정 제15조에 의해 보호된다. 이 협정은 핵심적인 국제 인도주의 법률을 구성하고 무력 분쟁 행위를 규제하는 일련의 조약과 절차다. 하지만 세상이 곧 알게 되듯, 핵전쟁에 법이란 존재하지 않는다. 핵 억지의 전제 조건은 핵전쟁이 절대 일어나지 않으리라는 것이다.

항공우주 데이터 시설에서는 네브래스카주, 콜로라도주, 워싱턴DC의

군 지휘부에 경고한다. 미국의 모든 군대에 데프콘 1단계가 발령된 상태에서, 미국과 전 세계의 11개 작전사령부의 모든 인원은 이미 임박한 핵전투에 대비하고 있다. 두번째 공격용 미사일이 다가오고 있음을 확인했으니 미국이 반격에 사용할 힘의 수준도 올라갈 것이다.

미사일은 정점이 낮고 비행시간이 짧으며 지느러미처럼 생긴 부분, 즉 꼬리날개로 조종이 가능하기 때문에, 국방부는 순전한 악몽에 직면한다. KN-23 미사일은 전통적인 미국의 방어용 미사일을 피할 수 있다. 그리고 마하 6의 속도로 이동하는 미사일이 표적지까지 650킬로미터도 채 떨어져 있지 않다는 사실은 미사일이 공중에 3분도 떠 있지 않으리라는 뜻이다.

발사 후 20분
네브래스카주, 미국 전략사령부 본부

네브래스카주 배틀 덱의 STRATCOM 당직 장교들은 콜로라도주 항공 우주 데이터 시설에서 미사일 발사 사실과 이동 시간을 확인해주는 센서 데이터를 수신한다. 불꽃 크기 측정치와 미사일 궤도에 근거해보면, 이 두 번째 공격용 탄도미사일은 캘리포니아주 남부로 향하고 있다. 네바다주 남쪽으로 가는 것일 수도 있다. 가능성 높은 표적지는 다음과 같다.

- 차이나 레이크, 인요컨 인근에 위치한 해군 항공 무기 기지
- 포트어윈, 모하비 사막에 있는 육군 주둔지
- 코로나도 해군기지, 샌디에이고 근처 태평양 함대의 본거지
- 넬리스 공군기지, 네바다 남부에 위치한 공군기지

위성통신에 연결된 모든 지휘관이 대통령의 명령을 기다리고 있다. 대통령은 여전히 CAT 요원들과 함께 대통령 전용 헬기로 대피하는 중이다. 추적 데이터가 들어오자 핵 지휘 통제 전산 시스템이 표적지를 더 정확히 계산하고 예측한다. 현재 미사일은 반덴버그 우주군기지로 향하는 것으로 보인다. 샌타바버라에서 북서쪽으로 약 80킬로미터 떨어진 곳이다. 기계 분석은 절대 정확하지 않고, 미사일에는 언제든 궤도를 바꿀 수 있는 꼬리 날개가 달려 있다.

몇 초가 지난다.

알고보니 알고리즘 추산치에는 약 56킬로미터의 오차가 있다. 표적지는

반덴버그 우주군기지에서 해안을 따라 북쪽으로 올라간 곳이다. 표적지는
캘리포니아주 아빌라 해변 북쪽의 해안 절벽에 있는 민간인 시설이다.

표적지는 디아블로 캐니언 발전소다. 1,000메가와트 이상의 가압수형
원자로 두 대가 있는 핵 발전소.

캘리포니아주 중부의 디아블로 캐니언 발전소.
(태평양 가스 및 전기 회사 제공)

발사 후 21분
캘리포니아주, 샌루이스오비스포 카운티 디아블로 캐니언 발전소

다가오는 단거리 탄도미사일은 디아블로 캐니언 발전소로 빠르게 날아간다. 이곳은 태평양으로부터 해발 25미터 고도에 있는 3제곱킬로미터 규모의 시설이다.

3월 말의 따뜻한 날, 현지 시각으로 오후 12시 24분이다. 디아블로의 남문 경비원들이 주로 실외에서 햇빛을 받으며 점심을 먹는 시간이다. 이곳 울타리 기둥 위에는 갈매기들이 쉬고 있다. 아래쪽 해변에는 커다란 볼주머니로 물고기를 사냥해 통째로 삼키는 펠리컨들이 보인다. 썰물이 다 되어간다. 바위 위엔 해초가 널려 있다. 2024년인 지금, 디아블로 캐니언 발전소는 캘리포니아주에서 가동중인 유일한 핵 발전소다. 햇빛을 받으며 점심을 먹는 이곳의 출입문 경비원은 1,200명의 직원과 디아블로 현장에서 일하는 200명의 하청업자 중 한 명이다.[180] 이들 중 누구도 몇 초 후면 자신들이 그 자리에서 화장되리라는 걸 모른다.

단거리 탄도미사일을 방어하기 위해 미 해군은 이지스 프로그램을 개발했다.[181] 이지스 프로그램이란 해군 이지스함과 구축함에 장착된 대탄도미사일 시스템이다. 오류투성이 요격기 프로그램과 달리 이지스 미사일은 85퍼센트의 격추율을 자랑한다. 하지만 이런 전함들은 대서양과 태평양, 페르시아만으로 순찰하러 간 상태다. 미국의 나토 및 인도태평양 동맹을 공격으로부터 보호하기 위해서다. 이들은 미국 서부 연안의 사정거리에서 수천 킬로미터는 떨어져 있다.[182]

펜타곤은 고고도 미사일 방어 체계Terminal High Altitude Area Defense,

THAAD라 불리는 육지 기반의 미사일 방어 프로그램도 운영한다. 이 시스템은 평상형 트럭에 설치된 발사대에서 대탄도미사일을 발사한다. 하지만 이지스 미사일 방어 시스템이 그렇듯, 미국의 THAAD 시스템은 현재 전부 해외에 배치되어 있다.[183] 여러 해 전, 북한이 처음으로 KN-23 미사일을 성공적으로 발사한 이후에 의회에서는 THAAD 시스템을 미국 서부 연안에 배치하는 방안을 논의했으나 2024년 현재까지는 아직 실행되지 않았다.[184]

이 순간, 이 모든 미사일 방어 시스템은 무의미하다. SBIRS 우주위성은 발사 후 아주 짧은 시간 내에 잠수함에서 발사된 미사일의 뜨거운 로켓 배기가스를 발견했으나, 현재는 약 4분이 지났다. 추진 단계가 끝나고 중간 궤도 단계가 시작되었다. 디아블로 캐니언 발전소를 향해 날아오는 탄두가 이제 종말 단계에 접어든다.[185]

전쟁법에는 국가 간에 절대 원자로를 공격하지 않는다는 협정이 있다. 제네바협약 제2추가의정서 15조를 확장해, 국제적십자위원회에서는 이를 42호 규칙이라 부른다.[186]

42호 규칙에 따른 관행: 위험한 폭발력을 지닌 시설물 및 구조물

섹션A: 제2추가의정서

1977년 제2추가의정서의 15조에 따르면

핵 발전 시설은 군사적 대상물이라 할지라도 공격의 대상물이 되어서는 안 된다.

하지만 역사가 보여주듯 광기어린 통치자들은 전쟁법을 따르지 않는다.

보통 아돌프 히틀러가 한 것으로 알려진 말을 빌리면, "승리하면 해명할 필요가 없기" 때문이다.

핵무장 미사일로 원자로를 직접 공격하는 것은 상상조차 할 수 없는 최악의 시나리오다. 결과만 따지면 그보다 나쁠 수 있는 핵 공격의 현실은 거의 없다. 하늘, 바다, 땅에서 폭발한 핵무기는 파괴력(폭발 규모)과 날씨(비 vs. 바람)에 따라 다양한 수준의 방사능과 낙진을 생성한다. 대기권에 방출된 방사능은 시간이 지나면서 흩어지고, 대류권으로 솟아올라 바람과 함께 움직인다. 하지만 핵미사일로 원자로를 공격하면 원자로 노심이 녹아 결과적으로 수천 년 동안 이어질 핵 재앙이 초래된다.[187]

캘리포니아주 남부에 이제 막 벌어지려는 일은 에너지 관료들에게 '악마의 시나리오'라고 알려진 것으로, 이는 2011년 후쿠시마 다이치 원자력 발전소에 재난이 벌어진 뒤 일본 원자력 위원회 위원장인 슌스케 곤도를 비롯한 여러 사람이 이끈 비밀 토론에서 사용된 용어기도 하다.[188] 그때는 발전소의 여섯 개 원자로가 규모 9.0의 지진과 14미터 높이의 쓰나미 파도로 재앙과 같은 충격을 받은 뒤 발전소에 중대한 손상이 발생했었다. 관료들은 최악의 상황을 염려했다. 비공개 긴급회의에서 일본의 각료들은 냉각 시스템을 다시 가동하지 못하면 후쿠시마 다이치가 원자로 노심용융과 수소 화재를 일으킬 위기에 처해 있음을 인정했다. 이런 일이 일어나면, 밀도 높은 방사성 연기가 일본 동부 전체를 뒤덮어, 후쿠시마에서 도쿄까지 240킬로미터에 이르는 지역이 헤아릴 수 없을 만큼 오랜 세월 동안 인간이 지나다닐 수 없는 땅이 될 터였다.

"그게 내가 생각했던 악마의 시나리오였습니다."[189] 일본의 관방장관 유키오 에다노는 나중에 이렇게 설명하며 "그런 일이 일어날 경우, 상식적으로 생각할 때 도쿄는 끝장"이라는 두려움이 들었다고 했다. 도쿄라는 도시 전체가.

하지만 일본은 그런 운명을 피할 수 있었다. 후쿠시마 다이치의 여섯 개 원자로 중 세 개가 노심에 심각한 손상을 입어 방사성물질을 방출했지만, 녹아내리지는 않았다. 악마의 시나리오는 일어나지 않았다. 데클런 버틀러는『네이처』에서 "일본은 총알을 피한 셈"이라고 썼다.[190] "후쿠시마에 대한 성찰"이라는 제목의 2014년 보고서에서 미국 원자력 규제 위원회는 일본에서 일어난 일이 세계에 "타산지석"이 되어야 한다고 경고했다.[191]

모든 원자력발전소는 농축우라늄에서 발생하는 열을 이용해 전기를 생산한다. 5년마다 각 발전소에서 사용한 핵 연료봉이 최대 효율을 잃어버리므로 제거해 냉각한 채로 보관해야 한다. 이런 연료봉은 수천 년 동안 고도의 방사능을 내뿜는다.[192] 디아블로 캐니언 발전소에는 현장의 냉각용 수조에서 지속적으로 냉각중인 사용된 핵연료 집합체가 2,500개 이상 존재한다. 이 수조에서는 태평양의 물을 쓴다. 사고로든 공격으로든 이런 펌프가 망가지면 재앙에 가까운 용융이 발생한다.[193]

미국 원자력 규제 위원회에서는 3년마다 경비원들이 직접 공격에 대항하는 교전 훈련을 실시한다.[194] 이런 훈련에는 체스 같은 보드게임이나 테러 조직 같은 적을 상대로 전투를 시뮬레이션하는 모의 훈련 등이 포함된다. 하지만 다가오는 핵미사일을 대비한 예행연습 같은 건 한 번도 없었다. 방어할 방법이 존재하지 않기 때문이다. 42호 규칙은 핵 억지라는 개념이 그렇듯 심리적인 것이다. 이 규칙은 가정된 미래의 행동에, 그리고 작동하지 않을 때까지는 작동하리라고 약속된 후속 결과에 근거한 이론적 가정이다.

93킬로미터 상공에서는 잠수함에서 발사한 탄도미사일의 핵탄두가 대기권에 재진입해, 이제는 시속 6,400킬로미터가 넘는 속도로 이동하고 있다.[195]

폭탄의 기폭 장치가 폭발하기 전까지 30초가 남았다.

원자력 규제 위원회 보고서에 따르면, 디아블로 캐니언 발전소 같은 시설에서 소규모나 중규모 화재가 일어나면 300만~400만 명의 사람들이 터전을 잃는다.[196] "수조 달러의 피해를 말하는 겁니다."[197] 프린스턴대학교의 명예교수이자 해당 대학의 과학 및 세계 안보 프로그램의 공동 설립자인 프랭크 폰히펠이 이런 재앙에 관해 한 말이다. 하지만 디아블로 캐니언 발전소에 대한 핵 공격으로 일어나는 것은 중규모, 아니, 심지어 소규모의 화재도 아니다. 그보다는 방사성 지옥이 열릴 것이다. 종말의 시작이다.

20초가 남았다.

원자로를 향한 핵 공격은 틀림없이 원자로 노심의 붕괴로 이어진다.[198] 이는 원자로 노심용융으로 알려져 있다. 1971년에 발행된 뉴욕타임스의 기사에서, 전직 맨해튼 프로젝트 소속 물리학자 랠프 E. 랩은 원자로의 노심이 붕괴될 경우 어떤 일이 일어나는지 묘사했다.[199] 그는 원자력 위원회의 에르겐 보고서에 언급된 사실을 인용하며 끔찍한 상황을 자세히 설명했다. 처음에는 폭발이, 다음에는 화재가 일어나고, 그다음에는 방사성 잔해가 통제할 수 없이 뿜어져나온다. 그는 원자로 노심 안 깊은 곳에서 일어나는 일이야말로 정말 위협적이라고 설명했다. "이렇게 녹은 잔해는 원자로 용기 밑바닥에 축적될 수 있으며 (중략) 거대한 크기의 녹아버린 방사능 덩어리는 (중략) 땅속으로 가라앉아 약 2년 동안 계속해서 크기를 늘려간다." "고온의 덩어리", 액화된 방사성 용암과 끓어오르는 불로 이루어진 "지름 약 30미터의 뜨거운 구체가 형성되어 10년간 지속될 수 있다".

4. 3. 2. 1.

KN-23의 핵탄두가 표적지에서 폭발한다.

디아블로 원자력발전소 전체가 핵 섬광에 삼켜진다. 어마어마한 불덩어리가 생긴다. 폭발이 일어나 건물을 파괴한다. 핵 버섯구름이, 그리고 원자로 노심용융이 일어난다.

악마의 시나리오가 실현되었다.[200]

발사 후 22분
노스다코타주, 캐벌리어 우주군기지

　노스다코타주 동부의 캐벌리어 우주군기지는 캐나다 국경으로부터 24킬로미터 떨어져 있다. 이곳의 8층 높이 콘크리트 건물 안에서는 거대한 팔각형 형태의 레이더가 하늘을 살펴본다. 지구상에서 캐벌리어의 위치를 고려해볼 때, 레이더에는 화성-17 ICBM이 방출한 공격용 탄두가 중간궤도 단계에서 지평선을 넘어 북쪽으로부터 다가오는 모습이 포착된다. 이런 일은 탄도미사일이 발사된 지 약 22분 후에 일어난다. 지상 레이더의 관측은 폭탄이 워싱턴DC 상공에서 폭발하기 전, 우주군이 기록하는 마지막 초지평선 추적 데이터가 될 것이다.

노스다코타주 캐벌리어 우주군기지 레이더 건물. (미국 우주군)

10분 혹은 11분이 남았다. 이제는 800미터 거리 안에서 표적지를 정확히 짚을 수 있을 만큼 데이터가 모였다. 표적지는 펜타곤이나 백악관이다. 이 시나리오에서 일어나는 일은 무력화다.

발사 후 23분
워싱턴DC, 백악관

워싱턴DC의 대통령은 이륙할 준비를 한 채 프로펠러를 회전시키고 있는 마린 원에 착석한 상태다. 대통령이 헬리콥터 안으로 기어든 지 몇 분이 지났지만, 헬리콥터는 아직 출발하지 않았다. 대통령 경호를 맡은 특수요원은 대통령의 국가 안보 자문위원에게 소리를 지르고 있고, 자문위원은 마린 원의 문 앞에 선 채 자기 핸드폰에 대고 소리를 지르고 있다. SAC는 몸싸움이라도 벌일 태세다. 자기 목숨을 걸고서라도 대통령을 지키는 것이 그의 임무다.

SAC: 헬리콥터는 지금 출발해야 합니다!

두 남자 사이의 격한 말다툼은 마린 원에 실을 수 있는 낙하산의 개수에 대한 것이었다. 이런 논쟁으로 소중한 시간이 낭비됐다. 3인조 CAT 엘리먼트는 자신들과 대통령, SAC, 군사보좌관을 위한 낙하산을 가지고 있다. 백악관 비밀경호국 사무실에 있던 낙하산의 총 개수는 여섯 개였다. 마린 원에는 14명이 타고 있는데, 그 말은 헬기가 추락할 경우 나머지 승객들이 헬기와 함께 추락한다는 뜻이다.

국가 안보 자문위원은 싸움을 포기한다. 그는 운을 믿어보기로 하고 헬기에 올라탄 뒤 안전띠를 착용한다. 이미 헬리콥터 안에는 대통령실의 몇몇 사람들이—때로 대통령실은 영구적 정부라고 불린다—있는데, 여기에는 국가 사이버 국장과 국가 우주 위원회 행정관이 포함되어 있다.[201] 백악관 비서실장과 대통령 국가 안보 및 대테러 담당 보좌관, 그 외의 대여섯 명이 더 멀리 잔디밭에서 이륙할 준비를 하는 두번째 해병대 헬기를 향해 달려가고 있다.

마린 원은 방탄 소재로 되어 있으며 대미사일 방어 무기와 미사일 경보 시스템을 갖추고 있다. 대통령과 그의 자문위원들이 탑승한 신형 시코르스키 VH-92A가 이륙하기 시작하자 백악관 잔디밭 전체에 퍼져 있던 CAT 요원들은 위협 요소가 있는지 살핀다.

하지만 위협 요소는 지상에서 오지 않는다.

위협 요소는 위에서 다가오고 있다.

핵폭탄이 워싱턴DC를 타격할 때까지 겨우 몇 분밖에 남지 않았다.

마린 원 안에서는 여러 사람이 대통령 앞에 켜진 위성 영상통신을 통해 그에게 소리치고 있다. 대통령의 가족, 그의 아내와 아이들은 아내의 식구들과 함께 뉴욕 북부에 있다. 국방부 장관과 합참 부의장은 R 사이트로 가는 중이다. 부통령의 행방은 아직 확인되지 않았다. 헬기의 꼬리에 장착된 통신 장비 내의 안테나 및 위성 접시 시스템이 대통령을 STRATCOM에 연결해주었다. 핵 지휘 통제 통신Nuclear Command, Control, and Communications, NC3은 지상과 상공, 우주에 존재하는 여러 체계로 이루어진 복합 체계다. 그 구성물에는 대통령이 계속 핵 삼위일체를 통제할 수 있도록 해주는 수신기와 단말기, 위성이 포함된다.[202] 마린 원 내부의 NC3 시스템은 핵 섬광에 동반되는 전자기펄스를 막을 수 있도록 강화되어 있다고 알려져 있다. 하지만 핵전쟁시 이 시스템이 견뎌줄지, 무너져내릴지는 아무도 알 수 없다. 2021년, 그 효율성을 분석하면서 미국 회계감사원은 NC3에 대한 추천 여부를 공개하지 않았고 국방부에서는 아무 논평을 하지 않았다.[203]

대통령 옆에 앉아 있던 군사보좌관이 풋볼을 연다.[204] 그 안에 흑서가 들어 있다. 헬기가 백악관 단지의 상공을 떠나려고 할 때 합참의장이 통신을 통해 가장 먼저 입을 연다.

합참의장: 핵폭탄이 캘리포니아주를 타격했습니다.

제기랄, 몇 분 더 있는 것 아니었습니까? 대통령이 묻는다.

국가 안보 자문위원: 두번째 미사일입니다. 그는 말을 더듬는다. 다른 겁니다.

합참의장: 캘리포니아 남부의 원자력발전소입니다.

STRATCOM 지휘관: 다음으로는 펜타곤이 타격당할 거라고 예상됩니다, 대통령님.

국가 안보 자문위원이 마린 원 안의 전자 화면에서 초를 헤아리는 시계를 가리킨다.

합참의장: 발사 명령을 내려주십시오, 대통령님!

대통령은 지갑에서 코팅된 암호 카드를 꺼낸다. 비스킷이다. 골드 코드가 적힌.

합참의장: 흑서의 찰리 옵션을 권고합니다, 대통령님.

지금으로부터 겨우 몇 분 뒤면 합참의장은 죽을 것이다.

대통령이 찰리 옵션을 확인한다. 미국에 대한 북한의 핵 공격에 경보 즉시 발사 대응으로 설계된 핵 반격 옵션이다. 82개의 표적 혹은 "조준점"은 북한의 핵 및 대량 살상 무기 시설과 지도부, 그 외의 전쟁 유지 시설을 포함한다.[205] 이 반격으로 50기의 미니트맨 III ICBM과 8기의 트라이던트 SLBM이 발사된다(트라이던트 노즈콘에는 각기 4기의 핵탄두가 장착되어 있다). 한반도 북쪽 절반의 82개 표적지로 향하는, 총 82기의 핵탄두다. 핵전쟁을 위한 최초의 SIOP에서 모스크바를 상대로 한 기습 공격 개시에 필요하다고 여겨졌던 핵무기에 비하면 이런 엄청난 핵전력도 일부에 불과하다. 이 시나리오에서 발사 직전인 82기의 핵탄두는 그야말로 수백만 명의 죽음, 어쩌면 한반도 내에서만 수천만 명의 죽음을 야기할 것이다.

마린 원 안에서는 거의 아무 소리도 들리지 않는다.[206]

대통령은 평소 목소리로 핵 발사 암호를 크게 소리내어 읽는다.

발사 후 23분 30초
펜타곤, 국가 군사 지휘 본부

펜타곤 지하에서 작전 부국장은 방금 북한에 핵 반격을 명령한 사람이 미국 대통령이라는 사실을 확인한다.[207] 이런 일은 최첨단 음성 지문 생체 인식을 이용하지 않고 구식으로 이루어진다. 암호를 교환하는 방식이다. 인간의 목소리로 말하는, 나토의 음성기호 두 글자로.

폭스트롯, 탱고. 이 시나리오의 작전 부국장은 말한다. 이것이 그가 대통령에게 마지막으로 전할 두 마디다.

마린 원 내부에서 대통령은 응답 암호를 읽는다.

양키, 줄루. 그가 말한다.

헬기가 백악관 단지의 상공을 떠날 때 대통령은 마린 원의 창밖을 내다본다. 그는 점점 멀어지는 도시를 지켜본다.

큰 소리로 말한 두 암호로 세계 종말이 시작되었다.

발사 후 24분
와이오밍주, 미사일 경보 시설

워싱턴DC에서 2,500킬로미터 떨어진 와이오밍주의 들판에서는 단단히 다져진 눈밭이 오후의 햇빛을 받아 반짝거린다. 이곳에는 철조망과 동작 감지 장비, 110톤짜리 콘크리트 문이 땅에 밀착되어 있다.[208] 하늘을 향한 채.

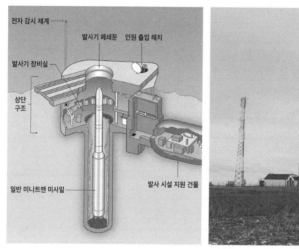

지하(왼쪽)와 지상(오른쪽)의 미니트맨 III ICBM 발사 시설. (미 공군)

지나가는 사람에게 이곳은 카우보이의 땅이다. 목장주들의 땅. 전략사령부가 보기에 이곳은 ICBM 저장고다. 미국이 가지고 있는 400기의 지상핵미사일 중 3분의 1이 있는 곳. 이 시나리오의 에코-01 발사 시설은 잘 모르는 사람들에게 그저 눈에 띄지 않는 건물 단지일 뿐이다.[209] 집과 헛간, 송전탑, 차고가 있다. 하지만 방폭 문 아래에, 들판 안쪽에는 1.2미터 두께의 콘크리트 벽을 갖춘 24미터 깊이의 미사일 저장 터널이 감춰져 있다. 엘리베이터 통로가 발사대원들을 숙소나 동력기지, 탈출용 터널로 연결해준다. 그래야 2인조 미사일 대원들이 발사 후 빠져나갈 수 있기 때문이다.

아래쪽 저장 공간 대부분은 미니트맨 III 미사일이 차지하고 있다. 높이 18미터, 무게 3만 6,000킬로그램의 이 미사일은 노즈콘에 300킬로톤의 열핵무기를 장착하고 있다.[210] 지금 발사 준비를 하고 있는 그 무기다.

분명한 메시지가 울렸을 때 시계는 현지 시각으로 오후 1시 27분을 가리키고 있다. 전투 미사일 대원과 90 미사일 비행단에 배정된 지원 인력은 주 전역에 있는 모든 전초기지의 초소에서 뛰쳐나온다. 각자가 데프콘 1단계 상황에서만 가능할 속도로 움직이고 있다. 미국의 지상 기반 ICBM 400기는 보통 미국 핵 삼위일체 중에서 가장 공격에 취약한 축으로 알려져 있다. 위치가 공개적으로 알려져 있고 바뀌지 않기 때문이다. 그래서 지상 기반 ICBM은 핵 반격시 가장 먼저 발사해야 하는 무기이기도 하다. 내부자들에게 이런 개념은 "쓰거나 잃거나" 전략으로 알려져 있다.[211] ICBM을 빠르게 발사하거나 아니면 표적이 되어 파괴될 것을 예상해야 한다는 뜻이다.

ICBM은 발사될 수 있다. 그 말은, 발사 명령을 받은 순간부터 무기의 물리적 발사까지 걸리는 시간이 잠수함에 탑재된 미사일을 포함해 무기고에 있는 여느 무기 시스템보다 빠르다는 뜻이다. "미니트맨*"이라는 이름이

---

* 미국독립전쟁 때 즉시 동원 가능한 민병을 뜻하던 말로, 긴급 소집병이라는 의미이다.

붙은 데는 이유가 있다."²¹² 전직 ICBM 발사 장교 브루스 블레어는 이렇게 썼다. "미사일을 조준하고 겨냥하고 발사하는 과정이 도합 60초 안에 이루어진다."

에코-01 같은 ICBM 저장고 400곳은 각기 미국 전역에(미시시피강 서쪽에) 전략적으로 배치되어 있다.²¹³ 몬태나주, 와이오밍주, 노스다코타주, 네브래스카주, 콜로라도주다. 이런 저장고는 개인 소유의 목장 지하에, 국립공원 안에, 미국 원주민 보호구역이나 가족 농장에 지어졌다. 일부는 작은 마을 외곽에 있고, 또 일부는 지역의 소규모 쇼핑몰에서 길을 따라가다 보면 나온다. 몇몇 시설은 너무 외딴곳에 있어서 미사일 대원들이 차를 타고 가면 날씨가 좋은 날에도 몇 시간이 걸린다.

미사일 경보 시설 에코-01은 와이오밍주의 거대한 지하 핵미사일 발사장을 이루는 2만 4,000제곱킬로미터 단지 내에 있다. 기자 댄 휘플은 "와이오밍주가 국가였다면" 샤이엔 외곽의 F.E. 워런 공군기지가 "와이오밍주를 전 세계에서 가장 주요한 핵보유국으로 만들었을 것"이라고 지적한다.²¹⁴

미사일 경보 시설 에코-01에서는 2인조 미사일 대원들이 매일 이날을 준비해왔다. 매일 아침 엘리베이터를 타고 내려가는 동안 발사 장교들은 벨크로 끈에서 공군 패치를 떼고 전략사령부 패치로 교체한다. 핵전쟁이 일어날 경우 이들은 STRATCOM 지휘관에게 직접 보고한다.²¹⁵ 70년 동안 이 행위는 예비적인 것이었다. 오늘은 현실이다.

대통령의 발사 명령이 확인된 지금은 ICBM 발사가 순서대로 진행된다. 미니트맨 발사 제어 본부에서는 10기의 ICBM을 통제한다. 와이오밍주 전역에서, 미사일 저장고 내에 있던 발사대원들은 암호화된 명령을 받는다.[216] 각 명령은 150자 길이인 것으로 알려져 있다.

에코-01에 있는 사람들을 포함한 다섯 명의 발사 제어 본부 대원들이 미사일 저장고의 콘크리트 벽에 붙박여 있는 잠긴 금고를 연다.

각 발사 장교는 최근에 업데이트된 봉인 확인 체계의 암호를 방금 펜타곤 지하의 국가 군사 지휘 본부 비상조치 팀에서 받은 암호와 비교한다.[217, 218]

각 장교는 발사 제어 열쇠를 꺼낸다. 이는 작은 은색의 금속 열쇠로, 열쇠고리와 정보가 적힌 꼬리표가 달려 있다.

각 발사대원은 발사 컴퓨터에 전쟁 계획 암호를 입력하고, (안전상의 이유로) 기본적으로 공해상에 설정되어 있던 ICBM 하나하나의 표적을 대통령의 흑서에 나와 있는 찰리 공격 계획 옵션에 미리 정해진 대로 바꾼다.

50개의 새로운 표적지 좌표가 입력된다.

발사 열쇠가 돌아간다.

저마다 300킬로톤의 핵탄두를 노즈콘에 탑재한 50기의 미니트맨 III 미사일이 이제 무장되었다.

폭발력 도합 15메가톤의 ICBM 50기가.

와이오밍주 전역에서는 110톤짜리 콘크리트 저장고 문 50개가 활짝 열린다.

연기와 불로 이루어진 구름을 뚫고, 50기의 핵무장 미사일이 솟아오르기 시작한다. 미니트맨 미사일이 미사일 저장고에서 나와 날아가는 데는 3.4초가 걸린다.[219]

1분 뒤, 3만 6,000킬로그램짜리 미사일 하나하나의 첫 단계 부스터가 동력 비행을 완료하고 탈거된다.

2단계 로켓 부스터에 시동이 걸리고, 미사일이 솟아오르자 그 일부가 떨어진다.

약 12분 뒤, 각 미사일은 극도로 높은 속도로 가속한 뒤 지표면에서 800~1,100킬로미터에 이르는 최종 순항 고도에 이른다.[220]

하지만 50기의 ICBM 중 하나가 이런 최종 속도와 고도에 이르기 전에, 이곳 와이오밍주의 발사 시설 한 곳에서 조금 떨어진 곳에 사는 노인이 전화를 건다.

그 노인은 러시아 스파이다.

"사방에 스파이들이 있어서 미국 전역의 핵 발사 시설을 감시하고 있습니다."[221] CIA 최초의 과학 및 기술 국장인 앨버트 "버드" 휠론 박사는 사망하기 전 이렇게 말했다.

늙은 러시아 스파이는 전화기를 집어들고 모스크바에 전화를 건다.

ICBM이 발사됐습니다. 그가 전화기에 대고 말한다.

3부

이후의 24분

발사 후 24분

캘리포니아주, 포인트뷰콘, 란초산미겔리토

캘리포니아주 디아블로 캐니언. 폭발시 300킬로톤의 핵폭탄이
100만분의 1초 동안 300조 칼로리의 에너지를 방출한다. (태평양 가스 전기 회사 제공)

캘리포니아주 중부의 해안, 디아블로 캐니언 발전소에서 북서쪽으로 6킬로미터 떨어진 포인트뷰콘 근처의 언덕 위 고지대에서 목장주가 동물들을 돌보고 있다. 그때 그는 300킬로톤의 핵폭발로 날아간다.

처음에는 아무 소리도 나지 않았다. 아무 경고도 없었다.

그냥 밀도 높은 공기의 벽이 불도저처럼 그를 강타하고 바람이 그의 몸에서 옷을 찢어낸다. 운명과 상황에 따라 목장주는 폭탄이 터질 때 그 반대 방향을 보고 있었기에 눈이 멀지는 않는다.

그가 살아 있는 이유는 부분적으로 지리 때문이다. 주변 지표면의 형태와 특징 때문에. 연이은 낮은 산맥과 비스듬한 절벽 지형이 목장주를 그라운드제로, 즉 폭탄이 터진 지점으로부터 떨어뜨려놓았다. 흙과 돌이 폭탄의 치명적인 열복사 에너지를 일부 막았다. 열복사 에너지란 3도 화상을 일으키고 가연성 물질을 타오르게 하는 빛과 열을 말한다. 하지만 모든 열복사 에너지가 막힌 건 아니다. "커다랗고 언덕이 많은 땅덩어리는 일부 지역에서는 충격파 효과를 늘리고 일부 지역에서는 줄인다."[1] 미국 육군 과학자들은 히로시마와 나가사키 폭격을 통해 이 사실을 알게 되었다. 바다를 마주보는 이 절벽에는 쓰러지며 목장주를 깔아뭉개 죽일 건물이 전혀 없다. 박살나서 그를 관통할 유리창도 없다. 폭탄의 과도한 압력이 그의 옷을 찢고 그를 땅에 팽개쳤다. 그는 흙처럼 오래되고 지옥같이 강한 사람이다. 그는 일어선다. 빙글 돈다.

그는 버섯구름을 본다.

목장주의 증조부가 1900년대 초반에 이 땅을 샀다. 포드의 자동차가 발명되기도 전이었다. 버섯구름이 땅 위로 솟아오르는 걸 지켜보며 그는 자기 눈을 믿기가 어렵다.

목장주의 소들은 열복사에 의해 털이 그을린 채 언덕으로 달려간다. 그는 홀로 서 있다. 늙고 벌거벗은 남자. 그는 1945년 7월에 태어났다. 맨해튼 프로젝트의 과학자들이 암호명이 트리니티인 최초의 원자폭탄을 만들고 실험한 때와 같은 해, 같은 달이다. 이때 트리니티란 삼위일체, 즉 성부와 성자와 성령을 일컫는다.

늙은 목장주는 옷을 찾아 주위를 둘러본다. 흙속에 있는 그의 스마트폰이 보인다. 스마트폰은 주변 지형 덕분에 지역화된 전자기펄스 영향을 받지 않았다. 그는 놀라운 작은 기계를 집어들고 카메라로 영상을 찍기 시작한다. 늙은 목장주는 역사를 안다. 호르나다 델 무에르토 사막에서 터진 트리니티 폭탄을 알고 있다. 호르나다 델 무에르토란 죽은 자의 여정이라는 뜻이다.

그리고 지금, 그는 이곳 디아블로 캐니언의 데블스 고지에 서서 버섯구름이 커져가는 모습을 지켜보고 있다.

핵무기와 연관된 모든 것이 악과 죽음에 절어 있다고, 그는 책에서 읽은 적이 있다. 언제나 이런 식이었다고. 그는 상호확증파괴Mutual Assured Destruction, MAD가 처음으로 대중에게 구원의 방책인 것처럼 광고되었을 때를 기억할 만큼 나이가 많다. 사실, 늙은 목장주는 MAD가 그야말로 미친 짓이라는 걸 안다.[2] 그는 '피하고 숨기'* 훈련 영상에 나오던 거북 버트를 기억한다. 죽은 자들의 뼈와 살아 있는 아이들의 유치를 추리던 원자력위원회의 프로그램인 프로젝트 선샤인도. 그 목적은 인간 신체 조직을 다양한 수위의 방사능에 노출해 실험하는 것이었다.

목장주는 계속해서 영상을 촬영한다.

그는 자신의 죽음을 알고 있다. 지금 이 순간 틀림없이 치명적인 수준의 방사능에 피폭되고 있다는 사실을. 방사능 중독으로 인한 죽음과, 그게 그야말로 끔찍한 죽음의 방식이라는 것을. 그는 페이스북에 더 많은 영상을 업로드한다. 샌프란시스코와 로스앤젤레스에서 거의 같은 거리에 있는 원자력발전소 위로 솟아오르는 이 회갈색 버섯구름의 모습을. 이 원자력발전소는 미국에서 가장 인구가 많은 주에서도 가장 인구가 많은 도시 두 곳

---

* Duck and Cover. 1950년대의 미국 민방위 교육 영상.

사이에 있다.

악마의 시나리오가 현실이 되었다.

폭탄의 국지적 전자기펄스가 해안을 따라 모든 곳의 교류 전원 시스템을 파괴했지만, 목장주의 핸드폰에는 아직 배터리가 남아 있다.[3] 핸드폰은 머리 위로 지나가는 통신위성을 통해 인터넷에 연결된다. 목장주의 영상은 소셜미디어 사이트에 올라가 디지털 세상으로 나아가기 시작한다. 파리와 피오리아,* 카라치와 쿠알라룸푸르의 사람들이 이제 거의 실시간으로 소셜미디어상의 버섯구름의 모습을 보고 있다.

인터넷에 제보가 쏟아지기 시작한다.

#핵전쟁 #아마겟돈 #세계종말

---

* 일리노이주의 작은 도시.

발사 후 25분

캘리포니아주, 새크라멘토 데이터 센터

미국 전역의 수천만 명이 스마트폰을 서둘러 집어들고 소셜미디어 플랫폼에 로그인한다. 인터넷이 길이라면 앱은 목적지다. 이 순간, 사람들은 페이스북, X, 인스타그램 등 뭐든 자신들이 신뢰하는 뉴스 앱에 몰려들어 간다. 모두가 캘리포니아주의 해안에서 실시간으로 일어나고 있는 일에 관한 정보를 절박하게 알고 싶어한다.

백문이 불여일견.

사람들은 자기 눈으로 목장주의 영상을 봐야만 한다.

X가 가장 먼저 결딴난다.[4] 새크라멘토에 있는 X의 데이터 센터에 전원이 끊긴다. 백업 시스템이 작동되었다가 그마저 망가져 꺼진다. 디아블로 캐니언 발전소가 파괴되자 캘리포니아주의 전력망이 사정없이 붕괴된다. 수요가 공급을 훨씬 초과한다. 데이터를 처리하는 컴퓨터 서버와 저장 시스템은 과부하가 걸리다가 곧 꺼지기 시작해 도미노처럼 쓰러진다.

8,000만, 1억, 1억 5,000만 명의 X 이용자가 동시에 접속한다. 사이트는 부하를 감당하지 못하고 무릎을 꿇는다. 완전히 붕괴한다. X는 이제 영구적으로, 영원히 무너졌다.

201

발사 후 25분 30초
캘리포니아주, 디아블로 캐니언 발전소

디아블로 캐니언 발전소를 타격한 핵폭탄은 300킬로톤의 지표면 폭발을 일으켰다. 폭발력으로 지상의 사람들 대부분을 죽이도록 고안된 공중 폭발과는 달리 지표면 폭발은 바로 근처에 있는 사람들을 덜 죽이지만 공중에서 폭발했을 때보다 훨씬 많은 양의 방사성 낙진을 생성한다. 낙진이라는 이름이 붙은 건 폭발이 지나가고 충격파가 잦아든 뒤 하늘에서 말 그대로 '낙하하는' 먼지이기 때문이다.

KN-23 잠수함 발사 탄도미사일을 물속의 배에 들어 있는 미사일 관에서 지상의 표적지로 쏘는 데 사용된 무기 기술은 수십 년째 개발되어왔다. 미국과 러시아는 1950년대에 잠수함 발사 미사일 기술을 연구하기 시작했고, 그 이후로 줄곧 해당 기술을 보유하고 있었다.[5] 북한은 이 게임에 비교적 늦게 뛰어들었지만 초심자의 운과 기술 도둑질 덕분에 캘리포니아주의 원자력발전소로 발사한 잠수함 발사 탄도미사일은 표적 중심에서 겨우 축구장 몇 개 거리밖에 벗어나지 않았다.

폭탄은 땅에 부딪쳐 발전소의 남쪽 끝 직원 주차장 아랫부분에서 폭발했다. 절벽 가장자리에서 30미터 물러난 곳이다. 국방부 관료들은 원자로가 미사일에 타격당하는 경우를 포함해 수없이 많은 결과를 계산해왔다.[6] 하지만 이곳에서 일어난 일은 거의 측정이 불가능하다. 1초도 안 되는 짧은 순간에 디아블로 캐니언 시설의 모든 사람이 소각되었다. 뭐라도 측정할 수 있는 사람이 아무도 남지 않았다.

미국의 모든 원자력발전소는 폭격기의 직접 공격에 버틸 수 있도록 만들어졌다. 1988년에는 샌디아 국립 연구소에서 원자로 격납 용기의 완전성을 시험했다. F-4 팬텀 전투기를 띄우고 비슷한 구조의 3.6미터 높이 콘크리트 벽을 들이박은 것이다. 이 벽은 원자로 수용기의 벽을 모방한 것이었다. 전투기는 대체로 부서졌다. 벽에는 5.8센티미터의 흠집만 남았다.[7] 하지만 원격조종되는 이 비행기는 거의 시속 800킬로미터로 이동하고 있었으며, 보조 탱크는 연료가 아닌 물로 채워져 있었다.

핵폭탄으로 원자로 격납 용기를 타격하는 건 또다른 차원이다. 300킬로톤의 핵폭탄은 폭발하면서 100만분의 1초 안에 300조 칼로리의 에너지를 방출한다.[8] 평균적인 인간의 지성으로는 헤아릴 수 없는 터무니없는 힘이다. 다이너마이트로 치면, 이는 TNT 2억 7,000만 킬로그램에 해당한다. 이 역시 이해하기 어려운 숫자다(중간 크기의 파이프 폭탄은 약 2킬로그램의 폭발력을 가지고 있다).[9]

스탠퍼드대학교 명예연구원이자 핵 화재 전문가인 역사학자 린 이든은 "초기의 화구는 너무 뜨거워 빠르게 번질 것입니다. 불덩어리가 최대 크기에 이르렀을 때쯤은 지름이 1.6킬로미터를 넘을 겁니다"라고 설명한다.[10] 폭 1.6킬로미터의 핵 화구는 3,000제곱미터 규모의 디아블로 캐니언 시설을 완전히 파괴하기에 충분하다. 그 지름의 절반이 바다에 걸쳐 있으므로 원자력발전소 전체가 이제는 바닷속 구덩이로 빠져버린다.

불덩어리 안의 모든 것이 지워진다.

구덩이 안에 있던 것 중 일부는 가장자리로 밀려나고 나머지는 허공으로 떠올랐다가 낙진처럼 다시 땅으로 떨어진다. 칼 세이건이 1983년에 경고했듯, "높은 파괴력의 지상 폭발은 표적지 표면을 증발, 용융시키고 완전히 분쇄해 다량의 응축물과 미세먼지를 대류권 위쪽과 성층권으로 올려

보낼 것이다".[11] 이 불덩어리가 땅의 너무 많은 부분을 증발시키기에 그 버섯구름에는 다량의 방사성물질이 들어 있게 된다.[12]

『핵무기의 효과』라는 책에서 육군 과학자들은 직접적으로 말한다. "지표면 혹은 지표면 근처에서 발생하는 핵폭발은 방사성 낙진으로 인한 심각한 오염을 일으킬 수 있고 (중략) 이 점진적 현상은 상당 기간 이어진다. (중략) 낙진은 구름이 보이지 않을 때조차 지름이 약 100마이크로미터인 〔입자로〕 발생해 (중략) 구슬 크기의 조각이 된다."[13]

하지만 이곳에서 실제로 일어나고 있는 일에는 육군의 묘사도 부족하다. 육군의 묘사에는 디아블로의 1,100메가와트짜리 노심과 그 안에 들어 있던 2,000톤의 소진된 연료봉 한 쌍에서 나온 방사성물질이 대기중으로 확산되었을 때의 재앙적 결과가 포함되어 있지 않으니 말이다.[14]

몇 초가 지난다. 1.6킬로미터 너비의 폭탄 구덩이 안에서 벌어지는 일은 핵물리학자 랠프 E. 랩이 1971년 에르겐 보고서에서 경고했던 일과 똑같다. 쌍둥이 노심의 타고 남은 부분이 방사성 용암을 뿜어내고, 그 용암은 이제 땅속으로 파고든다. 디아블로 발전소 해체 위원회는 온도가 섭씨 900도에 이르면 "뜨거운 연료봉이 자연스럽게 연소할 것"이라고 경고한 적이 있다.[15]

지금은 그 연료봉이 실제로 녹았다.

2,500개 이상의 사용 후 핵연료 집합체가 전부 타올라, 독성 낙진이라는 방사성 혼합물로 변한다.[16] 몇 분 전, 불과 몇 분 전만 해도 발전소의 야외 드라이 캐스크* 저장 구역에는 58개의 콘크리트 캐니스터**가 거대한

---

* 사용 후 이미 냉각된 핵연료와 같은 고준위 방사성 폐기물을 안전하게 저장하는 용기.

체스 말처럼 똑바로 서 있었고, 각각의 캐니스터는 두께 2.2미터의 콘크리트 패드에 단단히 고정되어 있었다.[17] 폭탄이 터지면서 그 콘크리트 외벽이 산산이 부서지고 캐니스터가 쓰러져 터져버렸다. 이제는 이것들도 엄청난 양의 고농도 핵폐기물을 방출하고 있다.

폭탄에 공격당하기 전까지 디아블로의 원자로 1호기와 2호기는 캘리포니아 주민 전체의 약 10퍼센트, 2024년 기준으로는 약 390만 명에게 전력을 공급할 수 있는 메가와트의 전기를 생산하고 있었다.[18] 이제 더는 그렇지 않다.

발전소가 작동하는 데는 전기가 필요하다. 폭탄의 폭발이 한때 디아블로를 작동시키던 AC 전원 시스템을 망가뜨렸고, 전원은 금방 복구되지 않을 것이다.

이 시설의 예비 디젤 발전기 여섯 대는 불덩어리가 되어 사라졌다. 연료 저장 탱크와 예비 배터리 시스템도 마찬가지다. 발전소의 현장 소방서는—소방차 두 대, 급수지, 불타는 건물에 바닷물을 뿜어내는 기계들은—모두 재로 변했다. 500만 갤런의 비상 용수가 지옥과 같은 열기 속에 증발했다. 발전소의 보조 바닷물 스노클과 냉각수 흡입 시스템, 온수 방출 구역이 모두 바다로 무너져내렸다.

긴급 상황 관리용 헬리콥터 대원들은 가까운 시일 안에 도착해 불을 끄지 않을 것이다. 1986년 체르노빌 재앙 당시의 러시아인 대원들과 달리 결코 출동하지 않을 것이다. 미군은 공중을 날아다니며 타고 남은 노출된 노심 두 개의 불을 모래와 붕소로 덮어버릴 수 없다.[19] 현장에서 쏟아져나

***

** 드라이 캐스크의 외부를 감싸는 두꺼운 콘크리트 보호 용기. 방사선을 차단하고 내부의 사용 후 핵연료를 안전하게 보관하는 역할을 한다.

오는 고농도의 치명적 방사능 때문에 잔해의 구름을 뚫고 나아가는 것만으로도 그로부터 몇 주, 몇 달 이내에 대원들은 즉사하게 된다.

자원 안보 연구소의 소장인 고든 톰프슨은 사용 후 핵연료의 집합체에 화재가 날 시 일어날 결과를 다음과 같이 기술한다. "이런 화재는 즉시 진화될 수 없다. 극도로 강한 방사능 때문에 화재 현장에 다가갈 수 없다는 단순한 이유 때문이다."[20] 톰프슨은 1978년부터 핵연료 보관 시스템을 연구해왔다. 그의 계산에 따르면, 발전소 내 방사성 연료의 최대 100퍼센트가 대기권으로 방출될 것이다.

"당신이 말한 사건이 실제로 벌어지면, 대략 뉴저지주 크기의 구역을 어쩔 수 없이 장기간 포기해야 할 겁니다." 이 시나리오를 듣고 그렇게 말한 프랭크 폰히펠은 곧 말을 바꾼다. "뉴저지주 두 개요."[21]

로스앨러모스의 핵공학자 글렌 맥더프 박사는 그보다도 어두운 그림을 그린다. "상황은 훨씬, 훨씬 더 나쁠 겁니다. 사용 후 연료봉은 방사성물질입니다. 핵폭탄에 맞으면, 그게 엄청나게 많은 수로 산산이 조각날 겁니다."[22]

맥더프는 그 말이 "이제는 사용 후 연료봉의 방사성 파편들이 낙진이 되어 뿌려진다는 뜻"이라고 말한다. "캘리포니아 중부를 영원히 쓸 수 없게 되는 상황입니다. 땅은 저 위 네바다까지, 어쩌면 콜로라도까지 오염될 수 있습니다. 디아블로 캐니언은 절대로 회복될 수 없습니다. 절대로."

발사 후 26분
러시아 모스크바, 국방 관리 본부

모스크바 국방 관리 본부.

X가 다운되기 전에 목장주의 영상을 보고 다운로드할 수 있었던 가장 중요한 사람 몇몇은 러시아에 있었다. 러시아 작전참모부의 최고위 장군들을 보좌하는 차관들이다.[23] 모스크바의 이 젊은 장교단은 현재 버섯구름 영상을 반복 재생하는 전자 화면에 붙어 있다. 이곳, 얼어붙은 모스크바강 강둑의 러시아 국방 관리 본부 안에서는 장군부터 건물 관리인에 이르기까지 최후의 한 사람까지 모두가 하던 일을 멈추고, 미국에서 대체 무슨 일이 벌어지고 있는지 이해하려고 허둥대고 있다.

미국의 서부 연안에 방금 핵폭탄이 떨어졌다.

충격적인 일이다. 재앙이다. 무엇보다도 무시무시한 공포다. 핵 억지는 심리적 현상, 어떤 정신 상태다. 그 핵 억지가 실패한 지금은 무슨 일이든 일어날 수 있다. 그야말로 무슨 일이든.

모스크바 시각으로 오후 10시 29분이다. 이곳 국방 관리 본부의 야간 경비 사령관은 작전참모 본부의 고위 사령관들을 위한 긴급 원격 회의를 연다. 이미 건물 안에 있는 사람들은 전략적 핵전력 통제 본부로 빠르게 들어온다. 워싱턴DC 펜타곤 지하 벙커와 비슷한, 강당 형태의 요새화된 사령부다.

이 시나리오에서 러시아는 방금 미국에서 일어난 일과 아무 상관이 없다. 원격 회의에 하나둘 접속하는 고위급 러시아 장군들은 이것이 사실임을 안다. 그들이 러시아의 핵전력을 책임지고 있으니까. 하지만 이들은 다른 사람들이 내릴 결론을 통제할 수 없다.

핵 억지가 실패했다. 상호확증파괴가 핵무기로부터 세계를 지켜주리라는 이론은 더이상 유효하지 않다. 이런 위기의 순간에, 제3의 불량 국가가 미국을 상대로 벌인 무력화 사건은 러시아 핵 지휘 통제부의 결정에 어떤 영향을 줄까?

전직 국방부 장관 리언 패네타는 그런 순간에 일어날 수 있는 일을 다음과 같이 전한다. "솔직히, 이런 시점에 상호확증파괴가 일으킬 화학작용에 대해서 많이들 생각해본 것 같지는 않습니다."[24] 패네타는 "핵폭탄이 날아다니기 시작하면 '대체 누가 위협을 느끼고 있을까?'라는 생각을 하기에는 시간이 많지 않을" 것을 우려한다. "이런 때에 (중략) 대체 또 누가 무슨 일을 할 것인지에 대해서는 많은 고민이 이루어지지 않았습니다." 위기 시의 사고방식이란 위험하다.

모스크바 국방 관리 본부는 러시아 핵 지휘 통제의 신경중추다. 크렘린에서 3킬로미터 떨어진 곳에 자리잡은 이곳은 러시아 최고위 장군들이 핵

미사일 발사를 포함한 전 세계의 모든 군사행동을 조율하는 곳이다. 사령부 벙커는 펜타곤 지하 벙커를 모방하되, 더욱 거창하게 설계되었다. 크렘린에 따르면, 바닥부터 천장까지 이어지는 화면은 IMAX 180도 디지털 돔보다 커다란 전자 시스템에 실시간 군사 활동을 표시한다. 태블릿 컴퓨터가 군 장교들을 지하의 슈퍼컴퓨터와 연결한다.[25] 크렘린은 16페타플롭스의 속도와 236페타바이트의 저장 용량을 가진 자신들의 컴퓨터가 펜타곤 컴퓨터 세 대의 성능을 압도한다고 주장한다. 러시아 언론사인 TASS에 국방부 장관 세르게이 쇼이구가 말한 대로라면 그 "어마어마한" 능력은 "〔실제〕 세계에서 벌어지는 사건과 의사결정 능력을 동기화하도록" 고안된, 인간의 두뇌와 같은 능력으로 전쟁 게임을 운용하고 핵 충돌을 예측할 수 있다.[26] 이 컴퓨터가 거의 실시간으로 다른 국가들의 움직임을 분석하고 러시아 대통령에게 어떤 군사 대응을 보여야 할지 조언해줄 능력을 가지고 있다는 것이다.

미국을 상대로 벌어진 청천벽력 핵 공격은 러시아 핵 지휘 통제부에 대단히 골치 아픈 일이다. 야간 경비 사령관은 전화기를 집어들고 상관에게 전화를 건다.

"바셰 프리수츠트비예 스로치노 네옵호디모Ваше присутствие срочно необходимо!" 그가 말한다. 지금 당장 오셔야 합니다!

발사 후 27분

우주

러시아의 툰드라 조기 경보 위성은
우주에서 미국의 ICBM 기지를 감시한다

러시아의 툰드라 조기 경보 위성은 신뢰도가 떨어진다. (마이클 로하니 제공)

우주 위, 지구 표면에서 수천 킬로미터 상공에서는 기술 때문에 비롯된
재앙이 벌어지고 있다. 심하게 찌그러진 타원형 궤도의 정점에 있는 러시
아 위성이 미국의 북쪽 미니트맨 ICBM 기지를 감시하고 있었는데, 이때
위성이 수신한 신호정보가 일련의 경보를 울린다. 이런 기밀 경보는 러시
아 버전의 '탄도미사일 발사, 경고!'와 같다.

우주에서의 미사일 발사 탐지 조기 경보를 위해 미국 국방부는 기술적
능력이 너무도 뛰어나 발사 후 눈 깜짝할 사이에 단일한 ICBM에서 발생
하는 뜨거운 로켓 배기가스를 볼 수 있는 위성 시스템인 SBIRS에 의존한
다. SBIRS에 필적해보고자 러시아는 툰드라라고 알려진 조기 경보 위성
시스템을 만들었다.[27] 그들은 이 군사위성 집합체가 SBIRS처럼 하늘에서

미국의 미니트맨 미사일 기지를 비롯한 전 세계 장소들을 우주에서 살펴볼 수 있다고 주장한다. 러시아를 핵 공격으로 위협하는 적의 ICBM 발사를 거의 실시간으로 볼 수 있다고 말이다.

하지만 툰드라의 능력은 SBIRS에 비할 바가 못 된다. 이는 러시아에서 인정하기 싫어하는 약점이다. 국방 분석가들은 대체로 러시아의 조기 경보 위성 시스템에 심각한 오류가 있다는 데 동의한다.[28] 이런 순간에, 이 사실은 치명적인 상황으로 이어질 수 있다.

"툰드라는 대단치 않습니다."[29] 러시아 핵전력에 관한 서구 최고의 전문가로서 UN 군축 연구소에서 일하는 파벨 포드비크는 말한다.

테드 포스톨은 노골적으로 밝힌다. "러시아의 조기 경보 위성은 정확하게 작동하지 않습니다. 하나의 국가로서 러시아에는 우리 미국이 가진 것만큼 좋은 시스템을 만들 노하우가 없습니다."[30] 이 말은 "러시아의 위성이 지구를 똑바로 내려다보지 못한다"라는 뜻이다. 이는 하방 탐지 능력이라 불리는 기술이다. 그 결과, 포스톨에 따르면 러시아의 툰드라 위성들은 "옆을 본다. 그래서 햇빛을, 예컨대 불과 구분하는 능력이 떨어진다".

유독 골치 아픈 문제는 툰드라가 구름을 인식하는 방식이다.

"러시아 위성들은 권운을 존재하지 않는 미사일 연기 기둥으로 오인할 수 있습니다." 포스톨은 설명한다.

존재하지 않는 미사일 연기 기둥을 본다는 건 재앙으로 가는 문을 여는 길이다.

경계심이 높아진 순간에, "모스크바는 자신이 공격당하고 있다고 생각할 수 있다".[31]

러시아가 자신들이 공격당하고 있다고 생각한다면 그 결과는 끔찍할 것이다.

2015년, 미국 연방의회에서 있었던 "러시아와 미국 간의 우발적 핵전쟁"이라는 제목의 (공개) 보고에서 포스톨은 일군의 하원 의원들에게 러시아의 "취약한 조기 경보 시스템이 현재 미국이 직면하고 있는 가장 큰 핵 위험 중 하나"라고 밝혔다.[32] 위성 정보를 오독할 경우 "러시아는 모든 핵무기를 어마어마하게, 돌발적으로 발사할 수 있다"는 것이었다.[33]

전직 STRATCOM 지휘관 켈러 장군은 그게 무슨 의미인지 경고한다. "러시아는 이후 몇 시간 안에 미국을 파멸시킬 수 있는 유일한 국가입니다."[34]

발사 후 28분
메릴랜드주, 베세즈다 상공 마린 원

마린 원은 기계가 물리적으로 날아갈 수 있는 최대 속도로 워싱턴DC 상공에서 멀어진다. 시코르스키 VH-92A로서는 시속 240킬로미터를 넘는 속도다.[35] 마린 원 안에서, 대통령은 합참의장 및 STRATCOM 지휘관과 통신을 유지한다.

1분이 지날 때마다 대통령의 마린 원은 워싱턴DC로 빠르게 하강중인 핵폭탄의 치명적 근접효과로부터 3킬로미터 이상 멀어진다.

이 순간 대통령의 목숨을 위협하는 목록 맨 위에는 여전히 전자기펄스가 올라 있다. 이 빠른 전류의 폭발은 마린 원의 전자 시스템을 전부 망가뜨려 헬기를 추락시킬 수 있다.[36]

대통령의 안전을 책임지는 특수 경호원은 이 위협을 완화할 방법에 집중해왔고, 이제는 행동하기로 결정했다. 그는 3인조 CAT 엘리먼트에 대통령과 함께 헬리콥터에서 낙하할 준비를 하라고 지시한다.

과학자들은 1800년대부터 자연적 전자기펄스 발생에 대해 알고 있었다. 리처드 가윈은 1954년 로스앨러모스에서 핵 EMP에 관한 첫 보고서를 썼다(그 내용은 기밀이다). 미국 국방과학자들은 1962년에 스타피시 프라임이라 불리는 외우주 핵무기 실험을 관찰한 이후 EMP의 효과에 대해 더 관심을 갖기 시작했다. 폭발 이후 수치를 보니 고고도에서 폭발한 EMP 무기에 지상의 대규모 기간 시설을 영구적으로 파괴할 능력이 있음이 분명히 드러났다.

"냉전 당시에 러시아는 카자흐스탄 상공의 우주에서 EMP를 실제로 실험했습니다."[37] 전직 CIA 러시아 분석가이자 이후 EMP 위원회 위원장이 된 피터 프라이 박사는 말한다. 그의 말에 따르면, 이런 고고도 EMP는 "수백 킬로미터에 걸친 어마어마한 범위 안 지상의 모든 전자 장비를" 파괴했다. 핵폭탄이 지상과 더 가까운 곳에서 터지면 EMP의 효과는 국지적으로 일어난다. 대통령의 마린 원에는 EMP 보호 장치가 되어 있으나 장비는 실험실에서 실험되었을 뿐이다. 실제 상황에서 무슨 일이 벌어질지는 사실 아무도 모른다.

대통령은 레이븐 록산 복합단지, 즉 R 사이트로도 알려진 펜타곤의 대안 국가 군사 지휘 본부로 이송되는 중이다. 이 벙커는 냉전 시기에 지어졌다. 나치의 공학자였다가 전향해 미국의 전후 페이퍼클립 작전*에 참여한 과학자 게오르크 리키가 설계한 것으로, 미군은 전쟁 당시 베를린에 히틀러의 지하 벙커를 지었던 그를 신임했다.[38] 백악관에서 R 사이트까지의 거리는 약 110킬로미터다. 이착륙 시간에 따라 다르지만 마린 원은 보통 R 사이트까지 30분 만에 도착한다. 군 통수권자는 4분 좀 넘게 하늘에 떠 있었다. 헬기는 앞으로 6~8킬로미터를 더 가야 위험한 과압 영역에서 벗어날 것이다.

마린 원은 베세즈다 힐을 빠르게 건넌다. 그 주변에서 주간 고속도로가 팀벌론 로컬 파크를 가로지른다. 아래쪽 잔디밭에서는 아이들이 그네와 미끄럼틀을 타고 놀다가, 캘리포니아주에 핵 공격이 발생했다는 말을 듣고 겁에 질린 부모와 베이비시터들에게 안겨 자리를 뜬다. 이제 모두가 집

---

* 제2차세계대전 이후 미국이 독일 과학자, 기술자, 공학자 등을 비밀리에 모집한 프로그램. 이 중 많은 이들이 나치 독일의 로켓 개발 및 무기 연구에 참여했으며, 미국은 이들의 전문 지식을 냉전 시기 군사 및 우주 기술 발전에 활용했다.

으로 달려가고 있다.

마린 원 안에서는 합동참모의장이 위성통신을 통해 대통령을 압박하고 있다. 레드 임팩트 시계에는 5분이 남아 있다. 합참의장은 침착한 만큼 확신에 차 있다.

합참의장: 대통령님, 저희는 대통령님께 보편적 해제 암호를 받아야만 합니다.

대통령: 대체 보편적 해제 암호가 뭡니까?

미국 대통령이 핵전쟁에 대해 이렇게 모르다니 놀라운 일이다.

STRATCOM 지휘관: 미국이 공격당했습니다.

레드 임팩트 시계는 카운트다운을 이어간다. 이런 시점에 설명은 터무니없다.

합참의장: STRATCOM에 보편적 해제 암호를 제공할 것을 조언합니다, 대통령님.

설명할 시간이 있었다면 그 설명은 이러했다. 전직 발사 장교 브루스 블레어와 그의 동료인 서배스천 필리프, 그리고 샤론 K. 와이너의 말에 따르면 "대통령이 제한적 핵 옵션을 선택할 경우, 대원들은 선별적 해제 암호를 이용해 특정 표적에 특정한 미사일만을 발사할 수 있다".[39] 세 사람이 말하는 건 발사 권한이라는 기능이다. 발사 권한이란 대통령에게, 오직 대통령에게만 핵 사용을 승인할 수 있는 권한을 보장해주기 위한 핵 지휘 통제의 중요한 구성 요소를 말한다. 선별적 해제 암호는 안전장치 역할을 한다.

그러니까, 대통령이 보편적 해제 암호로 발사 권한을 중단할 때까지는 그렇다. "보편적이라는 형용사를 통해 알 수 있겠지만, 이 암호는 대륙간

탄도미사일 및 잠수함 요원들이 모든 핵무기를 발사할 수 있게 허용합니다." 블레어와 필리프, 와이너는 말한다.

STRATCOM 지휘관: 보편적 해제 암호가 필요합니다!

미국 ICBM 요원들은 방금 대통령의 명령에 따라 50기의 미니트맨 미사일을 발사했다. 잠수함에서 32기의 또다른 핵탄두 발사가 진행되고 있다. 대통령이 두번째 핵 공격을 승인해야 한다면, 그는 새로운 핵 발사 암호를 이용해야 할 것이다.

"발사대원들은 모두 추가적인 핵무기를 발사하는 데 필요한 암호를 가지고 있지만, 그 무기를 장착, 조준, 발사하는 데 필요한 해제 암호가 없습니다." 어느 무기 전문가의 설명이다. 두번째 발사를 해야 한다면, "다수의 서로 다른 해제 암호가 발사대원들에게 전송〔되어야 할〕 겁니다".

이를 위해 국가안전보장국에서는 완전히 새로운 암호들을 만들어야 한다.

발사 권한은 대통령이 82기의 핵탄두 사용을 승인할 경우 발사대원들이 82기의 탄두를 발사하도록 한다. 83기도, 84기도 아닌 82기의 핵탄두를.

STRATCOM 지휘관은 대통령에게 미국을 향한 추가 미사일 공격이 있을 가능성이 높으며, STRATCOM은 그런 공격에 대응해야 한다고 밝힌다.

합참의장은 노골적으로 말한다. 대통령이 사망하면, STRATCOM에 보편적 해제 암호가 없어 STRATCOM은 추가 미사일을 발사할 수 없다고.

대통령은 마린 원의 창밖을 내다본다.

대혼란의 한복판에서 한 가지 생각이 떠오른다.

부통령은 어디 있습니까? 대통령이 묻는다.

대통령이 사망하면 그 권한은 부통령에게 넘어간다. 계승 서열 2위인 그에게도 1년 365일, 하루 24시간 내내 풋볼을 든 군사보좌관이 따라다닌다.[40]

국가 안보 자문위원: 부통령은 알링턴 국립묘지에서 추도하는 중이었습니다. 부통령의 소재 파악을 위한 작전이 진행중입니다만……

합참의장: 계승권자가 위험한 상태이므로 저희에게 보편적 해제 암호가 필요합니다.

면도날처럼 첨예한 상황이다. W. 서머싯 몸이 쓴 동명의 소설과 마찬가지다. 이 소설에서는 제1차세계대전의 대학살에서 큰 정신적 외상을 입은 비행사가 인생의 의미를 찾기 위해 전쟁을 거부한다.

"면도칼의 날카로운 칼날을 넘기기란 어렵다. 그러므로 현자들은 구원으로 향하는 길이 어렵다고 말한다."

보편적 해제 암호의 현실을 생각하던 대통령은 어떤 행동을 해야겠다고 느낀다. 대통령 당선자로서 첫 보고를 받았을 때 핵전쟁에 관한 이야기를 들었더라도 지금은 기억나지 않는다. 그런데도 지금은 그 문제가 너무나 중요하게 보인다. 세상이 핵 홀로코스트로 종말을 맞을 거라면, 그는 10억 명 넘는 사람들의 피를 자신의 두 손에 묻히고 싶지 않다.

대통령은 보편적 해제 암호를 승인한다.

대통령이나 그의 계승권자가 실종된다면, 이제는 STRATCOM 지휘관이 핵 발사 결정을 직접 내릴 수 있다.

발사 후 31분
펜타곤, 국가 군사 지휘 본부

펜타곤 지하의 핵 벙커. 핵폭탄이 펜타곤 위에서 터져 기이할 만큼 재앙적이고 격렬하게 모든 사람과 사물을 영원히 지워버릴 때까지 120초가 남아 있다. 이곳에서 일하는 2만 7,000명의 인원이 전부 죽기 직전이다. 여기에는 육해공군과 해병대, 우주군, 연안 경비대, 11개 미국 작전 지휘 본부의 지휘관과 17개 정보부의 수많은 사람들, 그 외의 수만 명이 포함된다. 펜타곤 한 곳에서만 이 모든 사람들이 죽을 것이다.

그러니까, 북한의 핵탄두가 재돌입 단계에 실패하지 않는다면 말이다.

실패할 수도 있다.

화성-17은 평양에서 9,600킬로미터를 날아왔다. 속도는 시속 2만 4,000킬로미터, 순항고도는 1,100킬로미터에 이르렀다. 추진과 중간궤도 단계를 거쳤다. 이를 격추하려던 미국의 요격 미사일 4기는 전부 빗나갔다. 이제는 핵탄두가 지구 대기권에 재돌입할 차례다. 실패가 흔히 발생하는 중요한 시기다.

"재돌입은 너무도 다양한 것들이 잘못될 수 있는 단계입니다."[41] 로스앨러모스의 무기 공학자 글렌 맥더프는 말한다. "재돌입은 정확해야 합니다. 재돌입체가 총알처럼 빙빙 돌거든요. 이때 표적에서 벗어나 비행 안정성을 잃어버리면 재돌입하지 못하고 불타버리죠."

몇 년 동안 CIA는 북한의 탄도미사일에 재돌입 능력이 없다고 믿어왔다. 그러다가 2020년에 공개되지 않은 이유로 입장을 바꾸었다.[42]

너무도 많은 목숨이 달려 있는 문제다. 재돌입은 성공할 것인가, 실패할
것인가?

발사 후 32분
오스프리 안의 국방부 장관과 합참 부의장

R 사이트를 향해 날아가는 V-22 오스프리 안에서 국방부 장관은 위성 통신을 듣고 있다. 하지만 그의 관심은 러시아에 집중되어 있다. 그는 러시아연방 대통령과 반드시 이야기할 생각이다.

비행기 안, 국방부 장관 옆자리에서는 합참 부의장이 국방정보체계국Defense Information Systems Agency, DISA이라는 중요한 특수 임무 지원단의 장교와 교신중이다.[43] DISA는 국방부 직원 전체를—400만 명이 넘는다—전 세계의 국방정보체계망에 연결하는 임무를 맡은 전투지원국이다.[44] DISA는 합동참모본부를 통해 펜타곤과 R 사이트 내의 국가 합동작전 정보 본부를 운영하고 유지한다. 펜타곤이 완전히 절멸하기 몇 초 전인 지금, 모든 긴급 작전과 통신은 R 사이트로 옮겨졌다. DISA의 중요한 특수 임무 지원 인원은 전달할 수 있는 모든 것을 최대한 빨리 합참 부의장과 국방부 장관에게 전달하고 있다.

국방부 장관과 합참 부의장은 14분 전에 하늘로 날아올라, 이미 마린 원보다 워싱턴DC에서 두 배는 멀리 벗어나 있다. V-22 오스프리는 마린 원보다 훨씬 더 빠르고 큰 비행기로, 양날개의 길이도 훨씬 더 길다. 각 날개 끝에는 지름 11.5미터의 회전날개 세 개짜리 복합 로터가 회전식 엔진실에 부착되어 있는데, 날개들은 방향을 각기 90도 정도 틀 수 있다(비행기가 헬리콥터처럼 작동할 때 수직으로 움직인다는 말이다). 이런 기능 덕분에 오스프리는 기존 헬기처럼 수직 이착륙이 가능하지만, 엔진실을 앞으로 회전시켜 터보프롭엔진으로 바꾸면 대부분의 다른 헬기보다 두 배 더 빠

른 속도로 비행할 수도 있다.[45]

오스프리는 대통령이 백악관 잔디밭을 뜨기 전에 펜타곤을 떠났고 속도도 더 빠르기 때문에 이미 위험한 과압 영역에서 벗어나 있다. 그 말은 국방부 장관과 합참 부의장이 레이븐 록산 복합단지에 살아서 도착할 확률이 대통령보다 훨씬 높다는 뜻이다.

지난 32분간 너무도 많은 일이 일어났다. 앞으로 일어날 일에 너무 많은 것이 달려 있다. 하지만 국방부 장관은 한 가지 일에 계속 집중한다. 러시아 대통령과의 연결이다. 미국 국방부 장관이 되는 수많은 사람들이 그렇듯, 이 시나리오의 국방부 장관도 군산복합체에서 일하며 인생을 보냈다. 그래서 그는 현존하는 실존적 위협을 독특하게 의식하고 있다.

상호확증파괴의 무시무시한 결점을.

그 결점이란 일종의 구멍이다. 북극 위에 있는 구멍. 한스 크리스텐슨 같은 핵무기 전문가들은 잘 알지만, 전 세계 대부분의 사람들은 무시하는 약점.

"미니트맨 III ICBM은 사거리가 부족해 러시아 상공을 넘지 않고서는 북한을 겨냥할 수 없습니다."[46] 크리스텐슨은 설명한다.

그 말은, 와이오밍주의 미사일 기지에서 발사된 50기의 ICBM이 러시아 **상공을 바로 지나는** 궤도를 날아가야 한다는 뜻이다.

"구멍입니다. 아주 위험한 구멍이요."[47] 전직 국방부 장관 리언 패네타의 확인이다. "내가 보기엔 사람들이 이 점을 충분히 생각하지 않는 것 같습니다."

이 시나리오에서 미국과 러시아의 관계는—핵무장한 두 열강의 관계는—그 어느 때보다 좋지 못하다. 편집증이 횡행하고 있다. 이 시나리오에서 미국 대통령은 러시아연방 대통령과 우호적인 관계가 아니다. 그런데 지금, 북한에 대한 반격으로 미국이 핵무기를 발사했고 그 핵무기는 북한에 도달하기 위해 러시아 상공을 지나야 한다.

이건 재앙을 위한 처방이나 다름없다. 이 시나리오에서 국방부 장관은—매우 합리적이게도—지금처럼 즉시 러시아 대통령과 연결할 수 없다면 새로운 악몽이 연달아 쏟아질 거라고 우려한다.

발사 후 32분 30초
대한민국, 오산 공군기지

남한의 오산 공군기지 지하 벙커에서 미 공군 대령이 자기 앞에 놓인 화면의 위성 이미지를 보고 있다. 전 세계의 미국 군사기지 중에서 오산만큼 항구적으로 삼엄한 경계를 유지하는 기지는 거의 없다.

이들의 방어 태세는 문자 그대로 "오늘밤에라도 싸울 준비가 된" 상태다.[48]

핵 충돌이 전개되는 지금, 남한이 다음 표적이 될 것은 거의 확실하다. 미군 대령은 눈앞의 화면을 지켜본다. 그의 옆에는 남한 대령이 있다. 분석가들은 이곳 벙커에서 80킬로미터도 떨어져 있지 않은 북한과의 국경을 따라 발생하는 움직임을 식별해왔다.

오산 공군기지에서는 미국과 남한의 비행사들이 전투 준비를 함에 따라 F-16 파이팅팰컨스와 A-10 선더볼트 여러 대가 활주로를 달린다. 전방의 비교적 작은 작전 기지로 보낼 화물을 미국 육군의 블랙호크 헬기 슬링*에 매달고 있다. 비행사에서 정비원, 휘발유를 주유하는 병사들에 이르기까지 모두가 화생방 보호 장비를 착용하고 있다.[49]

정보기관에서는 2024년 현재 북한이 약 50기의 핵폭탄을 보유하고 있다고 추산한다.[50] 북한은 또한 세계 어느 곳과 비교해도 손꼽힐 만큼 많은 화학무기를 비축하고 있으며—5,000톤 분량—이중 상당수를 로켓에 미리 실어둔 것으로 알려져 있다.

---

* 무거운 짐을 옮길 때 사용하는 인양 도구.

남한의 미군 비행사들은 화생방 보호 장비를 갖추고 훈련을 받는다. (줄리언 체스넛 [퇴역] 대령 제공)

오산 공군기지는 언제나 전투 준비가 되어 있다. 남쪽으로 19킬로미터 떨어진 자매 부대인 캠프 험프리스와 함께, 미군은 한국에서 서울을 둘러싼 안전망을 제공하는 임무를 수행하고 있다.

서울은 선진국에서 가장 큰 도시에 속하며, 오산 공군기지에서 북쪽으로 겨우 65킬로미터쯤 떨어져 있다.[51] 960만 명이 거주하는 서울은 지구상에서 가장 인구밀도가 높은 도시 중 하나로, 뉴욕보다 약 100만 명이 더 살고 있다. 서울을 포함한 수도권에는 2,600만 명이 산다. 남한 인구 전체의 절반이다.

오산 공군기지를 미사일 공격에서 보호하기 위해, 이 기지는 고고도 지역 방어 체계, 즉 THAAD에 의존한다.[52] 다가오는 미사일을 탐지하고 격추하도록 설계된 수십억 달러짜리 시스템이다. 하지만 모든 무기 체계에는 구멍이 있다. THAAD의 약점은 다량의 미사일은 처리할 수 없다는

것이다.[53]

"THAAD는 동시에 수백 개가 아니라, 소수 몇 개의 표적만을 노리도록 만들어졌습니다." 군사 역사학자인 리드 커비는 말한다. 커비는 북한 무기의 대량 살상 능력에 관해 비정부기구에 컨설팅하고 있다.

벙커의 미국 공군 대령은 위성 이미지를 응시한다. 북한 국경을 따라 움직임의 징후를 찾느라 눈이 빠질 것 같다.

그는 끔찍한 화학무기 포화공격의 징조를 찾고 있다.

발사 후 32분 30초
상공의 마린 원

마린 원 안에서는 대혼란이 벌어진다. 탑승자 몇 명은 소리를 지르고 또 몇 명은 기도한다. 또다른 사람들은 마지막 작별 인사를 문자로 보내는 중이다. 군사보좌관은 풋볼에 집중하고 있다. SAC와 3인조 CAT 엘리먼트는 모두 대통령의 목숨을 구하는 데 집중하고 있다. 조종석에서는 비행사가 헬기를 가파르게 상승시킨 다음, SAC에게 헬기가 필요한 고도에 이르렀다고 알린다.

SAC는 CAT 엘리먼트의 조장에게 신호한다.

CAT 조장은 대통령의 낙하 장비용 안전 멜빵을 꽉 쥐고, 군 통수권자를 자신의 몸에 연결한다. 군사보좌관은 가슴에 풋볼을 껴안고 일어난다. 두 번째 CAT 요원이 헬리콥터 문을 연다.

바람이 몰아친다.

대통령과 CAT 요원이 뛰어내린다.

SAC도 뛴다.

군사보좌관이 풋볼을 가지고 뛴다.

남아 있던 두 CAT 요원도 뛴다.

헬기 안에서, 대통령 자문위원들은 그들이 떠나는 모습을 지켜본다.

CAT 요원과 끈으로 연결된 대통령은 하늘을 가르며 떨어진다.

쉬이익. 쉬이익. 쉬이이익……

CAT 요원 각자가 낙하산의 띠를 당긴다. SAC도 낙하산 띠를 당긴다. 풋볼을 가지고 있는 군사보좌관도 낙하산 띠를 당긴다. 낙하산 여섯 개가 펼쳐진다.

몇 초가 지나고 낙하산은 설계된 대로 지상으로 둥실둥실 가라앉는다.

핵폭탄의 섬광이 일어난다.

찰나의 으스스하고 깊은 침묵이 이어진다.

그런 뒤에는……

콰아앙……

발사 후 33분

펜타곤, 그라운드제로

프랑스령 폴리네시아에서 실사 실험중 터진 1메가톤급 열핵폭탄. (프랑스군)

첫 1밀리초의 찰나에, 섬광은 공기를 섭씨 1억 도로 뜨겁게 달궈 사람과 장소, 사물을 태워버리고 한때는 밝고 강력하고 생기 있던 도시의 중심부를 화재와 죽음의 홀로코스트 안으로 빨아들인다.[54] 펜타곤을 타격한 1메가톤급 핵무기의 불덩어리는 정오의 태양보다 1,000배 더 밝다.[55] 메릴랜드주 볼티모어에서 버지니아주 콴티코에 이르는 곳의 사람들에게도 이 섬광이 보인다. 그 빛을 똑바로 본 사람은 누구나 눈이 먼다.[56]

이 첫번째 밀리초 동안 불덩어리는 지름 130미터의 구체다. 이후 10초 동안 지름은 1.7킬로미터로 늘어난다.[57] 1.6킬로미터 이상의 순수한 불길이—축구장 19개 크기의 불길이—미국 민주주의의 중심지를 지워버린다.

불덩어리가 북쪽으로는 링컨 기념관에서 남쪽으로는 크리스털 시티에 이르는 모든 곳으로 뻗어나간다. 이 공간에 존재했던 사람과 사물은 모두

228

불타버린다. 아무것도 남지 않는다. 인간도, 다람쥐도, 무당벌레도. 식물도, 동물도. 세포 단위의 생물도.

불덩어리 가장자리의 공기는 압축되어 가파르게 솟아오르는 충격파가 된다.[58] 이 밀도 높은 공기 벽이 앞으로 밀고 나오며, 사방 5킬로미터 범위 안에 있던 모든 사람과 사물을 짓뭉갠다. 시속 수백 킬로미터의 속도에 이르는 바람을 동반한 이 충격파에, 워싱턴DC는 소행성과 소행성이 일으키는 충격파에 맞은 것만 같다.

1차 방사 범위, 즉 링1에서—링1이란 지름 14킬로미터의 고리를 말한다—공학적 건축물은 물리적 형태가 바뀌어 대체로 무너진다.[59] 남아 있는 폐허 더미의 높이는 9미터가 넘는다. 최초의 열핵 섬광은 불덩어리가 보이는 곳의 모든 것을 불태웠다. 불덩어리가 납과 강철, 티타늄을 녹인다. 불덩어리가 아스팔트로 포장된 거리를 녹인다.

링1의 바깥쪽 테두리에서는 몇 안 되는 생존자들이 액화된 도로에 갇혀 불이 붙고 타들어간다.[60] 핵 섬광의 X 광선이 사람들의 몸에서 피부를 태워 벗기고, 그들의 사지는 끔찍하게 너덜너덜한 피투성이 힘줄과 드러난 뼈만 남는다. 바람이 사람들의 얼굴에서 피부를 찢어내고 팔다리를 뜯어간다. 생존자들은 쇼크와 심장마비, 과다 출혈로 사망한다. 뜯긴 전깃줄이 허공을 채찍질하며 사람들을 감전시키고 사방에 새로운 불을 낸다.

수십 초가 흐르면서 불덩어리는 5킬로미터쯤 솟아오른다. 그 불길한 구름 꼭대기가 낮의 빛을 어둠으로 바꿔놓는다.[61] 100만에서 200만에 이르는 사람들이 이미 죽었거나 죽어가고 있다. 수십만 명의 사람들이 현재 폐허와 불길에 갇혀 있다. "사실상 생존자는 없을 것이다."[62] 정부의 핵 자문위원회는 오래전부터 그라운드제로를 중심으로 가장 안쪽 고리 안에서 벌어질 일에 관해 경고했다. "남아 있는 것 중 알아볼 만한 것은 없을 것이다. (중략) 오직 토대와 지하실만이 남는다."

인류의 역사에서 이렇게 많은 인간이 이토록 빨리 살해당한 적은 없었다. 산 하나 크기의 소행성이 6,600만 년 전 지구를 들이박은 이후로, 단 한 번의 공격으로 이렇게 엄청난 세계적 파괴가 일어난 적은 없었다.

주사위는 던져졌다.

STRATCOM 지휘관인 로버트 켈러 장군의 특별하고도 무시무시한 말이 살아난다. "세상은 앞으로 두어 시간 안에 종말할 수 있습니다."[63]

지금 세상은 종말하기 직전이다.

발사 후 33분

칼루가주, 세르푸호프-15

러시아 세르푸호프-15 위성 통제 센터. (러시아연방 국방부)

모스크바에서 남서쪽으로 145킬로미터 떨어진 칼루가주의 시골 숲속에서 세르푸호프-15 위성 통제 센터가 신호를 포착했다. 빨간 불빛이 번쩍인다. 경보가 날카롭게 반복적으로 울린다.

"주의. 발사."[64] 자동화된 목소리가 대원들에게 지시한다.

미국의 ICBM 발사가 탐지되었다.

이 지시에는 "1급First Echelon" 명령이 이어진다. 1급이란, 러시아에서 최고 등급의 핵 경보를 가리키는 말이다.

세르푸호프-15는 들어오는 ICBM 발사 데이터를 처리하기 위한 러시아 서부 통제 센터다. 파벨 포드비크는 이곳이 러시아 공군과 우주군의 일부이며, 그 자체로 "러시아 군대의 별도 부서로서 작전참모부의 직접적 통

231

제를 받는다"라고 설명한다.[65] 이곳 레이더가 툰드라 우주위성으로부터 데이터를 받는다. 이 정보를 명령 계통 상부로 전달하는 것이 세르푸호프-15 지휘관의 임무다.

러시아 국방부는 50년 넘게 세르푸호프-15 시설에 장교들을 배치해 왔다. 미국과 마찬가지로 이곳에도 무시무시한 거짓 경보들이 있었다. 1983년에는 스타니슬라프 페트로프라는 이름의 중령이 지휘관을 맡고 있을 때 위성 데이터가 미국발 ICBM 5기가 모스크바를 타격하러 오고 있음을 알렸다. 인간의 직관과 관련된 이유로 페트로프는 이런 공격 정보를 의심했다.[66] 몇 년 뒤 그는 〈워싱턴 포스트〉의 기자 데이비드 호프먼에게 당시 자기가 생각했던 바를 말했다. "이상한 직감이 들더군요." 페트로프는 과연 누가 다른 초강대국을 상대로 겨우 5기의 ICBM으로 핵전쟁을 시작하겠느냐고 자문했다고 말했다.[67]

1983년에 페트로프는 조기 경보를 "거짓 경보"로 해석하기로 했으며, 이에 따라 명령 계통 상부에 보고를 전달하지 않았다고 말했다. 그의 적절한 의심 덕분에 스타니슬라프 페트로프 중령은 "세상을 핵전쟁으로부터 구한 남자"로 유명해졌다.

하지만 이 시나리오의 강렬한 핵 위기 순간에 ─ 미국이 핵 공격을 당하고 있고, 수많은 ICBM이 와이오밍주의 미사일 기지에서 막 발사된 순간에 ─ 현재 세르푸호프-15의 지휘관의 반응은 1983년 페트로브가 보인 반응과는 다르다. 툰드라가 햇빛을 뜨거운 로켓 배기가스로 잘못 보고한 것이나 구름을 미사일 연기 기둥으로 혼동한 것만이 아니다. 툰드라는 많은 것을 잘못 보고한다.

"툰드라는 아마 발사된 미니트맨 50기의 숫자를 정확하게 측정할 수 없을 겁니다." 테드 포스톨은 주장한다. "100기는 되는 것처럼 보일 수 있습니다." 그 이상도 가능하다.

세르푸호프-15의 지휘관은 자기 앞의 화면에 뜬 조기 경보 데이터를 응시한다. 실제로는 북극을 향해 날아가는 50기의 미니트맨 미사일이 툰드라에는 100기가 넘는 ICBM으로 "보인다".[68]

엄청나게 많은 양의 핵탄두다.

모스크바를 겨냥한 선제적 무력화 공격으로 보기에 충분하다.

이 시나리오에서 세르푸호프-15의 지휘관에게는 40여 년 전 페트로프 중령이 품었던 것 같은 의심이 눈곱만큼도 없다.

그는 전화기를 집어들고 모스크바에 전화한다.

미국인들이 ICBM으로 우리를 공격하고 있습니다. 지휘관이 말한다.

발사 후 34분
뉴욕시, 허드슨 야드

뉴욕시는 직선거리 기준으로 캘리포니아주 디아블로 캐니언에서 동쪽으로 약 4,000킬로미터 떨어져 있으며, 워싱턴DC에서는 북동쪽으로 320킬로미터 떨어져 있다. 핵폭발의 물리적 여파가 아직 느껴지지 않을 정도의 거리다. 하지만 심리적인 면에서, 뉴욕시는—미국에서 가장 거대한 대도시는—공황과 혼란으로 폭발한다. 핵 공격에 대한 소식이 들불처럼 전 세계로 번져나가는 가운데, 수백만 명의 뉴욕 사람들은 자신들의 도시가 다음 표적이 될까봐 두려워한다. 허드슨 야드의 CNN 스튜디오에서 직원들이 긴급히 건물 밖으로 도망친다. 쌍둥이 타워가 붕괴되며 월드트레이드센터 직원들이 절박하게 탈출하려고 했던 9월 11일 이후로 처음 보이는 모습이다.

이 시나리오에서는 몇몇 기자들이 뉴스룸에 남았다. 자기 자리에 남아 있는 기자들은 아직 기능하는 소셜미디어 사이트를 뒤지며, 세상과 공유할 콘텐츠를 맹렬히 찾고 있다. 기술실의 기술자들은 포인트 뷰콘 목장주의 영상을 소셜미디어에서 복사했다. 그 영상이 화면에서 반복 재생된다. 첫번째 비행기가 북쪽 타워를 들이박는 모습을 찍은 쥘 노데의 9·11 영상처럼 이 영상도 전쟁의 원점이 된다.

워싱턴DC의 CNN 기자 그 누구도 전화를 받지 않는다. 핸드폰 서비스가 끊겼다. "버지니아 북부에는 세계 데이터 센터의 60퍼센트 이상이 자리하고 있습니다." 미국의 첫 사이버 국장으로서 지금은 은퇴한 그레고리 투힐 예비역 준장의 말이다. 백악관 언론 담당 비서실의 누구와도 연락이 되지 않는다. 펜타곤의 CNN 연락 담당자에게 전화를 걸면 곧장 음성 사서함으로 연결된다. 육군, 해군, 공군, 해병대, 연안 경비대, 우주군, 국토 안보부, FBI도 마찬가지다.

소셜미디어 플랫폼 X가 망가지고 무너져버리기 전에는 핸드폰으로 촬영한 영상이 넘쳐흘렀다. 일부 영상은 이곳 CNN에서도 캡처되었다. 하지만 이 건물에 남은 사실 확인 팀이 한 명밖에 없으니, 진위 확인은 불가능한 일이 되었다. 현실의 이미지와 인터넷에 흘러넘치는 무시무시한 AI 동영상을 어떻게 구분하겠는가?

사실 확인 팀 직원은 까맣게 타버린 시체 사진을 본다. 인간처럼, 심지어 진짜처럼 보이지도 않는 사람들을. 1945년 8월에 히로시마와 나가사키에서 그랬듯 현재의 미국에도 똑같은 일이 벌어졌다. 얼굴 없는 사람들. 피부 없는 사람들. 옷과 몸에 불이 붙은 채 뛰어다니는 벌거벗은 사람들. 죽은 아이를 안고 있는 남자. 거리의 죽은 말. 잘린 신체 부위를 손에 들고 있는 십대.

이곳 허드슨 야드에 남은 앵커는 프롬프터를 보고 읽으며, 실제로 벌어지고 있는 일이 무엇인지 이해하기 시작하면서도 자제력을 유지하려 애쓰고 있다.

앵커: 저희가 파악한 바로는 핵폭탄에 의해 로스앤젤레스에서 북쪽으로 265킬로미터 떨어진 핵 발전소가 공격당한 것으로 보입니다.

앵커의 목소리가 갈라진다.

앵커: 또, 확실한 것은 아닙니다만…… 겨우 몇 초, 혹은 몇 분 전에…… 확인된 것은 아니나…… 두번째 핵폭탄이 워싱턴DC를 타격했습니다.

존 F. 케네디 대통령이 살해당했을 때, 감정적인 월터 크롱카이트는 TV

생방송중 거의 울음을 터뜨렸다. 힌덴부르크 체펠린비행선*이 폭발해 타버렸을 때 허브 모리슨은 "아, 인류여!"라고 비명을 질렀다.

이건 어떻게 처리해야 할까?

앵커는 자기 핸드폰에 뜬 비상경보 메시지를 내려다본다. 다시 카메라를 쳐다본다.

앵커: FEMA에서 다음 경보를 발령했습니다.

그는 핸드폰을 카메라로 들어올린다. 경보 메시지는 다음과 같다.

미국이 핵 공격을 당하고 있음

즉시 피난처를 찾을 것

실제 상황[69]

---

* 1930년대 독일이 제작한 대형 비행선으로, 당시 가장 크고 호화로운 항공기였다. 1937년 5월 6일, 뉴저지주의 레이크허스트에서 착륙을 시도하던 중 화재로 폭발하여 36명이 사망했다. 이 사건으로 대형 비행선 시대는 종언을 고했고 이후 항공 산업은 주로 고정익 항공기로 전환되었다.

발사 후 35분
캘리포니아주, 디아블로 캐니언

디아블로 캐니언 발전소에서는 강력한 상승기류에 방사성 분진과 잔해가 점점 커져가는 버섯구름의 기둥으로 빨려올라간다. 9킬로미터가 넘는 어마어마한 높이의 이 무시무시한 이상 현상은 이제 캘리포니아주 바닷가 이곳저곳의 전망대에서도 보인다. 그중에는 남아 있는 요격 미사일 40기 중 4기가 배치된 반덴버그 우주군기지도 포함되어 있다. 반덴버그 우주군기지는 악마의 시나리오가 진행중인 곳에서 남동쪽으로 약 55킬로미터 떨어진 곳에 있다.

주변 언덕이 불타고 있다. 고층 빌딩 높이의 불길이 숲을 삼키고 야생동물을 죽이고 지나가는 길에 있는 모든 것을 집어삼킨다. 불타는 나무가 뿜어내는 지독한 불바람이 시속 수백 킬로미터 속도의 불의 토네이도를 만들어내며 나무들을 쓰러뜨리고 자동차 크기의 불타는 잔해를 인근 협곡으로 날려보낸다. 그것이 연료가 되어 사방에 새로운 화재가 일어난다.

수만 명의 캘리포니아 주민들은 디아블로 캐니언의 비상 사이렌이 경보를 울리기 시작하면서―사방으로 20여 킬로미터에 이르는 지역에 사이렌이 울린다―극도의 공황에 사로잡힌다.[70]

사방이 아수라장이다.

디아블로 캐니언 보호구역 12곳이 이루고 있는 반경 16킬로미터 내의 약 14만 3,000명이 지금 이 순간 동시에 대피를 시도하고 있다.[71] 피스모 해변에서 로스오소스에 이르기까지 모두가 연기, 화재, 방사능 중독으로 인한 사망에서 절박하게 탈출하고 싶어한다.

전망은 어둡다.

그들은 모두 거의 100년이 된 역사적인 고속도로를 통해 탈출하려 하고
있다.

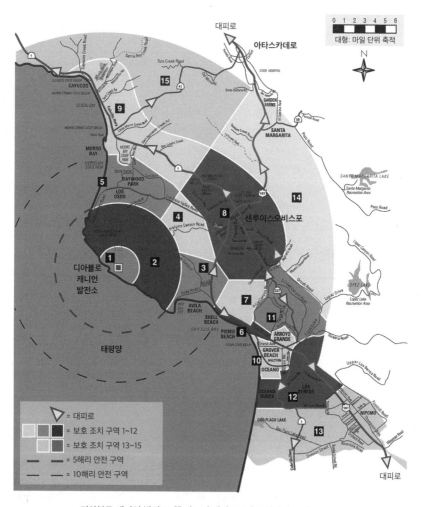

디아블로 캐니언 발전소, 핵 사고시 대피로. (미국 원자력 규제 위원회)

프라우드 프로펫 기동훈련

1983년, 핵 축적이라는 광기의 정점에서—발사 준비를 마친 핵무기가 거의 6만 기에 달했을 때(러시아에 35,804기,[72] 미국에 23,305기)—미국의 레이건 대통령은 핵전쟁의 결과와 여파를 탐구하기 위해 프라우드 프로펫이라는 암호명의 모의 기동훈련을 명령했다.[73] 프라우드 프로펫 기동훈련은 하버드와 버클리에서 경제학 학위를 받은 냉전 시대의 지식인 토머스 셸링이라는 인물이 고안했다. 셸링은 뉴잉글랜드 복잡계 연구소의 교수로, 이 연구소는 "복잡계" 연구에만 전념하는 싱크탱크다. 일부 복잡계는 자연에 존재한다. 지구 전체의 기후와 인간의 뇌, 살아 있는 세포가 복잡계의 사례다.[74] 다른 복잡계는 인간이 만든 것으로, 기계에 의존한다. 전력 공급망, 인터넷, 미국 국방부 같은 것들이다.

토머스 셸링의 전공은 복잡계에 게임이론을 적용하는 것이었다. 그는 수학적 모델을 활용해 결과를 판단하고 예측했다.[75] 그의 의견은 매우 진지하게 받아들여졌다. 2005년, 셸링은 80대가 되어서 "게임이론 분석을 통해 갈등과 협력에 관한 이해를 증진한" 공로로 (로버트 J. 아우만과 함께) 노벨 경제학상을 수상했다.

"해칠 수 있는 힘이 협상력이다."[76] 셸링은 그의 책 『무기와 영향력』에서 이렇게 쓴 것으로 유명하다. "그 힘을 활용하는 것이 외교다. 악랄한 외교지만 외교인 건 사실이다."

기밀로 유지된 프라우드 프로펫 기동훈련의 목표는 외교가, 핵 억지가 실패할 때 무슨 일이 벌어지는지 보여주는 것이었다. 미국 핵 지휘 통제 시스템의 최고위급 장교들에게 핵전쟁이 시작된 이후 전개될 수 있는, 또 전개될 다양한 양상을 보여주는 것 말이다. 1983년의 2주 동안 200명 넘는 사람들이 매일 워싱턴DC의 국방참모대학에 모여, 정보 유출을 예방하고자 안전한 장소에 격리된 채 게임을 했다.

국방참모대학은 국방대학교 내에 있는데, 이 대학교는 펜타곤에서 강 건너편에 있다. 매일 국방부 장관이 게임을 하기 위해 빨간색 전화기를 집어들고 합동참모의장에게 전화를 걸어, 셸링이 제시한 다양한 핵전쟁 시나리오의 여러 아이디어에 대해 토론했다. 계획에는 소위 제한적 핵전쟁에서의 전략핵 공격부터 대규모의 무력화 시나리오에 이르는 모든 것이 포함되었다. 나토와 함께하거나 나토의 핵전력을 배제하고 진행되는 훈련도 있었다. 미국이 선제적으로 핵전쟁을 벌여 펜타곤의 모두가 냉정하고 집중된 상태로 전쟁을 시작하는 시나리오와 핵전쟁이 위기 상태에서 시작되는 훈련도 있었다. 완전한 공황 상태에서 시작되는 훈련도. 중국이 갈등에 개입하거나 개입하지 않는 훈련도. 영국이 관여하거나 관여하지 않는 훈련도.

예일대학교의 정치학 교수인 폴 브래컨은 기밀 핵전쟁 기동훈련에 참여하도록 초청된 민간인 중 한 명이었다. 그 결과는 무시무시했다고, 브래컨은 말한다. 2주에 걸친 모든 모의 시나리오에서—기동훈련을 시작하게 된 구체적인 촉발 사건이 무엇이든 관계없이—핵전쟁은 언제나 똑같이 끝났다. 똑같은 결과로. 일단 핵전쟁이 시작되면 이길 방법은 없다. 핵 긴장의 단계적 축소 같은 건 존재하지 않는다.

프라우드 프로펫에 따르면, 핵전쟁은 어떻게 시작되든 아마겟돈 같은 완전한 파괴로 끝난다. 미국과 러시아, 유럽이 완전히 파괴된다. 북반구 전체가 낙진으로 거주할 수 없는 곳이 된다. 전쟁의 첫 기습 공격으로만 최소 5억 명의 사람들이 사망한다. 여기에 살아남은 거의 모든 사람의 기아와 사망이 뒤따른다.

"결과는 재앙이었습니다."[77] 브래컨은 회상한다. "지난 500년간 있었던 모든 전쟁을 무색하게 하는" 재앙이었다고. "5억 명의 인간이 최초의 핵 교환으로 사망했습니다. (중략) 나토는 사라졌습니다. 유럽과 미국, 소련의 상당 부분도 마찬가지였습니다. 북반구의 주요 지역이 수십 년간 거주할 수 없는 곳이 되었습니다." 모두가 매우 심란해진 채로 훈련을 마쳤다.

프라우드 프로펫의 결과는 거의 30년이 지난 2012년에 기밀 해제될 때까지 대중에게 공개되지 않았다. 이것도 기밀 해제라 부를 수 있다면 말이다. 대부분의 페이지는 이런 식이다.

1983년 프라우드 프로펫-83 핵 기동훈련이 2012년 "기밀 해제"되었다.
(미국 국방부)

긍정적인 측면도 있었다. 프라우드 프로펫의 기밀 해제로 폴 브래컨 같은 사람들이 아주 일반적인 용어로나마 1917년의 스파이 방지법을 위반하지 않고도 그 내용 일부를 논의할 수 있게 되었다. 브래컨을 통해 우리는 당시의 군사 지도자들이 핵전쟁 초기의 점화에서부터 마지막 숨에 이르기까지, 그들이 내려야만 하는 결정에 전혀 대비하지 못하고 있었다는 것을 직접적으로 알게 되었다.

14년 뒤, 앨 고어 부통령은 브래컨 교수에게 다른 종류의 모의 기동훈련을 진행해달라고 부탁했다. 핵 모의 훈련뿐만이 아니라, 월가를 겨냥한 사이버 공격이 포함된 모의 훈련이었다. 1990년대 말에 앨 고어 부통령은 새로 인기를 얻은 인터넷이 미국의 은행 시스템을 테러 공격에 취약하게 만들지 모른다고 우려했다.

"부통령 쪽 사람들이 내게 게임을 설계해달라고 했습니다."[78] 브래컨은 앨 고어의 요청을 회상했다. 이 요청에는 월가의 은행가들을 포함한 75명의 군인 및 민간인이 관련되어 있었다.

이번에는 국방참모대학의 격리된 비밀 공간을 사용할 수 없었다. 브래컨의 설명에 따르면, 금융회사인 캔터 피츠제럴드의 누군가가 월드트레이드센터의 연회장을 준비해주었다고 했다. 훌륭한 도시 경관이 내다보이는 꼭대기 층 레스토랑이었다. 세계의 창문이라고 불리는 레스토랑. 1997년의 사흘 동안 이들 집단은 극비리에 모의 기동훈련을 진행했다. 사이버테러 공격에 대비한 훈련이었다.

이들의 결론은—기동훈련에 따르면—해법은 기초적인 것이었다는 게 브래컨의 주장이다. "맨해튼에서 데이터 저장소를 옮기는 것이었죠. 월가의 회사들은 데이터 저장소를 뉴저지와 롱아일랜드로 옮기는 작업을 서둘러 진행했습니다." 더 싸고 안전하게. 훌륭했다. 다만, "우리가 해결하지 못한 건 실제 공격의 문제였습니다". 브래컨은 애석해한다. "우리는 비행기로" 게임이 진행되는 "건물을 들이박는 방법은 생각하지 못했습니다". 그러니까, 월드트레이드센터를 민항기로 들이박는 방법 말이다.

4년 뒤, 모의 훈련에 참여했던 사람 중 15명이 월드트레이드센터를 겨냥한 9·11 테러 공격으로 사망했다. 두 대의 민항기가 높은 타워 두 곳에 날아들었다. 세계의 창문이었던 레스토랑과 두 타워는 모두 폐허와 재로 남게 되었다.

핵전쟁 이후, 21세기 인류의 대부분은 똑같은 꼴이 될 것이다. 한순간 있다가 사라지는 것이다.

발사 후 36분
네브래스카주, 미국 전략사령부 본부

이 시나리오에서 36분이 지났다. STRATCOM 지휘관은 문을 나서 둠즈데이 플레인—공식 명칭은 E-48 나이트워치다—을 향해 달려가고 있다. 이 무장되고 개조된 보잉 747기가 활주로에서 대기중이다. 둠즈데이 플레인은 언제나 이륙할 준비가 되어 있다. 지휘관이 비행기로 탈출할 수 있도록 1년 내내 하루 24시간 대기하는 것이다.[79] 둠즈데이 플레인이 공중에서 핵전쟁을 수행하기 때문이다.

네브래스카주는 봄이다. 이곳 활주로는 깨끗하다. 홍수도, 허리케인도 없다. 지하 벙커의 안전 탈출 시계는 몇 분 전에 0을 찍었지만, STRATCOM 지휘관은 미국 대통령에게서 보편적 해제 암호를 얻어야 했다. 지금은 그 일을 해냈다.

세계 작전 본부에서 나와 활주로를 가로질러 둠즈데이 플레인의 탑승교 계단을 빠르게 뛰어올라가 하늘의 국방부 상황실에 들어가는 데 걸리는 시간은 적절한 예행연습을 거쳐 계산되었다.[80] "내가 비행기에 타고 비행기가 〔지상에서〕 이륙한 뒤, 핵무기가 〔터지기〕 전에 안전한 거리까지 날아가는 데는 정해진 몇 분이 걸립니다."[81] STRATCOM 지휘관 하이튼 장군은 2018년 CNN과의 인터뷰에서 말했다.

둠즈데이 플레인 내부의 상황실 안에서 지휘관은 안전띠를 착용하고, 아직 살아 있는 핵 지휘 통제 시스템 사령관들과의 위성통신에 다시 참여한다.

대통령에게서는 여전히 소식이 없다. 부통령에게서도.

풋볼은 군사보좌관이 가지고 있다. STRATCOM은 그 사실을 안다. 그들은 풋볼이 어디에 있는지도 알고 있다. 그 가방 안에는 EMP 효과를 무력화하도록 만들어진 비밀 추적 시스템이 들어 있다. 풋볼은 메릴랜드주 보이즈 시골의 숲이 우거진 지역 어느 땅에 놓여 있다. 캠프 데이비드에서 신속 대응군이 풋볼을, 그리고 가능하다면 대통령과 다시 재회하도록 파견되었으나 그들의 헬기는 여전히 하늘에 떠 있다. 대통령이 군사보좌관과 함께 있는지, 아니면 대통령과 그와 함께 있던 CAT 요원이 핵폭발 과정에서 바람에 떨어져나갔는지는 아무도 모른다.

마린 원의 추적 시스템은 3분 전에 교신을 멈추었다. 탑승객과 낙하산을 메고 뛰어내린 사람들의 핸드폰 신호도 워싱턴DC에 폭탄이 터졌을 때 완전히 끊겼다. 국지적 EMP가 과압 구역 내의 모든 전자기기를 무용화해 버렸다.

국방부 장관과 합참 부의장은 비행을 계속할 수 있을 만큼 먼 거리에 있었다. 현재 그들은 R 사이트에 착륙하기 몇 분 전이다. 부의장은 위성 전화기로 STRATCOM과 통화중이다. 그는 지휘관이 둠즈데이 플레인 내부의 상황실에서 결정을 내리기를 기다리고 있다.

둠즈데이 플레인에 '심판의 날의 비행기'라는 뜻의 이름이 붙은 이유는 이 비행기가 STRATCOM 지휘관이 (혹은 그 역할을 맡은 사람이) 핵전쟁 도중 긴급명령을 내리는 장소이기 때문이다. 모든 제트기는 전자기펄스에 대비하여 강화되어 있으며, 충격파에 의한 잠재적 파열을 막기 위해 창문에도 그물망이 장착되어 있다. E-4B 나이트워치의 위성 기반 통신 시스템은 전 세계 어디에서도 고위급 군 지도자와 합동참모본부 사이의 통신이 가능하도록 고안되었다. 이 비행기는 한 번에 24시간 이상 연료 보급

없이 원을 그리며 상공을 날아 전 세계 어디로든, 핵 삼위일체의 어느 축에든 핵 발사 암호를 전송할 수 있다.[82] 위성통신이 국내에서나 전 세계에서 끊기면, 둠즈데이 플레인은 초고주파 및 초장파/장파를 이용해 같은 함대의 다른 비행기와 교신할 것이다.[83] 이 함대에는 공식적으로 테이크 차지 앤드 무브 아웃 플랫폼이라 불리는 E-6 머큐리 비행기도 포함된다. 이 비행기는 냉전 시대에 설계되어 공중전 지휘 본부의 마지막 보루로도 기능한다.

둠즈데이 플레인은 지휘관이 핵 삼위일체의 세 축에 속하는 모든 무기를—잠수함, 폭격기, ICBM을—(공중에서 원격으로) 발사할 수 있도록 해주는 장비를 갖추고 있다. 그 덕분에 각 시스템의 발사 통제 본부가 지상에서 무기를 발사할 수 없게 된 뒤에도 핵무기를 발사할 수 있다.

둠즈데이 플레인은 이곳 오펏 공군기지의 활주로에서 최대 상승각으로 이륙한다. STRATCOM 지휘관은 펜타곤을 향한 공격 보고를 받고, 폭탄의 피해 추정치와 사망자 수, 사상자 추산치를 알게 된다. 그는 50기의 미니트맨 III ICBM 표적을 설정할 시간에 대해 보고받는다. 트라이던트 SLBM을 발사할 때까지 남은 시간에 대해서도.

지휘관은 워싱턴DC의 고해상도 사진을 제공받는다. 이 사진은 워싱턴DC 그라운드제로 상공을 날아다니는 무인비행기에 탑재된 고급 센서 시스템이 실시간으로 조합하는 디지털 구성물이다. 공군은 1940년대 말부터 시작해 수십 년간 허비 스토크먼 대령같이 훈장을 받은 전투 비행사들 덕분에 정찰 기술을 발달시킴으로써 핵 버섯구름을 뚫고 비행하는 연습을 해왔다.[84] 현재는 (워싱턴DC가 아닌 다른 곳에 있는) NSA-NRO 합동 시설에서 통제하는 무인비행기인 드론이 이 작업을 수행한다. 이런 설비는 너무도 극비여서, 위치를 공유하는 행위는 스파이 방지법 위반이다.

탑재된 센서 시스템에는 전쟁터의 지휘관들에게 지상의 상황 정보를 제공하도록 고안된, 미국 방위고등연구계획국Defense Advanced Research Projects Agency, DARPA에서 구상한 실시간 자율 지상 감시 적외선Autonomous Real-Time Ground Ubiquitous Surveillance, ARGUS 시스템도 포함되어 있다. 2013년, ARGUS 시스템은 3킬로미터 떨어진 곳에서 손목시계를 찬 사람을 식별하는 데 성공했다.[85] ARGUS라는 이름은 100개의 눈을 가지고 모든 것을 볼 수 있다는 고대 그리스의 괴물 아르고스 판옵테스에서 따온 것이다.

STRATCOM 지휘관은 강력한 미국 펜타곤이 서 있던 곳의 끔찍한 이미지를 바라본다. 보이는 광경은 처참하다. 핵 시대가 밝아올 때 합동참모본부는 핵폭탄이 "인류와 문명에 대한 위협"이라는 경고를 받았다. 도시를 상대로 쓸 경우 핵폭탄이 "지표면에서 광활한 지역의 인구를 줄이게 될 것"이라고 말이다.[86]

그리고 지금, STRATCOM 지휘관은 이 예언이 실현되는 모습을 지켜본 최초의 미국인 중 한 명이다.

그는 상공에서, 자기 눈으로 그 모습을 본다.

발사 후 37분
태평양의 비공개 장소

워싱턴DC에서 수천 킬로미터 떨어진 태평양 한가운데, 오직 지휘관과 대원들에게만 알려진 비공개 장소에서는 USS 네브래스카호의 사이렌이 울린다. 이 잠수함에 타고 있는 155명의 승무원 모두는 오직 한 가지, 핵 발사에만 강도 높게 집중한다.

USS 네브래스카호는 핵무장·핵동력 잠수함으로, 일본에 투하된 원자 폭탄을 포함해 제2차세계대전에서 사용된 모든 폭탄을 합한 것보다도 20배 더 큰 파괴력을 낼 수 있는 굉장한 능력을 가지고 있다. 오하이오급 잠수함이 모두 그렇듯 네브래스카호는 조용하며 탐지 불가능하고 언제나 발사 준비가 되어 있다. 발사 순간까지는 겨우 몇 초가 남아 있다. "우리에게는 적의 군대, 기간 시설, 그 사이의 모든 것을 파괴할 힘이 있습니다."[87] 잠수함 승무원 마크 레빈은 국방부 팟캐스트의 청취자들에게 말했다. "보복 핵 공격을 할 수 있는, 생존 가능한 시스템이죠."

"생존 가능하다"라는 말은 잠수함이 생존할 수 있다는 뜻이다.

USS 네브래스카호의 승무원들은 대단히 뛰어난 기술을 가지고 있으며 독특한 훈련을 받는다.[88] 이들은 한 번에 70일씩 심해를 여행하는 데 익숙하다. 문자메시지도, 이메일도, 라디오도, 레이더 신호도 없이. 미국 오하이오급 잠수함 승무원들은 자신들이 궁극적인 핵 억지의 도구라는 점을 자랑스럽게 여긴다. 미친 사람만이 이 '핵 잠수함의 분노'의 대상이 되고 싶어할 것이다.

트라이던트 잠수함 발사 탄도미사일(SLBM)이 USS 네브래스카호에서 발사되고 있다.
(미국 해군, 1급 하사관 로널드 거트리지 제공)

　승무원들은 핵무기를 발사하라는 명령을 받으면 예행연습한 대로 정확
하게 그 명령에 따른다. 대통령의 발사 명령은 두 명의 하급 사관에 의해
확인, 암호 해제되었다.[89] 이런 연속적인 암호화 데이터에는 실행 계획과
행동 시간이 포함되어 있다.[90] 어떤 표적을 타격해야 할지, 이와 관련된 정
확한 좌표는 무엇인지, 그리고…… 언제 발사해야 할지.

　행동이 개시된다. 미국 핵 지휘 통제의 그 모든 복잡한 다단계 프로토콜
과 절차 중에서 트라이던트 핵미사일 발사는 간단하고 빠르게 이루어지도
록 설계되었다.

　승무원들은 1만 8,750톤의 잠수함을 지정된 위치로 이동시킨다. 수면
아래의 발사 수위인 약 45미터 깊이다.

지휘관과 부장, 두 명의 하급 사관이 각기 대통령의 명령을 마지막으로 확인한다.

선장과 부장이 이중 금고를 연다.

그 둘은 금고 안에서 두 가지 물건을 꺼낸다. 봉인된 인증 시스템 카드와 발사 통제 키가 각기 나온다.[91]

키는 필요한 구멍에 끼워져 돌아간다. 미사일이 무장되어 발사 준비를 마친다.

오하이오급 핵 잠수함 각각에는 활성화된 미사일 발사관이 20개 있다. 각 미사일 발사관에는 트라이던트 II D5 미사일이 1기씩 들어 있다. 20기 중 8기의 미사일이 발사될 것이다.

8기의 미사일은 노즈콘에 각기 4기의 독립적인 핵탄두를 장착하고 있다.

각 탄두에는 455킬로톤의 핵폭탄이 들어 있다.[92]

지휘관이 트라이던트 미사일 8기의 발사를 승인한다.

무기 담당관이 첫번째 미사일을 발사 장치를 작동시킨다.

폭발성 장치가 미사일 발사관의 기저부에 있는 물탱크를 순간적으로 증발시킨다.

팽창하는 가스의 압력이 발사관 맨 윗부분의 격막을 뚫고 미사일을 쏘아 보낸다.[93] 이 과정에서 로켓은 발사관을 빠져나가 잠수함 외부로 방출되며, 충분한 추진력을 얻어 수면까지 도달한다.

발사 이후 1초가 조금 지나면 첫번째 트라이던트 미사일이 흘수선*을 지

---

* 배와 수면이 접하는 경계선.

난다. 미사일이 태평양 수면을 돌파하면서, 1단계 로켓 모터에 시동이 켜진다. 미사일이 공중으로 떠오르면 추진 단계가 시작된다.

15초가 지난다.[94] 두번째 트라이던트 미사일이 미사일 발사관에서 나온다. 다음 미사일은 15초 뒤에 나온다.[95] 이에 알맞게 간단한 순서는 다음과 같다.

미사일 1.

미사일 2.

미사일 3.

미사일 4.

미사일 5.

미사일 6.

미사일 7.

미사일 8.

각기 455킬로톤의 핵탄두 4기를 장착한 8기의 미사일이, 총 32기의 핵탄두가 곧 북한 전역의 여러 표적지를 파괴할 것이다.

각 로켓에서는 첫 단계에 65초 동안 연소가 일어나고, 이어 14분 동안 이동해 표적에 이를 것이다.[96]

ICBM과 마찬가지로 SLBM도 취소할 수 없다. 한번 쏘면 끝이다.

발사 후 37분 30초
펜실베이니아주, 레이븐 록산 복합단지 합동작전 정보 본부

레이븐 록산 복합단지의 뱃속 깊은 곳에서는 DISA의 합동작전 정보 본부 내 핵 지원 작전 업무를 수행하는 장교들이 긴급 행동 명령을 쏘아댄다.[97]

FPCON 델타, 즉 1단계 테러 대응 조건Force Protection Condition 1은 군 시설을 겨냥한 공격에 대응하는 가장 높은 경보 수준으로서 현재 공식적으로 발령된 상태다.[98] 이는 데프콘 1단계와는 별도로 제정된 것으로, 데프콘 1단계는 민간인에 대한 공격을 상정한다. 국토안보부는 세관국경보호국, 교통부, 연안 경비대에 미국 국경을 모두 폐쇄하도록 지시한다.[99] 미국 연방항공청에서는 SCATANA, 즉 항공교통 및 항법 장치 보안 통제 Security Control of Air Traffic and Air Navigation Aids를 비상 조건으로 발령해 비행기의 이륙을 전면 금지한다.

미국 전역의 모든 군사시설에서 수비용 정문이 닫힌다. 기지 보안군은 100퍼센트 신분증 확인 프로토콜을 시작한다. 지역의 군대와 민병대가 신속하게 기지를 봉쇄하기 시작한다.

전 세계의 미군 시설에서는 전투 지휘관들이 FPCON 델타 조치를 실행한다. 자신들이 맡은 지역을 공격으로부터 안전하게 보호하려는 미약한 노력이다. 그 노력이 미약한 이유는 핵 공격을 막을 수는 없기 때문이다. 그래도 전 세계적으로 제재가 시작된다.

미국은 북한과 핵전쟁을 벌이고 있다.

발사 후 38분
그라운드제로, 링1, 링2

워싱턴DC의 링1은 홀로코스트 상태다. 링1은 공학적 구조물의 형태가 바뀌고 무너진, 그라운드제로 주변의 지름 15킬로미터 구역이다. 사망률은 거의 100퍼센트다. 모두가 이미 죽었거나 죽어가고 있다.

한때 이곳에 똑바로 서 있던 건물들—일부만 거론하자면 백악관, 국회의사당, 대법원, 법무부와 국무부, 연방수사국, 재무부, 의회도서관, 국가기록원, 수도 경찰국, 농무부, 교육부, 에너지부, 보건복지부, 국립 과학원, 미국 적십자사, 컨스티튜션 홀 등—은 지워지고 박살나고 날아가고 갈라지고 쓰러지고 불타고 있다. 겨우 몇 분 전만 해도 이런 건물 중 한 곳에서 서 있거나 앉아 있거나 걷고 있거나 기다리고 있거나 일하고 있던 모든 인간은 더이상 존재하지 않는다.

파르테논신전 양식의 기둥과 신고전주의적 외벽을 갖춘, 화강암과 대리석을 쪼아 만들고 강철과 돌로 지었던 상징적 건물들은 한때 무너뜨릴 수 없을 것처럼 보였지만 지금은 돌무더기와 잔해에 불과하다. 전쟁의 폐허. 한때 존재했던 것의 조각과 파편.

내셔널 몰 공원이었던 작은 땅덩어리를 보라. 미국의 앞뜰이라 불리던, 기다란 잔디밭으로 이루어진 공원 말이다. 이곳은 매년 2,500만 명이 방문하던 공원이다. 한때는 음악 콘서트와 축제, 소풍과 시위, 조깅하는 사람과 관광객과 신혼부부에게 인기가 많았던 곳. 이곳은 이제 사라져버린 것의 극히 일부에 불과하다. 5분 전, 잘 조경된 이 공원의 양옆에는 역사박물관과 호기심 많은 방문자들이 있었다. 이제는 스미스소니언박물관의

253

모든 것이—공룡 화석, 식물 및 도서 소장품, 국립 초상화 진열관의 그림들, 무하마드 알리의 가운, 이런 소장품을 호기심어린 눈으로 바라보던 모든 사람들이—한순간 존재하다가 다음 순간에는 밀리미터 크기의 재로 격렬히 변화했다.

그라운드제로의 2차 방사 범위, 즉 링2는 불타고 있다. 링2는 지름 24킬로미터의 고리로, 아직 죽지 않은 사람의 대다수가 3도 화상으로 죽어가는 구역이다. 핵폭탄에서 나온 섭씨 1억 도의 엑스선 섬광이 대규모 화재를 일으켜, 이제는 불길이 이 구역과 그 너머의 모든 것을 연소시키기 시작한다. 링2 내부에서는 수백만 개의 가연성 물건에 동시에 불이 붙었다. 수백만 개의 성냥이 마른 풀밭에 떨어진 것이나 마찬가지다.

"발화는 복잡합니다."[100] 글렌 맥더프 박사는 말한다. 로스앨러모스의 과학자들은 핵폭발이 일어난 곳 인근에서 자연물과 인공물의 "발화 임계점"을 계산하며 수십 년을 보냈다.[101] 솔잎과 검은 고무는 1메가톤급 폭발 중심점으로부터 12킬로미터 떨어진 곳에서 자연 발화할 수 있다. 대부분의 차량 내장재도 마찬가지다. 반면 플라스틱은 "불꽃 분사"의 가능성이 더 높다.[102] 이런 소형 불덩이가 새로운 화재를 일으키고, 그 새로운 화재는 또 새로운 화재를 일으킨다. 아직 불타지 않은 건물에도 곧 불이 붙을 것이다. 남쪽으로 알렉산드리아까지, 서쪽으로 폴스처치까지, 북쪽으로 체비체이스까지, 동쪽으로 캐피톨하이츠까지 거의 모든 것과 그 사이의 모든 동네를 포함한 곳에.

핵폭탄이 펜타곤을 타격한 지 겨우 5분이 지났다. 링2를 태우고 있는 불은 폭탄 자체보다 많은 사람들을 죽일 것이다. 스탠퍼드의 명예 연구원 린 에덴의 설명에 따르면, "이런 대형 화재로 방출된 에너지는 지름 1미터 크기의 나무를 뿌리째 뽑아버리고 화재 바깥에 있던 사람들을 빨아들일 만큼 강력한 바람을 동반하는 [최초의] 핵폭발보다 15~50배 강력하다".[103] 인간은 물리적으로 한 공간에서 다른 공간으로 빨려들어갈 것이다. 무시무시하고 거대한 진공청소기나 펌프 안에 갇히는 것과 같다.

테드 포스톨은 물리학자의 관점에서 어떻게 이런 일이 일어나는지 기술한다.[104] "반직관적인 일이 시작됩니다. 화구는 약 8킬로미터 고도까지 둥실둥실 떠오른 뒤에야 안정화됩니다.[105] 이렇게 상승하는 와중에 불덩어리는 지상에 시속 약 320~480킬로미터의 엄청난 역풍을 만들어내죠. 이 역풍은 **안쪽으로** 붑니다. 상승하는 불덩어리의 흡입 작용 때문에 바깥이 아니라 안쪽으로 바람이 부는 거죠." 매초가 지날수록 이렇게 빙빙 돌며 몰아치는 화재의 회오리는 점점 더 커지고, 통제불능으로 불타면서 자체적인 기상 현상을 만들어내기 시작한다.[106] 이후 몇 시간 동안 불덩어리는 워싱턴DC 광역권과 그 너머의 교외 지역 전체를 집어삼킬 것이다. 화재는 더이상 태울 것이 남지 않을 때까지 도시의 모든 것과 모든 사람을 파괴할 것이다.

한편, 폭탄의 전자기펄스는 전기를 끊어놓았다. 동력이 없으니 물 펌프도 작동하지 않는다. 물이 없으니 인간에게는 이처럼 격렬한 화재를 진압할 방법이 없다. 구조대는 한 팀도 도착하지 않을 것이다. 핵폭발 이후의 치명적 방사능 농도 때문에 응급 구조 요원들은 광대한 화재 구역의 외곽에서 24~72시간을 기다려야 한다. 시간이 흐르면서 그라운드제로 주변의 260제곱킬로미터(혹은 그 이상) 범위 내 모든 것은 불탈 것이다. 펜타곤에서 북동쪽으로 3.3킬로미터 떨어진 C 스트리트 SW 500번지의 FEMA 본부 자체가 초토화되었다. 전국의 FEMA 지역 사무소 열 곳이 이미 마비 상태다.

링2 지역의 풍경이라고는 최초의 폭발에서 살아남은 건물이 붕괴하며 불이 더욱 번져가는 모습뿐이다. 가스관이 폭발한다. 위험 물질을 운반하던 대형 트럭들이 폭발한다. 화학 공장이 폭발하며 새로운 화재를 일으킨다. 아직 물리적으로 불이 붙지 않은 조그만 공간들에서는 허리케인처럼 강하고 과열된 바람이 기온을 섭씨 660도라는 극한으로 끌어올려 납과 알루미늄을 녹인다.[107] 링2의 외곽에서는 지하철 터널과 지하 벙커에 있던 생존자들이 숨을 헐떡인다. 이들은 아직 죽지 않았다 해도 일산화탄소중독 때문에 곧 죽을 것이다. 국회의사당 건물과 백악관 지하의 비밀 터널에서는 정치인과 보좌진이 구이용 오븐에 들어 있는 것처럼 구워져 죽는다. 격렬한 산불에 갇힌 소방관들이 그렇듯 탈출로는 없다. 살아남을 방법이 없다.

워싱턴DC의 모든 것이 사라진다.

발사 후 38분
펜실베이니아주, 레이븐 록산 복합단지

현지 시각 오후 3시 41분. R 사이트의 서문 근처 헬기장에 오스프리가 착륙했다. 핵 사령부는 봉쇄되었다. 돌격 소총으로 무장한 병사들이 경비 초소를 지키며, 침입이나 공격의 가능성에 대비해 수목한계선을 눈여겨보고 있다. FPCON 델타가 발령된 상황이기에 모든 지역 인원에게 무장 명령이 떨어졌다. 블루리지산맥의 레이븐 록산 복합단지에서는 모두가 최고 수위의 경계 태세에 있다.

국방부 장관과 합참 부의장은 B 관문이라는, 요새화된 동쪽 환기구 근처의 출입용 수직 통로로 된 이중문으로 들어갈 것이다. 하지만 이 시나리오에서는 헬리콥터에서 내리는 데 필요 이상의 시간이 걸리고 있다. 국방부 장관이 열핵 섬광으로 눈이 멀었다.

볼 수 없기에, 그는 누군가가 이끌어주지 않으면 걸을 수 없다. 시각장애는 영구적이지 않을 가능성이 크다. 핵 섬광은 핵폭발시 그 방향을 보고 있던 사람과 동물들의 눈을 일시적으로 멀게 할 수 있다. 80킬로미터 떨어진 곳에 있더라도 말이다.

국방부 장관은 폭탄이 터졌을 때 헬리콥터 창문으로 펜타곤 방향을 내다보고 있었다. 오스프리 창문의 투명도는 세계에서 가장 뛰어나지만, 핵폭발 실험을 거친 적은 없다. 국방부 장관은 핵폭탄이 터질 때 그 방향을 보면 안 된다는 걸 알고 있었지만, 불길에 이끌리는 나방처럼 자기 두 눈으로 핵 억지가 실패하는 모습을 봐야만 했다. 봐야만 믿을 수 있었고, 그랬기에 지금은 눈이 멀었다.

대통령에게서는 아직도 소식이 없다. 좋지 않다. 핵폭탄이 몇 분 전 펜타곤을 타격한 뒤로 부통령과 하원 의장, 상원 임시의장, 국무부 장관, 재무부 장관이 모두 소재 불명이다. 이 다섯 명이 현재 죽은 것으로 추정됨에 따라 국방부 장관이 다음 순위의 대통령 계승권자다.

누군가는 군 통수권자의 자리를 신속히 맡아야 한다. 지금은 국가에 지도자가 없어도 되는 때가 아니다. 하지만 갑자기 눈이 먼 국방부 장관은 이상적이라고 할 수 없다. 겁에 질린 국가를 상대로, 앞으로 펼쳐질 핵 재앙 상황에서 자신이 대통령 권한을 대행하게 되리라고 선언해야만 한다면.

보좌관들은 눈먼 국방부 장관이 헬리콥터에서 내릴 수 있도록 돕는다. 일행은 보안 검색대를 통과해 B 관문에 들어간다. 그들을 연이은 휑뎅그렁한 터널과 벙커, 사무실 형태의 공간을 지나 200미터 아래로 데려가는 엘리베이터를 탄다. 레이븐 록은 원래 2만 4,000제곱미터 안에 3,000명을 수용할 수 있도록 지어졌다.[108] 여기에는 각 군의 지도자와 합동참모의장이 포함되었다. 하지만 워싱턴DC에 쏟아진 핵 공격은 군을 무력화한다. 폭탄이 터지기 전에 워싱턴DC에서 빠져나온 사람은 겨우 한 줌이다. 대통령 비서진을 싣고 있던 해병대 헬리콥터도 폭발 이후로 무전에 응답하지 않는다.

국방부 장관과 합참 부의장은 당장 급한 문제를 의논한다.

부의장: (국방부 장관에게) **모스크바와 연결해야 합니다.**

그들은 러시아의 장관 및 장성급 인사들에게 연락을 시도해왔으나 성공하지 못했다. 그들은 러시아 대통령과 전화 연결을 하는 것보다 더 시급한 일은 없다는 데 합의했다. 두 사람이 지하 사령부를 가로질러 움직이는 동안 DISA는 계속해서 크렘린에 연락하기 위해 노력한다. 보좌관들이 새로운 군 통수권자가 치를 수도 있는 취임 선서식에 대비해 뭔가를 찾는다. 성경이든, 다른 책이든(린든 B. 존슨은 고리 세 개짜리 바인더에 손을 얹고 대통령에 취임했다).

국방부 장관과 합참 부의장은 모스크바에 어떤 식으로 상황을 설명해야 할지 토론한다. 러시아 대통령에게 미국 대통령이 실종되었으며 사망한 것으로 추정된다고 말해야 할까?

국방부 장관: 기다려야 합니다.

부의장: 기다릴 시간이 없습니다. 지금 모스크바에 말해야 합니다.

국방부 장관: 대통령이 없으면 우리가 약해 보입니다.

부의장: 의사소통의 오류에는 너무 큰 위험이 따릅니다.

DISA: 모스크바와 연결됐습니다.

부의장이 전화를 받는다. 러시아 합동참모본부의 누군가가 그에게 인사한다.

부의장: 즉시 러시아 대통령과 통화해야 합니다. 우리는 핵 공격을 받고 있습니다. 러시아를 공격할 의도는 없습니다.

러시아 장군: 러시아 대통령과 통화할 수 있는 사람은 미국 대통령입니다.

부의장: (반복해서) 미국이 핵 공격을 받고 있습니다.

상대는 그의 말을 듣지 못한 듯하다.

러시아 장군: 다Да.

"네"라는 뜻이다.

부의장은 러시아 합동참모본부 장교에게 핵무장한 두 적국이 양국의 대통령을 서로 전화로 연결하기 전까지 러시아가 군사행동을 일체 자제해야 한다고 말한다. 협상 불가능한 일이다. 그는 단호하다.

장군: (러시아어로) 바시 프레지덴트 우제 돌젠 빌 남포즈보니티 Baш президент уже должен был нам позвонить.

번역은 이렇다. 지금쯤은 당신네 대통령이 우리에게 전화를 걸었어야 합니다.

연결이 끊어진다.

발사 후 39분
벨기에 브뤼셀, 나토 본부

벨기에 브뤼셀 현지 시각으로 오후 9시 42분. 벨기에 국방부를 위해 깍지 낀 손가락을 상징하는 디자인의, 레오폴드 3세 대로에 있는 전면 유리 건물 안에서 나토가 신속하게 행동에 나선다.

나토의 기능은 민주주의 가치를 증진하고 분쟁을 평화롭게 해결하는 것이다. 나토의 사명은 단결과 협력을 증대하는 것이다. 나토는 회원국 중 하나가 공격당할 경우 상대국에 치명적일 수 있는 행동을 취하기로 약속한다. 미국이 핵무기로 공격당한 지금, 나토는 한 회원국에 대한 공격을 모든 회원국에 대한 공격으로 간주한다는 5조 조항을 꺼내든다. 동맹의 모든 회원국이 공격당한 당국을 지원하러 갈 것이며, 필요하다면 핵전력을 쓰겠다는 조항이다. 나토에는 자체적인 핵무기가 없지만, 미국이 유럽의 나토 기지에 100기의 핵폭탄을 배치해두었다. 이 100기의 전략핵무기는 나토와 미국 간의 소위 핵 공유 프로그램의 일부다. 그 말은 미국의 핵 장비가 나토의 다섯 개 회원국에 있는 여섯 개 군사기지의 제트기 편대에 설치되어 있다는 뜻이다. 각 국가의 공군은 기지에 보관된 미국 소유의 핵폭탄을 사용해 나토의 공격을 수행하는 임무를 맡고 있다. 하지만 이런 핵 임무가 실행되려면, 즉 이런 핵폭탄 중 하나라도 WS3 격납고에서 나와 제트기에 실리려면 나토의 핵 계획단은 미국 대통령의 승인을 받아야 한다. 나토 홍보 담당 부서에 따르면, 영국 총리도 이 행위를 승인해야 한다.[109]

하지만 누구도 미국 대통령이 어디에 있는지 모른다. 그가 살아 있는지조차도.

레오폴드 3세 대로 아래쪽에서는 자동차들이 소리를 질러댄다. 현지 지도자들이 나토 본부의 정문에 내려 안으로 달려들어온다. 그들은 서둘러 본부 회의실로 들어간다. 그곳의 거대한 텔레비전식 화면에 전자 원격 회의를 하고 있는 핵 계획단 단원들이 비친다. 십여 개 이상의 언어를 쓰는 나토 통역사들이 헤드폰을 쓰고 귀기울이며 기다린다. 나토 핵 계획단의 구성원 모두가 미국 대통령의 말, 혹은 그에 대한 소식을 기다린다. 그들이 기다리는 동안 유럽 전역의 공군기지 여섯 곳에서 항공대원들은 전쟁에 대비하라는 우발 사태 조치 전문을 받는다. 기지는 다음 장소에 있다.

- 벨기에
- 네덜란드
- 독일
- 이탈리아 (두 개 기지)
- 튀르키예

이런 각 기지의 모든 항공병과 병사들이 전투 준비를 한다. 각 기지는 이미 데프콘 1단계 상태다. 비행사와 대원들이 강화된 항공기 격납고로 밀려들어간다. 이런 격납고는 225킬로그램짜리 폭탄에 맞아도 버틸 수 있는 이글루 형태의 콘크리트 건물로, 핵 탑재가 가능한 폭격기가 보관되어 있다. 이제 모두가 명령 계통으로부터 소식이 들려오기를 기다리고 있다.

발사 후 39분
러시아 모스크바, 국방 관리 본부

모스크바 중심부의 국방 관리 본부 상황실 안에서는 러시아 합동참모본부 구성원들이 영상 화면에 집중하고 있다. 이들은 유럽 전역의 나토 기지에서 벌어지는 행위를 실시간으로 지켜본다. 감시 시스템을 비롯한 여러 자산이 배치된 덕분이다.

벨기에, 네덜란드, 독일, 이탈리아, 튀르키예의 나토 기지들은 핵무기를 탑재한 제트기를 활주로에 대기시킨 채 명령을 기다리고 있다. 러시아의 관점에서 이런 움직임은—이런 움직임이 아주 많다—연쇄 경보를 울리기에 마땅한 것이다.

러시아 분석가들은 나토 통신체계에서 가로챈 신호정보와 국방 관리 본부 지하의 슈퍼컴퓨터로 운용하는 알고리즘을 활용해, 자신들이 인근 유럽에서 벌어지고 있다고 생각하는 현상을 해석한다.

그들의 결론은 나토가 핵 공격을 준비하고 있다는 것이다.

러시아는 나토를 주적으로 간주한다. 냉전 당시 수십 년 동안 러시아에는 나름의 동맹인 바르샤바조약기구가 있었다. 이 기구의 목표는 나토와 서구에 대항하는 것이었다. 최근에 기밀이 해제된 서류를 보면 바르샤바조약기구에 속했던 나라들—알바니아, 불가리아, 체코슬로바키아, 동독, 헝가리, 폴란드, 루마니아—이 수십 년 동안 서구에 대항한 나름의 핵 공격 전략을 보유해왔다는 것을 알 수 있다. 러시아에서는 오늘날까지도 당시 소련에 경보시 발사 정책이 없었다고 주장하지만 말이다.[110]

수십 년에 걸쳐 표현한 강렬한 적대감과 모욕에도 나토와 바르샤바조약

기구 소속 국가들은 직접적인 군사적 충돌을 벌인 적이 한 번도 없다. 허세 섞인 위협과 소규모 접전은 있었지만, 실제로 총을 쏘는 전투는 없었다. 소련이 1991년 12월에 해체되면서 바르샤바조약기구도 더는 존재하지 않게 되었다. 그러다가 과거 러시아의 통제를 받았던 땅들이 충성의 대상을 하나둘 서구로 바꾸기 시작했다.

러시아의 많은 사람들에게는 따귀를 맞는 것과 마찬가지인 일이었다. 2014년이 되자 러시아연방은 공식적으로 반 나토 입장을 다시 확립했다. 러시아 군대는 공식성명을 통해 러시아의 옛 이웃 나라들로 나토가 확장되는 것이 "세계의 안정성을 약화하고 핵미사일 권역에서 힘의 균형을 침해한다"고 주장했다.[111]

이 시나리오에서, 지금 러시아 국방 관리 본부 내의 장군들은 이탈리아의 아비아노와 벨기에의 클레네 브로헬 공군기지를 포함한 여러 공군기지에서 핵 탑재가 가능한 제트기를 중심으로 휘몰아치는 활동을 지켜보고 있다. 이런 나토 기지는 모스크바에서 2,000킬로미터쯤 떨어져 있어 타격이 가능한 거리에 있는 것으로 간주된다. 보스턴에서 마이애미까지와 거의 같은 거리다.

모스크바의 국방 관리 본부 상황실에서는 대응 조치가 전면으로 떠오른다. 툰드라 위성이 보내오고 세르푸호프-15가 확인한 미사일 공격 조기 경보가 카즈베크 통신 시스템을 활성화했다. 파벨 포드비크는 이런 종류의 조기 경보 확인이 "선제적 명령"이라 알려진, 핵 고도 경계 상태를 시작하게 할 것이라고 말한다.[112]

포드비크는 분명히 밝힌다. "일단 이런 일이 이루어지고 나면 모두가 기다립니다. 그리고 또 기다리죠. (중략) 이들은 실제로 발사하라는 진짜

264

〔명령이〕 떨어질 때까지 기다립니다."

러시아 장군들은 미국에서 무슨 일이 일어나고 있는지, 또 앞으로 무슨 일을 벌여야 하는지에 관해 의견을 나누기 시작한다.

유럽의 미래가 아슬아슬한 경계선에 걸려 있다.

러시아와 나토 간 핵 충돌의 결과는 재앙이다. 프린스턴대학교의 과학 및 세계 안보 프로그램의 핵무기 학자들이 2020년에 시행한 컴퓨터 시뮬레이션에 따르면 러시아와 나토의 핵 교환은 빠르게 고조되어 몇 시간 안에 1억 명에 달하는 사람들의 죽음과 부상으로 이어질 것이 거의 확실하다.[113]

러시아 장군들은 자기들끼리 대화를 나눈다. 그들은 러시아 대통령에게 보고할 말을 준비한다.

발사 후 40분
콜로라도주, 샤이엔산 복합단지

미군은 북한이 미국을 상대로 더 많은 핵무기를 쏘기 전에 지도부를 무력화할 목적으로 북한에 82기의 핵탄두를 발사했다.[114] 이 행위는 핵 억지 복구라 불리는 군사 원칙에 기초한다.

핵전쟁은 일어나서는 안 된다. 핵 억지가 지켜져야 한다. 하지만 그렇지 않을 경우, 핵 억지를 복구하는 것이 다음으로 벌어질 일이다. "추가 〔핵〕 확대에 관한 적의 계산을 바꾸는 것"이 2020년 백악관의 보고서에서 핵 억지 복구를 설명한 방법이다.[115]

STRATCOM 지휘관인 찰스 A. 리처드 제독이 (2년 뒤에) 한 말에 따르면, "일상적인 핵 억지는 위기 상황에서의 핵 억지와 다르다. 갈등 속에서의 핵 억지와도 다르다. 첫번째 핵 사용 이후, 핵 억지를 회복하려는 상황에서의 핵 억지와도 다르다".[116]

이 시나리오에서 첫번째 핵 사용 이후 핵 억지의 복구에는 STRATCOM이 압도적인 핵전력으로 공격자를 압박해 항복하게 하는 방법이 포함된다. 적들이 더이상 공격하지 못하게 만드는 것이다. 적의 계산을 바꾸는 것. 하지만 이 방법이 성공할까?

미 육군에 따르면, 이런 임무 단계는—군사작전의 고난 척도에 따르면—'어려움'에서 '불가능'까지다. 북한의 최고위 지도자는 나라 안의 수많은 지하 시설 중 한 곳으로 거의 확실히 사라졌다. 깊이 파묻힌 벙커 시스템 속으로, 핵전쟁 이전과 전쟁중, 이후에 지도부를 숨기기 위해 수십 년에 걸쳐 신중하게 만들어졌을 터널과 지휘 본부의 미로 속으로.

"북한은 수상한 목적에 쓰이는 터널과 지하 시설의 광범위한 네트워크를 보유하고 있는 것으로 알려져 있습니다."[117] 육군은 대변인을 통해 밝혔다. "이 목적에는 남한에 침투하고 은둔자 정권을 보호하고 핵실험을 하는 것이 포함됩니다."

남한의 군대는 탈북자들의 진술을 통해 북한의 지하 시스템 지도를 일부 그려두었다. 이들은 북한에 현재 8,000개에 달하는 방공 벙커가 존재한다고 믿는다. 하지만 북한에 대한 서구의 정보 자산이 희귀하기에, 미국은 지금껏 대체로 자세한 내용을 모르고 있다. "우리가 정보를 수집해야 하는 대상은 세계에서 가장 정보를 수집하기 어려운 나라입니다. 가장 어려운 나라가 아니더라도, 어렵기로 손꼽히는 나라인 건 확실합니다."[118] 국가정보국장 대니얼 코츠는 2017년 의회에 이렇게 밝혔다. "우리에게는 일관적인 ISR〔정보, 감시, 정찰Intelligence, Surveillance, and Reconnaissance〕능력이 없습니다. 빈틈이 존재합니다. 북한 사람들은 이 점에 대해 알고 있습니다." 또 2018년에 브루스 블레어가 썼듯이, "정보의 빈틈과 숨겨진 북한의 핵무기 및 지휘 벙커는" 미래의 어떤 전쟁에서든 "미국을 혼란스럽게 할 것이다".[119] 여기에는 북한의 지도자들이 핵전쟁에서 선제적 기습 공격을 한 뒤 어디에 숨을지에 대한 정보도 포함된다.

북한이 미사일을 더이상 발사하지 못하게 하려면, STRATCOM은 북한의 지도부뿐 아니라 북한 지도부의 핵 지휘 통제부를 파괴해야 한다. 워싱턴 싱크탱크의 정보 분석가들에 따르면 이는 더욱 어려운 문제다. 북한은 개인비서국이라 불리는 소규모 충성파에 의해 운영되는데, 이들의 대다수는 언제나 지도자와 함께 다닌다. 이처럼 범상치 않은 간부단에는 북한 지도자의 정치적, 군사적 자문위원뿐 아니라 그의 경호원, 은행가, 조수들도 있다. 심지어 지도자의 아이를 돌보는 보모도 포함된다.

스팀슨 센터의 북한 지도부 감시국장 마이클 매든은 이렇게 설명한다. "개인비서국은 모든 것을 관리합니다. 지도자의 일정, 지도자의 이발, 지도자가 입을 옷, 외국 은행에 있는 지도자의 돈 수십억 달러까지요. 어떤 부서에서는 암살을 합니다. 다른 부서에서는 군사 명령을 내리죠. 또다른 부서에서는 북한의 안보와 군대 전체를 지휘하고 통제합니다. 여기에는 북한의 핵무기를 비롯한 대량 살상 무기가 포함됩니다."[120]

이 사람들이 누구인지 거의 알려진 바가 없고, 이들의 위치에 대해서는 더욱 알려진 바가 없는데 어떻게 권력의 고삐를 쥔 일군의 사람들을 겨냥할 수 있을까? 북한은 공적인 보고서를 내지 않는다. 북한에는 독립적인 신문이나 잡지조차 없다. 정보 공동체의 정보는 대체로 위성사진과 탈북자 진술에서 나온다. 그 말은, 처음으로 발사한 32기의 잠수함 발사 핵탄두가 타격할 "대항 세력 표적"에 다음이 포함된다는 뜻이다.[121]

- 북한의 핵 발사 시설
- 북한의 핵 지휘 통제 시설
- 북한의 핵무기 제조 시설[122]

북한 지도부를 무력화하고자 미국 국방부는 북한의 민간인 수백만 명, 혹은 수천만 명을 죽여야 할 것이다. 어떤 사람들은 이런 조치가 국제법의 "전쟁에 대한 권리Jus Ad Bellum" 원칙은 물론이고 UN 헌장도 위반하는 것이라 주장한다. 이런 행위가 "구별, 비례성, 불필요한 고통의 회피"라는 세 가지 오래된 조건을 포함해 "인류에게, 또한 군사적으로 필요해야"

한다는 근본적 원칙을 위반한다는 것이다.[123] 하지만 전 세계 사람들이 깨닫게 될 한 가지는, 규칙이란 없다는 것이 핵전쟁의 첫번째 규칙이라는 점이다.

북한의 수도 평양과 그 인근의 넓은 지역을 파괴할 때 미국 국방부에서 동원하는 논리는, 이로써 한 결정권자의 광기를 종식할 수 있다는 것이다. 여기에는 북한 사람 수백만 명을 핵탄두 폭격으로 살해하는 것이야말로 북한 지도자가 수백만 명의 미국인을 더 죽이지 못하도록 막는 최선의 기회라는 가정이 뒤따른다.

더 많은 사람을 죽여서 더 많은 사람을 죽이는 행위를 막을 수 있다는 소리다. 이렇게 하면 핵 억지가 복구된다는 말이다. 하지만 정말 그럴까?

발사 후 40분 30초
북한 화평군, 회중리 지하 시설

중국 국경으로부터 약 32킬로미터 떨어진 북한 북부의 외진 산골짜기에서, 산비탈에 있는 묵직한 강철 문이 활짝 열린다. 이곳이 숨겨진 회중리 미사일 기지다. 여기에는 지하의 비밀 도시가 포함되어 있다.

위성 이미지를 수십 년간 축적해온 결과, CIA는 이곳에 식량을 재배하기 위한 온실과 행진을 위한 잔디밭을 포함한 20곳 이상의 지상 구조물이 있다고 판단했다.[124] 이 복합단지에 최소 두 곳의 지하 시설이 있으며, 정확한 숫자는 알려지지 않았지만 그곳에 한 개 연대 규모의 미사일 부대를 수용할 수 있다고도 했다. "이곳의 산 정상은 흙으로 덮여 있으며, 식물이 높게 자라 있습니다. 머리 위의 정찰위성으로부터 시설을 위장하기 위한 것입니다."[125] 이미지 분석가 조지프 베르무데스 주니어의 설명이다. 하지만 시설 안에서 어떤 일이 벌어지는지에 관해서는 거의 알려진 바가 없다.[126] "북한은 이 시설의 존재를 한 번도 인정하지 않았고, 이 시설을 부르는 국가 공식 명칭도 알려지지 않았습니다."

산비탈의 강철 문이 열리고 몇 초 뒤, 조선 인민군의 탄도미사일 수송-기립-발사 장치가 굴러나온다. 화성-17 ICBM이 바퀴 22개짜리 트럭의 평대에 수평으로 놓여 있다.

발사대는 양옆으로 보호용 흙 둔덕이 늘어선 산의 흙길을 따라 수백 미터를 간다. 차량이 멈춘다. 병사들이 뛰어나와 진로를 조정하고 옆으로 비켜선다.

미사일이 무장되었다. 준비되었다. 발사된다.

폭발적인 로켓 배기가스 기둥과 함께 화성-17 ICBM이 발사대에서 하늘로 솟아올라, 추진 단계 동안 나무로 뒤덮인 숲 위를 지난다. 그 불꽃이 땅의 소나무에 불을 붙이고 커다란 바위들을 언덕 아래로 굴려버린다. 이 시나리오에서 미국을 겨냥하는 북한 핵폭탄의 총 숫자는 이제 3기로 늘어났다.

머리 위 수천 킬로미터 상공에서는 국방부의 강력한 SBIRS 위성 시스템이 우주에서 발사를 관찰하고 지휘부에 알린다. 두번째 ICBM의 표적일 가능성이 높은 곳을 식별하는 데는 다시 몇 분이 걸릴 것이다.

펜타곤이 파괴되었기에 추적 데이터는 하늘의 지휘 본부인 둠즈데이 플레인을 통해 NORAD, NORTHCOM, STRATCOM으로, 레이븐 록 지하의 R 사이트로, 아직 남아 있는 두 핵 사령부로 흘러간다. 그 두 곳은 다음과 같다.

- 콜로라도주 샤이엔산 복합단지 미사일 경보 센터
- 네브래스카주 오펏 공군기지 지하의 세계 작전 본부

발사 후 40분 30초
러시아 모스크바, 국방 관리 본부

모스크바의 집무실에서 위성 TV를 보던 러시아의 주요 정보국인 GRU의 대령은 미국에서 벌어진 대혼란에 너무도 흥분한 나머지 음성 사서함 확인을 잊는다. 그는 15분 전, 미국 와이오밍주에 심어둔 정보원에게서 온 메시지를 듣지 못했다.

GRU의 임무는 군사 수행원, 해외 요원, 스파이를 통해 러시아 군대를 위한 인적 정보를 수집하는 것이다. 여기에는 와이오밍주의 에코-01 미니트맨 III ICBM 발사 시설을 감시하는 노인 등 미국에 있는 스파이들이 포함된다.

모스크바의 GRU 장교는 음성 사서함을 확인한다.

그는 숫자 암호로 이루어진 짧은 메시지를 듣는다. 이 메시지는 미리 승인된 보고 절차를 따른 것이다.

메시지에는 내용과 진위를 확인할 수 있는 러시아 키릴문자와 숫자가 포함되어 있다.

영어로 번역한 메시지는 간결하다. ICBM이 발사됐습니다.

GRU 장교는 핸드폰을 손에 쥐고 보안 전화기를 집어든 뒤 전화를 걸기 시작한다.

발사 후 40분 30초
뉴욕시, 허드슨야드

뉴욕시에서는 허드슨야드의 CNN 스튜디오에서 직원들이 계속해서 무리 지어 건물 밖으로 대피한다. 이중에는 몇 분 전만 해도 생방송으로 속보를 전하던 앵커도 있다.

이 시나리오에서는 현재 젊은 기자가 카메라 앞에 앉아 있다. 평정심을 유지하기 위해 그는 아직 지켜보고 있을지 모르는 누군가에게 미국의 많은 지역에서 소셜미디어 플랫폼에 대한 접근이 대체로 차단되었다고 설명한다. 사는 지역에 따라 이 CNN 방송이 수신될 수도, 그렇지 않을 수도 있다고.

미국의 많은 TV와 라디오방송국이 기능하지 않는다. 데이터 센터의 장애와 통신사 장애로 인한 결과이자, 직원들이 바로 임무를 포기한 결과다. 공유되는 정보가 절대적으로 혼란스럽기에, 이 기자는 애틀랜타에 있는 FEMA의 4지역 사무소에서 다운로드한 지시 사항을 크게 읽겠다고 한다. 지금 이 순간에도 그 사무소는 기능하고 있다.

기자: "핵폭발에 대비하세요"를 읽겠습니다.[127]

그의 뒤쪽 화면에 캘리포니아주 보건부에서 캡처한 이미지가 뜬다.[128]

이 무시무시한 사진은 실제 핵 버섯구름과 불기둥을 보여주는 수십 년 된 사진이다. 냉전 시기 핵폭탄 실험 당시 카메라에 포착된, 핵폭발 이후의 실제 사진 말이다. 당시에는 대기권에서의 핵실험이 합법이었다. 이 이미지는 보정된 것이다. 누군가가 주황색과 빨간색 색조를 더했다. 불길하고 유해하게 보인다.[129] 실제로 그렇기 때문이다.

미국 정부는 핵폭발시 대처 방안에 관한 경고를 담은 책자를 정기적으로 발행한다.
(캘리포니아주 보건부)

기자: 연방 정부에 따르면, 사람들은 "실내로 들어가 안에 머물며 정보에 귀기울여야 합니다".[130]

FEMA의 웹사이트를 읽던 젊은 기자에게 동료가 공식 연방 정부 교본을 건네주어 말이 끊긴다. 이 교본은 대통령실에서 개발한 135페이지의 안내서에 강조 표시를 해둔 사본으로 제목은 "핵폭발에 대처하기 위한 계획 지침서"다.[131]

기자: FEMA와 대통령실에서는 도시나 마을에서 10킬로톤의 핵폭발이 발생했을 때 사람들이 예상해야 하는 내용을 다음과 같이 설명합니다.[132]

그에게는 방금 워싱턴DC를 타격한 폭탄이 1메가톤급이라는 사실을 알 방법이 없다. 1메가톤은 10킬로톤의 100배에 해당하는 파괴력을 지닌다. 문서를 훑던 그는 큰 소리로 읽는다.

274

"인간의 (중략) 연소

폭발, 열, 방사능으로 인한 부상

피부의 베타 화상*

치명적 방사선량 (중략) 그라운드제로에서 (중략) 32킬로미터 (중략) 의료적 치료를 받더라도 (중략) 폭발과 전자기펄스에서 생존할 것으로 예상되지는 않으며 (중략)

통신수단

차량의 정체

기간 시설의 손상

기간 시설이 (중략) 통신 장비의 완전한 파괴 (핸드폰 기지국 등) (중략) 컴퓨터 장비의 파괴 (중략) 통제 시스템의 파괴 (중략) 급수 및 전기 시설의 파괴

건물 전부 혹은 대부분이 (중략) 구조적으로 파괴

거리의 폐허 (중략) 9미터 깊이의 (중략) 폐허

폭발로 인한 부상은 (중략) 붕괴 구조물로 인한 부상에 비해 경미

폭발로 인한 부상 (중략) 날아다니는 잔해와 유리로 인한 부상

불안정한 구조물, 날카로운 금속 물체 (중략) 가스관 파열

위험 물질 관리팀 (중략) 정체 및 고장 자동차로 (중략) 활동 불가

전기선 끊김 (중략) 자동차 전복 (중략) 거리를 완전히 차단

맹렬한 화재 폭풍 (중략) 소방관의 통제 능력을 벗어남

위험한 화학물질 (중략) 의학적 부상자 분류 (중략) 낙진으로 인한 오

---

* 베타 방사선에 노출되어 피부가 손상되는 현상. 베타 방사선은 피부의 외층을 뚫고 화상, 발적, 조직 손상을 유발하며, 열 화상과는 다른 종류의 손상을 일으켜 특별한 치료가 필요하다.

염 (중략) 사망의 (중략) 만연."

기자는 너무도 부조화한 문장에 이르러, 읽기를 멈추고 믿을 수 없다는 듯 고개를 젓는다. 그는 숨을 들이쉬고 계속 읽는다.

"핵폭발 이후로 우선순위는 바뀔 가능성이 높습니다."[133]

그의 핸드폰에서 땡 소리가 난다. FEMA에서 또다른 무선 긴급 경보를 발령했다.
기자가 큰 소리로 읽는다.

미국이 핵 공격을 당하고 있습니다
지하의 피난처를 찾으십시오
화재 위험에서 벗어나기 위해
대피가 필요할 수 있습니다[134]

카메라를 돌아본 그가 무언가 말하기 시작하려다가 멈춘다. 그는 화면에 비치는 채로 평정심을 잃고 만다.
기자: 젠장, 뭐야?
그는 딱히 누구에게랄 것도 없이, 모두에게 동시에 큰 소리로 묻는다.
지금 있는 곳에 있어야 해? 대피해야 해?
기자는 카메라에 스마트폰을 들어올리고 손가락질을 한다.
기자: FEMA에서 내린 두 가지 지시가 서로 모순됩니다.

그는 말을 멈춘다.

무슨 할말이 있겠는가?

발사 후 40분 30초
캘리포니아주, 로스오소스

디아블로 캐니언에서 북쪽으로 9킬로미터 조금 넘게 떨어진 로스오소스의 캘리포니아주 해변 마을에서는 주민들이 그야말로 공포에 빠져 있다. 원자력발전소와 마을 사이의 높고 삐죽삐죽한 봉우리 덕분에 수많은 지역 주민들은 3도 화상을 입거나 팔다리가 탄화되지 않았다. 산 덕분에 그들은 날아다니는 물체에 관통당하거나 폭발파로 무너진 건물에 깔려 죽지 않았다. 하지만 지리적 특성에도 불구하고 불가피하게 이어질 방사능에 의한 고통스러운 죽음으로부터 이 지역의 그 누구도 살아남을 수 없다. 발전소의 노출된 노심에서 뿜어져나오는 방사능이 그들을 곧 죽이지 않는다 해도, 사용 후 연료봉의 파편이 흩뿌려진 버섯구름의 낙진은 반드시 그들을 죽일 것이다.

일부 지역 주민들은 비상시 축적된 방사선량을 감시하기 위해 평소 휴대용 방사선 선량계와 이온함 검전기를 가지고 다녔다.[135] 이런 장비들은 지금 결괏값 최대치를 기록하고 고장이 나버렸다. 이와 같은 현장 선량계는 예상치 못한 방사선 누출 이후 전략적 판단을 내릴 때 도움이 되도록 고안된 것이다. 이런 선량계를 가지고 다닐 만큼 준비가 잘된 로스오소스의 주민들은 모두들 눈앞의 끔찍한 상황을 깨닫는다. 당장 이 지역을 떠나지 않으면 그들은 죽을 것이다.

전원이 끊겼다. 이 지역 어디에서도 TV와 FM라디오를 이용할 수 없다. NOAA* 전천후 기상 라디오 네트워크—오래도록 재난시의 탄탄한 뉴스 공급원으로 간주되었던—조차 과부하로 붕괴했다. 으스스한 "알려지지 않은 경보/알려지지 않은 발표"에러 코드만이 반복적으로 송출되고 있다.[136] 바다의 배들은 16번으로 채널을 돌리지만(16번은 다른 보트 및 미국 연안 경비대와의 통신에 쓰이는 초장파 주파수다) 알아들을 수 없는 소리만이 들린다.

원자로 관리 전화선이 끊겼다. 발전소를 운영하는 태평양 가스 전기 회사에는 캘리포니아 화재와 관련하여 보상금 135억 달러를 지급한 사례 등 안전과 연관된 걱정스러운 이력이 있다.[137] 비극적 아이러니는, 이번 재앙이 그들의 잘못이 아니라는 점이다.

폭탄이 터졌을 때 벽의 콘센트에 꽂혀 있던 핸드폰과 컴퓨터에서는 마이크로프로세서가 파괴되었다.[138] 배터리로 작동하는 비상 사이렌은 대체로 설계된 대로 기능하고 있다. 기둥에 장착된 경보기는 귀가 찢어질 듯 울부짖는다. 불길하고 지속적인 3~5분 길이의 사이렌이 끊이지 않고 울린다. 많은 거주자들이 알고 있는 이 경보의 의미는 이것이다.

핵 비상!

지역 해변 마을 너머, 50만 명쯤 되는 사람들이 디아블로 캐니언에서 80킬로미터 이내에 살고 있다. 이곳 주민들 사이에 국토 반대편의 워싱턴 DC도 핵 공격을 받았다는 말이 빠르게 퍼져나간다. 지금 벌어지는 일이 지역 내의 원자력 사고가 아니라 핵전쟁이라는 말이다.

샌루이스오비스포 카운티 너머의 해변 마을에서는 자동차들이 후진으

---

* 미국 해양대기청.

로 진입로를 빠져나온다. 창문은 닫혀 있고, 사람들은 천이나 COVID 시절에 남은 마스크로 코와 입을 막고 있다.

현지 시각으로 오후 12시 43분이다.

모두의 아이들이 아직 학교에 있다.

1초, 1초가 중요하다.

살아남는 유일한 방법은 대피하는 것이다.

하지만 어느 쪽으로 가야 할까? 낙진은 바람을 따라 움직인다.

주민들의 진입로 너머에서는 새로운 두려움이 모든 마을, 모든 모퉁이, 캘리포니아주 중부의 연안을 따라 존재하는 크고 작은 모든 공동체에서 나타난다. 자동차. 사방에 자동차가 있다. 디아블로 캐니언 발전소와 대부분의 마을들을 나눠놓는 것은 뷰콘이라 알려진 해발고도 550미터의 산봉우리다. 이 울퉁불퉁한 땅과 돌로 이루어진 산맥이 국지적인 전자기펄스 효과를 상당 부분 막아, 수많은 자동차의 마이크로프로세서가 타지 않을 수 있었다. 하지만 가로등은 꺼졌다. 교통은 아수라장이다. 실존적 공황에 빠진 주민들은 탈출하려는 격렬하고도 절박한 노력을 하며 갓길을 넘고 잔디밭을 건너며 차를 몬다. 자동차들이 역주행하며 범퍼카처럼 다른 자동차에 부딪힌다. 사방이 꽉 막혔다.

디아블로 캐니언 발전소가 300킬로톤의 핵폭탄에 맞은 지 18분이 지났다. 방사성 산불이 인근 산을 불태운다. 대규모 지옥이 뷰콘에서 사방으로 밀고 내려오며 사람과 마을 전체를 위협하고 있다. 방사성 재가 공기를 가득 채운다. 구슬 크기의 조각으로 부서진 원자로 콘크리트가 비처럼 쏟아진다. 날개에 불이 붙은 채 죽은 갈매기들이 하늘에서 떨어진다. 사람들은 더이상 뱃속을 다스리지 못한다. 피를 토하기 시작한다.

버섯구름이 솟아오르면서 하늘이 어두워진다.

1초, 1초가 중요하다. 사람들은 차에서 내려 달리기 시작한다.

발사 후 40분 30초
태평양 1,100킬로미터 상공의 비공개 위치

태평양 상공 높은 곳에서는 8기의 트라이던트 미사일이 지구 위로 호선을 그리며 시속 2만 2,000킬로미터, 즉 마하 18의 속도로 이동한다. 이들의 비행은 겨우 몇 분 전, 태평양 한가운데의 비공개 위치에서 시작되었다. 티니언섬 북쪽의 어딘가에서다. 이들의 표적은 평양이다. 표적지까지의 총거리는 2,900킬로미터다. 사거리 각도가 38.26도이므로, 발사에서 표적지까지의 총 이동 시간은 14분이다.[139] 미사일 전문가인 테드 포스톨이 계산했다.

대기권을 가로지르는 트라이던트의 고속 이동에 지침이 되는 것은 현대 미사일의 특이한 항행 형태다. 미국 해군의 가장 강력하고 값비싸며 정확한 핵무장 미사일은 트라이던트 미사일 시스템만을 위해 특별히 발명된 천측항법 기술을 활용해 목적지까지 간다. 이 기술의 이름은 항성 관측이다.

인간은 언어를 기록할 방법과 자신의 역사를 돌과 점토에 기록할 방법을 알아내기 한참 전부터 하늘의 도움을 받아 A 지점에서 B 지점까지 이동하는 방법을 알아냈다. 천문항법은 별과 태양을 비롯한 천체를 이용해 물체의 위치를 고정하는 방법으로 방향을 잡는다.

"물속에 가라앉아 있는 잠수함에는 발사 당시 자신의 정확한 위치를 알 수 있는 능력이 없습니다."[140] 트라이던트 미사일 유도 시스템 관리자인 스티븐 J. 디툴리오의 설명이다. 잠수함에 타고 있는 인간 항해사가 도움을 주기는 하지만 "그조차 정확하지 않습니다".

디툴리오의 말에 따르면, 아마겟돈 상황에서의 방향을 찾는 방법은 별에 있다.

"우리가 〔지정학적〕 불확실성을 해결하는 방법은 미사일 비행중에 항성 관측을 한 다음, 최초의 위치 오류를 효과적으로 교정하는 것입니다." 개념적으로, 이는 냉전 초기부터 사용되어온 것과 같은 시스템이다. 이런 원시적 기술은 해킹을 방지한다. 같은 이유로, 탄도미사일에는 원격으로 조종되는 정지 스위치가 없다. 그런 스위치가 있다면, 적이 탄도미사일의 유도 시스템을 해킹해 미사일을 통제할 수 있을지도 모르기 때문이다.

하나하나가 평양을 난로로 바꿔놓을 수 있을 만한 폭발력을 지닌 8기의 트라이던트 핵미사일은 계속 나아간다.[141] 별의 안내를 받으며.

발사 후 41분
러시아 콤소몰스크나아무레, 중앙 통제 본부

세르푸호프-15의 조기 경보 레이더 시설에 해당하는 러시아의 동부 시설은 서구에 이름이 알려지지 않은 중앙 통제 본부다. 러시아 극동 지방의 콤소몰스크나아무레에 위치한 이 시설은 하바롭스크 지방의 아무르강 강변에, 이름 없는 도로를 따라 배치되어 있다. 이 지역은 중국과의 국경에서 대략 280킬로미터 떨어져 있으며 북한 국경과는 965킬로미터 떨어져 있다. 이 시설의 목적은 우주에 있는 조기 경보용 툰드라 위성군에서 보내오는 정보를 해석하는 것이다. 다시 말해, 이 시설은 태평양을 통해 남쪽에서 다가오는 미국발 공격용 핵미사일을 확인하는 것이 목적이다. 그 미사일은 틀림없이 미국의 오하이오급 핵무장·핵동력 잠수함에서 발사되었을 테고.

콤소몰스크나아무레는 후미진 도시로 현대 세계와는 동떨어져 있다. 금속공학, 항공기 제조, 조선업의 지역 중심지다. 또한 이곳은 DUGA-2라 불렸으나 더 유명하게는 딱따구리라 알려진, 과거의 악명 높은 초지평선 레이더 전송 시설의 기지이기도 했다.[142] 레이더에 이런 이름이 붙은 이유는 이 시설이 냉전 시기에 10년 이상 전 세계의 단파 라디오 주파수대에 알 수 없고 반복적인 딱딱 두드리는 듯한 소음을 송출했기 때문이다. 강철과 전선으로 이루어진 DUGA 건물은 길이 800미터, 높이 152미터의 거대한 기둥이었다. 나토의 군사정보기관에서는 강박적으로 이 현장을 감시하며 보고서상에 스틸 야드라는 이름을 지어주었다. 콤소몰스크나아무레의 DUGA 송신기는 1990년대에 소련이 해체되면서 분해되었으나 그보다

악명 높은 대체물은 여전히 우크라이나의 체르노빌 출입 금지 구역 내에서 있다.[143]

현지 시각으로 오전 5시 44분, 이곳 콤소몰스크나아무레의 지휘관은 툰드라 우주위성에서 들어오는 추가 정보를 기다리고 있다. 러시아 군 전체에 카즈베크 통신 시스템이 활성화되었다. 이 나라의 모든 군사시설은 최고 수준의 경계 태세를 갖추고 있다. 소위 "예비 명령" 상태다. 겨우 몇 초전, 콤소몰스크나아무레는 바르나울과 이르쿠츠크에 있는 자매 시설에서 소식을 전달받았다.

"러시아 항공우주군에는 기습해오는 탄도미사일을 탐지할 수 있는 네 가지 형태의 지상 기반 조기 경보 레이더가 있습니다."[144] 토머스 위딩턴 박사의 말이다. 영국의 왕립 합동 군사 연구소에서 일하는 전자전쟁 전문가이자 군 레이더 분석가인 위딩턴은 이 시나리오에서 러시아의 추적 데이터가 어떤 식으로 들어올지 계산했다. "트라이던트가 발사되고 3분 9초가 지나면 바르나울의 77YA6DM 보로네시-DM 레이더가 잠수함 발사 탄도미사일 기습 공격을 추적하기 시작합니다. 50초 뒤, 이르쿠츠크의 77YA6VP 보로네시-DP도 [그것을] 추적하기 시작합니다."

지금, 콤소몰스크나아무레는 툰드라 위성 시스템으로부터 태평양발 미사일 공격에 대한 경보를 받는다. 조기 경보 우주위성은 남쪽에서 러시아를 향해 다가오는—아니면 지휘관이 러시아를 향해 다가온다고 **생각하**는—수백 개의 물체를 "본다". 같은 공격이 바르나울과 이르쿠츠크에 있는 러시아의 지상 레이더기지에서도 보였다.

툰드라 시스템이 이 시점에 수백 개의 물체를 "보는" 이유는 햇빛이나 구름을 로켓 배기가스로 오인했기 때문이 아니다. 로켓 배기가스는 탄도미사일의 추진 단계에만 발생한다. 트라이던트는 현재 중간궤도 단계에 있다. 러시아 조기 경보 레이더가 새롭게 오인할 수 있는 단계다. 트라이던트 미사일의 모든 탄두 운반체 안에는 수백 개의 물체가 들어 있다. 이런 물체는 러시아의 요격 미사일을 속이기 위해 고안된 미끼다.

"이런 미끼는 가는 철사 조각을 잭*과 비슷한 형태로 꼬아 만든 것입니다."[145] 테드 포스톨의 설명이다. 콤소몰스크나아무레에 있는 것 같은 레이더로 보기에는 "이런 철사가 수백 개의 추가적인 탄두로 보인다".

지휘관이 전화기를 집어들고 모스크바에 연락한다. 조기 경보 시스템을 통해 보니, 남쪽에서 러시아를 공격하는 어마어마한 탄두의 일제 사격이 목격되었다고 알린다.

---

* 어린이 장난감의 일종으로, 십자 형태로 교차된 막대의 양끝에 둥근 덩어리가 달린 모양이다.

발사 후 41분 1초
미국 노스다코타주 상공, 둠즈데이 플레인

둠즈데이 플레인의 공중 지휘 본부 안에서 STRATCOM 지휘관은 흑서를 펼친다. 세번째 공격용 탄도미사일이 미국을 향해 날아오고 있는 가운데, 그는 북한을 상대로 추가적인 핵 반격을 검토하고 있다. 국방부 장관과 합참 부의장도 R 사이트에서 고급 초고주파 위성통신을 통해 통화중이다.

DISA에서 마린 원과 연결이 끊기고 8분이 지났다. 아무도 대통령이 어디에 있는지 모른다.

신속 대응군이 풋볼을 찾아 레이븐 록으로 가지고 돌아왔다. 군사보좌관은 죽었다. 낙하산이 폭발파에 찢겼기 때문이다. 대통령 경호를 맡은 특수 요원과 CAT 요원들, 대통령은 여전히 실종 상태다. 아마 기류에 휩쓸려 서로 헤어졌을 것이다.

합참의장이 죽었으니 현재 군에서 가장 계급이 높은 장교는 합참 부의장이다. 그의 일은 대통령과 국방부 장관에게 조언하는 것이다. 합참의장 대행으로서, 그는 군대 내의 다른 모든 장교보다 계급이 높으나 군대를 지휘할 수는 없다. 군의 지휘는 대통령의 일이다.

부의장: **국방부 장관이 대통령권한대행을 맡아야 합니다. 지금 당장이요.**

위성통신중인 모두가 동의한다.

하지만 R 사이트의 행정부 사람들은 헌법의 2조 1절 4항에 따른 승계 절차를 두고 다툰다. 문제는 9·11 이후에 발의된, "대규모 지도부 붕괴" 사건 이후에 해야 할 일에 관한 의회 법안이 아직 확정되지 않았다는 사실이다.[146] 이 시나리오에서, 상원 임시의장은 아직 살아 있는 것으로 파악된다. DISA에서 겨우 몇 분 전에 그의 보좌진으로부터 메시지를 받았다. 상원에서 두번째로 높은 의원인 그는 펜타곤에서 폭탄이 터졌을 때 아파서 집에 있었고, 지금은 군 통수권자로서의 계승권자 역할을 맡기 위해 R 사이트로 오고 있다─메릴랜드주에서 자기 차를 직접 몰고 오는 중이다.

핵 공격 자문위원: 그건 잊어버리세요. 임시 승계 절차에 따라 국방부 장관을 대통령권한대행으로 세워야 합니다.

그는 1947년 대통령 승계법 제3편 19절, 국민의 선택을 인용한다.[147]

STRATCOM은 다른 점에 집중한다.

STRATCOM 지휘관: 다가오는 세번째 미사일에 위력으로 대응해야 합니다.

합참 부의장: 국방부 장관이 지금 즉시 대통령권한대행으로 취임해야 합니다.

STRATCOM 지휘관: 공격 옵션을 선택해야 한다고요.

국방부 장관: 러시아 대통령과 연결되기 전까지는 아무것도 할 수 없습니다.

위성통신중인 모두가 STRATCOM 지휘관이 보편적 해제 암호를 가지고 있다는 걸 안다. 그 말은 그에게 추가적인 핵 반격 미사일을 발사할 능력이─그럴 권한도─있다는 뜻이다.

STRATCOM 지휘관: 러시아 대통령이 장관님과의 통화를 거부한다니 좋지 않습니다.

국방부 장관: (화를 내며) 러시아 대통령이 내 전화를 받지 않는 이유는 내가 미국의 대통령권한대행이 아니기 때문입니다.

합참 부의장: 국방부 장관이 취임해야 합니다.

국방부 장관: 난 눈이 멀었어요.

토론이 속사포처럼 이어지고 무엇이 강하고, 무엇이 약해 보이는지 판단이 이루어진다. 러시아의 지하 핵 벙커에서도 그러한 결정이 내려지고 있다.

발사 후 42분
메릴랜드주, 보이즈

아무도 대통령의 소식을 듣지 못한 이유는 펜타곤에 핵폭탄이 떨어졌을 때 마린 원이 국지적 전자기펄스로 인한 시스템 장애를 겪고 땅에 추락했기 때문이다. 우리가 알다시피, 추락 몇 초 전에 비밀경호국 CAT 엘리먼트는 대통령의 목숨을 살리고자 그와 함께 시코르스키의 열린 문을 통해 낙하산을 메고 뛰어내렸다.

두 남자는 메릴랜드주 보이즈의 숲이 우거진 지역에 착륙했다. 리틀 세니카 호수 근처였다. CAT 요원은 목이 부러졌다. 대통령은 CAT 요원이 충격을 흡수해준 덕분에 운좋게 살아남았다.

이제 대통령은 사망한 요원과 자신을 묶어두었던 벨트를 풀어내고 움찔거리며 빠져나온다. 그의 이마에는 깊게 베인 상처가 있다. 왼팔과 오른쪽 다리는 복합 골절이 되었다. 피부를 뚫고 나온 회백색 뼈와 피투성이가 된 찢긴 힘줄이 보인다. 피가 난다. 아주 많이.

대통령은 나무로 뒤덮인 이 지역에 누워, 초봄의 바람에 나무들이 흔들리는 소리를 듣고 있다. 그는 죽을까봐 겁에 질렸다. 그는 무력하다. 팔과 다리에 입은 상처 때문에 걸을 수도, 심지어 여기에서 기어나갈 수도 없다. 그는 빠르게 피를 잃어가고 있다. 졸도할 것 같다. 그는 군 통수권자이며 미국은 핵전쟁을 치르는 중이다.

누군가 그를 발견할까?

대통령의 아이폰은 대혼란 속에서 사라졌다. 그는 죽은 CAT 요원의 무전기를 사용해보려 하지만 작동하지 않는다. 대통령은 이곳이 어디인지 확실히 알 수 없다. 그를 찾는 신속 대응군이 있을 거라고 추측한다.[148] 하지만 아무런 통신 장비도 작동하지 않는데, 아무리 신속 대응군이라고 해도 그가 과다 출혈로 죽기 전에 어떻게 그를 찾을 수 있겠는가?

발사 후 42분
그라운드제로의 국립 동물원

워싱턴DC 그라운드제로를 중심으로 한 여러 방사 범위 안에서 일어나는 끔찍한 고통과 괴로움은 인간에게만 국한된 것이 아니다. 펜타곤에서 북쪽으로 6.5킬로미터 떨어진 국립 동물원에서는 동물 대다수가 죽었지만 일부는 아직 살아 있다. 눈이 멀고 3도 화상을 입고 완전히 쇼크 상태에 빠졌다. 아시아코끼리, 서부롤런드고릴라, 수마트라호랑이가 철장과 우리 안에서 몸부림치고 비명을 지른다. 대부분은 그을린 피부가 몸에서 늘어져 있고 털은 불타고 있다.

동물들은 몸에 불이 붙으면 본능적으로 물로 간다. 불을 끄려는 미약한 노력이다. 이런 동물에는 인간도 포함되는데, 인간들의 몸은 현재 도시 전역의 수로를 꽉 채우고 있다. 포토맥강은 헤아릴 수 없이 많은 시신으로 꽉 막혔다. 1945년 8월 일본 나가사키에서 일어난 일과 비슷하다. "수천 구의 시신이 물을 빨아들여 자줏빛으로 부푼 상태에서 강에 둥둥 떠다녔다"라는 것이 생존자 시게코 마쓰모토의 회상이다.[149] 이곳 워싱턴DC 주변의 수로에서는 금속 색깔의 커다란 검정파리(시식성 곤충)들이 떠다니는 시체에 내려앉아 알을 낳기 시작한다.

우리에 갇힌 동물들은 모두, 거의 확실하게 죽을 것이다. 남아서 그들에게 먹이를 주거나 풀어줄 사람이, 그들이 알아서 생존하도록 노력하게 해줄 사람이 아무도 없다. 국립 동물원 근처의 모든 인간 생존자들은 극복할 수 없는 장애물을 마주하고 있다. 화상을 입고 피를 흘리는 그들의 폐는 독성 기체와 연기로 가득찬다. 그들은 이어지는 대규모 화재로 인해 산 채로 불타기 전에 재난 지역에서 벗어나고자 처절하게 노력하고 있다. 하지만 거대한 폐허 더미 때문에 이 지역을 가로지르기가 거의 불가능하다. 불안정한 건물들이 사방에서 붕괴한다.

공기 중의 치명적 방사능이 생존자들에게 조용히 사망을 선고한다.

급성 방사선병[150]

국방과학자들은 맨해튼 프로젝트 시절부터 급성 방사선병이 인체에 어떤 영향을 끼치는지 알고 있었다. 1946년 5월 오메가 사이트라는, 로스앨러모스의 숲속에 숨겨진 비밀 연구소에서 일어난 사고를 생각해보라. 이 사고의 자세한 내용은 수십 년 동안 기밀로 유지되었다.

시원한 봄날, 주 연구소에서 5킬로미터 떨어진 곳에서 일군의 과학자들이 탁자를 내려다보고 서서 집중하고 있었다. 이들은 히로시마와 나가사키가 파괴된 이후 최초의 원자력 실험을 위해 플루토늄 폭탄 중핵을 연구하는 중이었다. 당시 미국의 핵 비축량은 약 4기였다. 핵무장 경쟁의 미래가 이 순간에 달려 있었다. 수많은 일자리와 재산을 좌우하게 된 로스앨러모스 과학자들은 이 플루토늄 중핵 실험을 제대로 해내야 한다는 엄청난 압박을 받고 있었다.

그날 플루토늄을 다루던 물리학자는 루이스 슬로틴이라는 이름의 남자였다. 그 공간에는 다른 과학자 일곱 명이 있었다. 슬로틴은 최근 도덕적인 이유로 맨해튼 프로젝트에서 떠나기로 결정했다고 친구들에게 말했다. 전쟁은 끝났고 원자폭탄 연구는 할 만큼 했다고 말이다. 로스앨러모스 관료들은 그 의견을 받아들이면서도 슬로틴에게 그의 자리를 대신할 사람을 훈련시키라고 했다. 그 사람이 앨빈 C. 그레이브스라는 이름의 과학자였다.

이 위험한 실험을 하면서—"용의 꼬리를 간질이는" 것만큼 위험하다고 알려져 있었다—슬로틴은 자신이 관리하던 핵 구체 하나를 떨어뜨리고 말았고, 핵은 임계상태에 이르게 되었다. 위험을 알면서도 그 공간의 다른 사람들을 구하고 싶었던 슬로틴은 옆에 서 있던 앨빈 그레이브스 앞으로 몸을 밀어넣었다. 목격자들은 순식간에 터져나온 푸른 섬광과—다른 이들은 "푸른빛"이라고 했다—강렬한 열파에 대해 진술했다.[151]

사람들이 비명을 지르기 시작했다. 핵물질을 보호하는 임무를 맡았던 경비병은 그 공간에서 도망쳐 밖으로 뛰쳐나간 뒤 뉴멕시코 언덕을 달려올라갔다.

누군가 구급차를 빨리 부르라고 했다. 연구소는 비워졌지만 루이스 슬로틴은 뒤에 남아, 미래에 연구하고 쓸 수 있도록 자신과 다른 모든 사람들이 서 있던 자리를 표로 그리기 시작했다. 방사능 중독이 어떻게 일어나는지, 어떻게 사람을 죽이는지 국방과학자들이 알 수 있도록.

슬로틴의 스케치는 급성 방사선 증후군으로 인해 사망이 임박한 사람이 그린 것이라기에는 놀랍도록 자세하다. 몇 년 뒤, 연구소는 사고가 일어났을 때 루이스 슬로틴이 있었던 자리에 모형을 만들었다. 그는 겨우 35세였다.

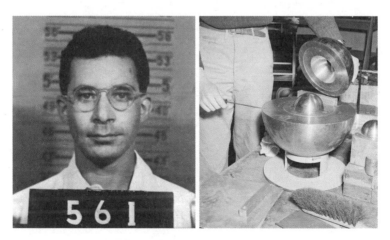

루이스 슬로틴의 로스앨러모스 신분증(왼쪽)과 그를 사망에 이르게 한
1946년 로스앨러모스 실험의 연구소 모형(오른쪽). (로스앨러모스 국립 연구소)

구급차에서 슬로틴은 구토했다. 사고가 발생했을 때 핵물질과 가장 가까운 곳에 놓여 있던 그의 왼손은 마비되었다. 그의 사타구니가 부풀어오르기 시작했다. 그는 폭발적인 설사를 하면서 토하고 또 토했다. 로스앨러모스 병원에서도 구토가 이어졌다. 더욱 묽은 설사가 그의 장에서 나왔다. 힘이 빠지고 약해진 두 손에 묽은 액체가 고이기 시작했고, 두 손은 풍선처럼 부풀어올랐다. 끔찍하고 고통스러운 물집이 피부 아래 형성되었다가 터졌다.

의사들은 바셀린과 거즈를 사용해 고름집이 생긴 슬로틴의 손에 드레싱했다. 그들은 괴사 조직 절제술(철 수세미로 피부를 문지르는 방법이다)을 이용해 손상된 조직을 제거하려 했다. 슬로틴의 사지를 얼음에 담갔다. 그의 몸에 새로운 피를 주입했다. 며칠이 흘러갔다. 더 많은 얼음 목욕이 이어졌다. 더 많은 수혈이 이어졌다. 하지만 강렬한 고통을 완화할 수 있는 건 아무것도 없었다. 치명적 용량의 고에너지 엑스선, 감마선, 중성자가 루이스 슬로틴의 장기를 관통했다. 그의 몸은 이제 자신의 피에서 산소를 공급받지 못하고 있었다. 청색증이 일어나, 자주색이 그의 가슴과 팔, 사타구니, 다리로 번졌다.[152] 그의 몸을 뒤덮은 푸르뎅뎅한 얼룩이 찢어져 열리며 출혈이 일어났다. 그의 입안 찢어진 상처에서도 같은 일이 벌어졌다. 슬로틴의 손에서 두꺼운 피부 조각이 벗겨지기 시작하자 의사들은 사지절단술을 고려했으나, 대신 수혈을 실시했다. 수혈하고, 또 하고.

임종이 가까워지면서 루이스 슬로틴의 몸은 괴사하고 있었다. 팔다리의 죽음 말이다. 그의 전신에 있는 골수 줄기세포가 이제는 죽거나 죽어가고 있었다. 혈관 벽도 괴사가 일어났다. 황달 증세도 나타났다. 크고 작은 혈관에서 급성 혈전증도 생겼다. 소장에서는 심각한 상피 손상이 일어났다. 그의 몸이 항체를 형성할 능력을 잃어감에 따라 슬로틴의 위장관 안쪽 세포에서 나온 물질이 인근 조직으로 흘러들어가기 시작했다. 루이스 슬로틴의 몸은 자기 소장 안의 박테리아에게 침범당하고 있었다. 그의 부신도 제대로 기능하지 못했다. 급성 패혈증이 일어났다. 그는 혈액 공급이 중단되어 광범위한 부분이 괴사하기 시작했다. 그런 뒤에는 기관계 손상이 일어났다. 신체 조직이 사망한 것이다. 순환계의 붕괴. 간부전. 마지막으로는 완전한 장기 부전. 9일째에 루이스 슬로틴은 급성 방사능 중독으로 사망했다.

슬로틴이 마지막 숨을 내쉬고 얼마 지나지 않아 로스앨러모스의 의사들은 방사능이 어떻게 인간을 죽이는지 알고 싶어 그를 해부하기 시작했다.[153] 1945년 이전에는 방사능 중독에 관한 과학이란 존재하지 않았다. 1946년 봄인 당시에는 방사능 중독이라는 개념 자체가 1년도 채 되지 않은 터였다. 메스로 처음 자르자마자 의사들은 원자폭탄이 발명되기 전에는 이 세상에서 한 번도 관찰된 적 없었던 끔찍한 모습을 마주했다. 슬로틴의 시신 내부는 하도 엉망이라, 썩은 곤죽의 바다와 비슷했다. 한 의사는 기밀로 유지되었던 부검 보고서에 그의 "피는 부검에서도 응고되지 않았다"라고 적었다.

방사능 중독은 슬로틴의 장기를 서로 구분해놓던 조직을 거의 완전히 없애버렸다. 이런 구분이 사라지자 그의 장기는 하나로 합쳐졌다. 겨우 몇 달 전 맨해튼 프로젝트의 수장인 레슬리 그로브스 장군이 대중과 의회에 방사능 중독으로 인한 죽음이 "죽기에 매우 불쾌한 방식"이라고 했던 것을 생각해보라.[154]

발사 후 43분
러시아 시베리아, 지하 벙커

러시아연방 대통령은 시베리아의 비공개 장소에 있는, 세계로부터 숨겨진 핵 지휘 통제 시설에 있다. 이 장소는 우랄산맥의 야만타우산, 스베르들롭스크 근처의 코스빈스키산, 아니면 구불구불한 카툰강 근처의 알타이 공화국 지하에 있을 수 있다.[155] 어느 쪽이든, 이 시나리오에서 그는 핵전쟁을 피할 수 있도록 설계된 지하 몇 층 깊이의 벙커 안에 있다.

러시아는 한밤중이다. 춥다. 땅에는 눈이 쌓여 있다.

러시아 대통령은 자다가 깬 상태로, 지금은 영상회의를 하고 있다. 러시아의 최고위 장군 두 명이 그와 함께 있다. 국방부 장관과 러시아 무장 군대의 합동참모의장이다. 이 세 사람은 핵 공격 명령을 전송할 세 개의 러시아 핵 가방을 언제나 가지고 다니는 것으로 알려져 있다.[156] 핵 가방은 체게트라 불린다. 러시아의 풋볼이다.

2020년 11월, 크렘린은 블라디미르 푸틴 대통령과 그의 최상위 장관들이 가진 회의의 희귀한 회의록을 공개했다. 이 회의에서 대통령은 핵전쟁 시 지휘 통제 벙커와 그 통신체계의 중요성에 대해 간략히 말했다. "우리는 아주 많은 것이 이런 시스템의 생존 가능성, 그리고 전투 환경에서 이것들이 계속 작동할 수 있는 능력에 달려 있다는 점을 알고 있습니다."[157] 그는 그렇게 말하며 "핵전력 통제 시스템의 하드웨어와 통신체계 등 모든 장비"가 최근에 업그레이드되었다고 강조했다. 동시에 푸틴은 그런 장비가 "칼라시니코프 소총만큼 간단하고도 신뢰성이 높다"고도 했다. 이 시나리오에서 러시아 대통령과 그의 가족은, 러시아 군대가 이웃나라인 우크라이나를 공격해 러시아 지도부가 서구에서 버림받은 2022년 겨울 이래로 계속 벙커를 드나들며 살아왔다.[158]

저 아래 벙커에서, 러시아 대통령은 위성 TV로 서구 뉴스 채널을 훑어본다. 아직 작동중인 케이블방송국의 보도를 보면, 미국이 핵 공격을 당한 것은 확실하다. 대도시들에 전례없이 엄청난 규모의 대탈출이 일어나고 있다. 뉴욕, 로스앤젤레스, 샌프란시스코, 시카고에서 헬리콥터는 머리 위를 날아다니며 수백만 명의 사람들이 동시에 도시를 떠나려는 대혼란의 현장을 담고 있다. 널리 퍼진 혼돈과 폭력, 무정부 상태가 시작되었다.

러시아 대통령은 미국 전역에서 펼쳐지는 테러를 눈여겨보며 누가 통제권을 쥐고 있을지 궁금해한다. 미국과 러시아의 핵전쟁 계획자들은 핵전쟁이 시작될 경우 사회에 무슨 일이 일어날지 오랫동안 궁금해했다. 군대의 지휘 통제는 어떻게 될까?

누가 책임을 맡고 있을까?

국방부는 위계질서에 따라 운영된다. 권력의 피라미드에서 A는 B를, B는 C를 따른다. 핵 위기 시기에도 핵심적인 질문은 남는다. 누가 자기 직무를 충실히 수행할 것이며, 누가 자기 자리를 버리고 도망칠 것인가? 군의 명령 계통에 있는 사람들은 가족보다 국가를 택할 것인가, 국가보다 가족을 택할 것인가? 사람이 그런 것을 예측할 수 있을까? 운명과 상황이 어떤 역할을 하게 될까?

이 시나리오에서, 아이오와주 디모인이나 아칸소주 리틀록 같은 소규모 도시의 기자들은 핵 공격으로부터 1,600킬로미터 이상 떨어져 있는 만큼 계속해서 정보를 전한다. 수많은 대도시 본부 시설은 망가지거나 더이상 방송을 할 수 없는 상태다. 인터넷은 운에 따라 될 수도, 안 될 수도 있다.

미국에 있는 수천만 명의 사람들이 뉴스를 보거나 들을 수 없다.

지금 러시아 대통령의 핵 벙커에는 R 사이트와 마찬가지로 전기와 인터넷, 유선전화가 들어온다. 지하 벙커는 같은 기능을 수행하는 장비를 여러 개 갖추도록 만들어져 있다. 이들의 주요 기간 시설은―공기, 난방, 물을 포함해서―긴급 및 위기 상황에도 버티도록 여러 개 존재한다. 다수의 고용량 광섬유 회선이 통신 시스템을 구축한다. 예비 발전기에 다른 예비 발전기가 또 있다.

핵전쟁에서는 그라운드제로로부터 측정 가능한 거리가 무엇보다 중요하다. 하지만 책임자의 입장에서 가장 중요한 건 속도다. 로널드 레이건이 한때 애석하게 여겼듯, 미국 대통령에게는 자문위원들로부터 핵 공격이 이루어지고 있다는 통지를 받은 뒤 반응할 시간이 6분밖에 없다. 지금은 러시아 대통령도 똑같이 터무니없을 만큼 짧은 시간에 행동해야 한다.

2022년, 블라디미르 푸틴은 러시아를 향한 모든 "다가오는 공격"을 인지하면 "번개처럼 빠르게" 반응하겠노라고 약속했다.[159] 이 말은 러시아의 핵 삼위일체에 대한 위협을 의미하는 것으로 널리 해석되었다. 그로부터 2년 전인 2020년, 그는 러시아의 업그레이드된 핵전력의 특징이 믿기 어려운 빠르기라고 말했다. "에프원* 수준의 빠르기가 아니라 초음속의 빠르기입니다."[160]

지금이 그 순간이다. 빠르게 행동할 시간이다.

위성 TV를 보느라 이미 몇 분이 허비되었다. 무슨 일을 해야 할지 러시아 대통령에게는 결정할 시간이 몇 분밖에 남지 않았다. 러시아 대통령은

---

* 국제 자동차 연맹 규정의 단좌식 경주용 자동차. 혹은 이러한 자동차로 행하는 국제 자동차 경주 대회.

양자택일의 역설에 맞닥뜨렸다.

- 미국은 러시아가 미국을 핵으로 공격했다고 믿고 있다.
- 미국은 러시아가 미국을 핵으로 공격한 게 아님을 알고 있다.

미국은 핵 공격 옵션으로 풋볼을 가지고 있다. 러시아에는 체게트가 있는데, 이는 언제나 대통령(을 포함한 두 사람)과 가까운 곳에 보관되는 비슷한 형태의 작은 서류 가방이다. 체게트는 러시아의 대통령 중심 핵 지휘 통제의 가장 중요한 부품으로, 미국의 대통령 중심 핵 지휘 통제의 가장 중요한 부품인 풋볼과 같다. 체게트 안에는 러시아 나름의 흑서가 있다. 저녁 메뉴와 비슷한, 빠르게 고를 수 있는 핵 공격 옵션이다.

체게트는 그 소유자를 러시아의 합동참모본부, 그러니까 모스크바 중심에 있는 지휘 본부의 군 장교들과 연결해준다. 이들이 러시아 핵 삼위일체 기제의 물리적 발동을 통제하는 장군과 제독들이다. 러시아의 육해공 기반 핵무기 보유고는 미국이 보유하고 있는 것과 거의 같다. 러시아는 1,674기의 핵무기를 배치해두었으며, 그중 대다수는 발사 준비 태세를 갖추고 있다. 일촉즉발 경보 상태라는 말이다.

이곳, 지하 벙커에 대통령과 함께 있는 사람은 안전보장이사회 서기다. 핵심 인물 중에서도 가장 강경파에 속하는 조언자다. 그는 러시아 대통령에게 심대한 영향력을 행사하는 인물로, 실로비키(집행자)라 불리는 집단의 일원이다.[161] 서구를 전혀 좋아하지 않는 서기는 미국과 그 동맹의 "구체적 목표"가 러시아의 해체라는 생각을 공식적으로 밝히며, 아무런 맥락이나 자세한 정보도 없이 미군이 러시아 인민에 대한 "생물학적 전쟁"을

301

준비하고 있다고 비난하기까지 한 바 있다.

이처럼 강렬한 위기의 순간, 안전보장이사회 서기는 러시아 대통령에게 시간이 점점 줄어가고 있음을 다시 알린다.[162] 어떻게 행동할지 결정해야 한다고. 대통령은 자문위원들에게 모스크바에서 사실로 확인한 내용을, 즉 러시아의 조기 경보 시스템이 그들에게 알려준 내용을 검토하라고 요청한다.

수십 년 동안 소련은 경보 즉시 발사 정책이 없다고 주장해왔다. 파벨 포드비크는 러시아의 정책이 "일단 공격용 핵탄두를 흡수한" 다음 나름의 반격 핵무기를 발사하는 것이라고—그런 주장이 있다고—밝혔다.[163] 이것이 소련의 프로파간다인지 진실인지는 지금도 논란의 대상이다.

확실한 것은, 최근 러시아의 공식 입장이 바뀌었다는 점이다.

2018년 크렘린의 인터뷰에서 푸틴 대통령은 조기 경보만으로 핵무기를 사용할 것이냐는 질문을 받았다. 푸틴은 이렇게 말했다. "핵무기를 사용하겠다는 결정은 우리 미사일 공격 경보 시스템이 미사일 발사를 기록했을 뿐 아니라 정확한 예측과 비행 궤적, 미사일이 러시아 영토에 떨어지는 시간을 도출했을 때만 이루어집니다."[164] 달리 말해, 툰드라 위성이 날아가는 미사일을 보고 2차적 조기 경보 시스템이 비행 궤적을 확인해 공격 시간을 추산하면, 러시아가 그 대응으로 핵무기를 발사할 수 있고 **발사하리라**는 뜻이다. 러시아는 핵 타격을 흡수할 때까지 기다리지 않을 것이다.

러시아 대통령의 자문위원들이 지금부터 걸어야 할 길은 면도날처럼 아슬아슬하다. 국방부 장관과 무장 군대의 합동참모의장, 안전보장이사회 서기는 핵심 자문위원의 권위를 가지고 대통령에게 미사일 공격 경보를 전하는 동시에, **실존하는** 기술적 불확실성을 조율해야 한다.

러시아의 조기 경보 툰드라 위성 시스템이 지닌 한계는―그 결점과 약점은―서구의 과학자들에게 잘 알려져 있고, 러시아 과학자들에게도 알려져 있을 가능성이 크다.

하지만 그 사실을 자문위원들이 알까? 아니면 그들에게는 감추어졌을까? 자문위원들은 자신들이 아는 것, 혹은 안다고 생각하는 것에 관해 러시아 대통령에게 보고한다.

- 20분 전, 캘리포니아주의 원자력발전소가 핵폭탄을 맞았다.
- 10분 전, 펜타곤과 백악관, 미국 의회를 비롯한 워싱턴 전체가 두번째 핵폭탄으로 파괴되었다.
- 몇 분 뒤, 러시아의 툰드라 위성은 100기 이상의 미니트맨 ICBM이 와이오밍주의 저장고에서 발사되었다고 기록했다.
- 이런 ICBM 발사지 중 한 곳 근처의 GRU가 육안으로 발사를 확인했다.
- 세르푸호프-15 레이더가 북극을 넘어오는 100기 이상의 ICBM을 확인했다.
- 3분 전, 바르나울과 이르쿠츠크의 보로네시 레이더가 남쪽에서 다가오는 잠수함 발사 미사일의 일제 사격을 보고했다.
- 2분 전, 콤소몰스크나아무레에서 이런 핵탄두를 확인했다. 핵탄두가 수백 기다.
- 상황은 다음과 같다. 경보 시스템은 미국 미사일의 발사를 기록했다. 양쪽에서 러시아를 공격하는 핵탄두가 수백 기다. 예측에 따르면, 이 핵탄두는 약 9분 뒤에 러시아 영토에 떨어질 것이다.

러시아 벙커 안에서 재생되는 위성 TV 방송에서는 뉴멕시코주 트루스

오어컨시퀀시스의 미국인 기자가 러시아 대통령의 몽상을 깨버린다. 앵커는 시청자들에게 미국에서는 그 누구도 누가 미국을 공격하는지, 실제로 벌어지는 일이 무엇인지, 혹은 누가—누군가 있다면—책임을 맡고 있는지 모른다고 말한다. 미국 대통령이 국민을 상대로 아무 발표도 하지 않았고, 그 사실은 무시무시하고도 골치 아픈 일이라고 말이다. 그는 "초현실적"이라는 단어를 쓴다.

그때 앵커가 묻는다. 러시아일까요?

그는 큰 소리로, 방송을 통해, 딱히 누구에게랄 것 없이 묻는다.

아니면 달리 누가 감히 이런 짓을 할까요? 이런 잔인한 짓을 할 수 있는 게 누구겠습니까?

저 아래, 지하 6층 깊이의 러시아 벙커에서는 안전보장이사회 서기가 대통령에게 어떤 조치를 취해야 할지 결정하기까지 90초가 남았다고 말한다.

러시아 대통령은 미국 대통령이 자신에게 전화를 걸었는지 묻는다.

답은 "네트nyet"다. 아니요.

러시아 대통령은 백악관에서 누가 전화를 걸었는지 묻는다. 보좌관이 앞으로 나와서 시간 기록표를 읽는다.

- 미국 국가 안보 자문위원이 전화했음.
- 미국 국방부 장관이 전화했음.
- 미국 합동참모본부 부의장이 전화했음.

러시아 대통령은 두번째 양자택일의 사실들을 고려한다.

- 탄도미사일에 실려 러시아로 다가오는 수백 기의 탄두는 러시아를 겨냥한 것이다.
- 탄도미사일에 실려 러시아로 다가오는 수백 기의 탄두는 러시아를 겨냥한 것이 아니다.

이곳 러시아 벙커와 모스크바 지휘 본부의 위성 영상회의실에 있는 사람들은 모두 러시아가 핵폭탄으로 미국을 공격하지 않았다는 사실을 알고 있다. 그리고 그들은 미국의 조기 경보 레이더가 부러울 정도로 정확하다는 것도 알고 있다. 그래서 그들은 모두 합리적이게도 미국 대통령과 그의 장군들이 핵 공격의 근원지가 러시아 영토가 아니라는 것을 알고 있으리라고 확신한다. 하지만 그들은 미국 대통령이─그리고 아마 서구 세계의 모든 지도자가─러시아 지도부를 경멸한다는 것도 알고 있다. 그리고 미국이 체제 전환을 원한다면, 역사를 돌이켜볼 때 기꺼이 거짓말을 하리라는 것도.

벙커의 사람들은 모두 이제 동일한 역사적 사건을 떠올리고 있다. 그런 생각에서 말이 나오고 짧은 토론이 이어진다. 2003년에 조지 W. 부시 대통령과 딕 체니 부통령은 이라크 대통령을 제거하고 싶어서 사담 후세인이 대량 살상 무기를 만들었다는 이야기를 내세웠다. 아프리카산 우라늄염 같은 다채로운 정보가 가득한 이야기였다. 그렇게 그들은 미국 의회 전체가 그 거짓말에 발맞추게 했다. 그 결과는 이라크라는 주권국가에 대한 전면적인 공격과 침략이었다.

국방부 장관은 러시아 대통령에게 결정을 내릴 시간이 30초 남았다고 말한다.

미합중국을 상대로 핵무기를 발사할 것이냐, 말 것이냐, 그것이 문제다. 미국에서 그렇듯 핵무기 발사는 러시아 대통령이 결정할 일이다. 오직 그만이 결정할 수 있다. 합동참모의장은 대통령에게 경보 즉시 발사 조건이 충족되었다고 다시 알린다. 또 대통령에게 2018년 크렘린에서 진행된 인터뷰에서 밝혔던 핵 사용에 관한 입장을 일깨워준다.

러시아 대통령은 격분한다. 미국 대통령은 그에게 연락하지 않았다. 그는 이를 단순한 모욕이 아니라 다른 무언가의 징조로 본다. 수많은 지도자들이 그렇듯 이 시나리오의 러시아 지도자도 편집증에 취약하다. 그는 이제 러시아가 미국의 무력화 공격을 받고 있다고 믿는다.

이런 두려움은 소련 시절까지 거슬러올라가는 뿌리깊은 것이다.

전직 〈워싱턴 포스트〉 모스크바 지부장 데이비드 호프먼은 냉전 당시에 이런 편집증이 얼마나 심각했는지를 보여주는 소름 끼치는 사례를 말해준다.[165] 그에 따르면, 미국이 러시아 핵 지휘 통제 본부를 향해 대규모 선제적 핵 공격을 하리라고 믿고 겁에 질린 소련의 지도자들은 그런 잠재적 무력화 공격에 반격하기 위해 '데드 핸드'라 알려진 시스템을 개발했다고 한다. 이것은 모스크바가 선제공격을 당할 경우 러시아의 무기고가 완전히 비어버릴 때까지 핵전쟁이 끝나지 않도록 해주는 시스템이다.

공식 명칭으로는 페리미터라고 일컬어지는 데드 핸드 시스템은 일종의 자동 제어 시스템으로, 러시아 영토에 대한 핵 공격을 감지할 수 있는 지진 센서로 이루어져 있다. 데드 핸드는 러시아 지휘부와의 통신이 끊겼음을 인지하면 알아서 핵무기를 발사할 수 있다고 한다. 호프먼에 따르면 최초의 청사진은 "인간의 행위가 아예 없어도 발사되는 일종의 종말 기계"였다.[166] 최후의 아마겟돈과 같은 연속적 보복 공격을 위해 미리 프로그램화한 기계화 시스템 말이다. 이런 청사진은 이후로 개선되었다고 알려져 있으나 시스템 자체는 여전히 쓰이고 있다. 이 시스템이 실제 인간의 개입 없이도 핵미사일을 발사할 수 있는지는 알려지지 않았다. 하지만 이는 세계를 종말시킬 수 있는 무기고를 가진 지도자가 얼마나 편집증적일 수 있는지 보여준다.

아프레 무아, 르 델뤼주.

편집증은 핵 억지와 마찬가지로 심리학적 현상이다. 선제적 무력화 공격에 대한 편집증적 지도자의 두려움은 핵무기 자체만큼 현실적이다. 이 시나리오에서도 그렇고, 실제 삶에서도 그렇다.

이 시나리오에서 우리는 북한 지도자가 미국을 상대로 청천벽력 공격을 하기로 한 이유를 모른다. 하지만 편집증이 역할을 했으리라는 것은 거의 확실하다. 그리고 지금은 편집증이 러시아 대통령의 결정에, 째깍거리는 시계의 위협을 받으며 해야 하는 결정에 연료가 되고 있다.

러시아 영토에 쏟아지는 수백 기의 핵탄두라 여겨지는 것을―선제적 기습 공격을 노리는 기회주의적 미국인들이 발사한 핵탄두를―마주한 러시아 대통령은 발사를 선택한다.

군사보좌관이 체게트를 연다.[167]

러시아 대통령은 러시아의 흑서에서 가장 극단적인 핵 공격 옵션을 선택한다. 그는 내부의 서류에서 발사 암호를 읽는다.

미국에서와 마찬가지로 러시아의 핵무기는 발사까지 겨우 몇 분밖에 걸리지 않는다.

해버린 일은 취소할 수 없다.

발사 후 45분

러시아 돔바롭스키

워싱턴DC에서 9,200킬로미터 떨어진 시베리아 남서부의 돔바롭스키 ICBM 단지에서는 눈밭이 달빛을 받아 반짝인다. 현지 시각으로 오전 12시 48분. 카자흐스탄에서 북쪽으로 32킬로미터 떨어진 곳이다. 이 시설은 철조망과 지뢰로 둘러싸여 있다. 이곳엔 여러 겹의 자동 유탄 발사기와 원격조종 기관총 설비도 경비를 서고 있다. 와이오밍주의 미국 미사일 발사지가 그렇듯 흙바닥에는 문이 달려 있다. 강철 저장고 뚜껑이 어둠에 잠겨 있다.

행인들에게 돔바롭스키는 산림의 땅이다. 지역민들이 낙농업과 제지업으로 일자리를 얻고 생계를 이어가는 곳. 러시아 핵전력의 관점에서 이곳은 세계에서 가장 강력하고 파괴력이 높은 ICBM의 근거지다. 서구에는 이 미사일이 '사탄의 아들'로 알려져 있다.[168] 러시아는 이 미사일을 기원전 5세기의 기마 전사 부족의 이름을 따서 RS-28 사르마트라고 부른다. 거의 비슷한 방식으로 미국은 독립전쟁 당시의 기병대를 기리며, 미국 ICBM을 미니트맨이라 부른다. 서구에서 러시아의 ICBM을 사탄의 아들이라 부르기에 이 미사일이 사악하다는 생각은 더 깊어진다.[169] 미니트맨 ICBM은 방어하고 지키기 위해 만들어진 선량하고 용감한 병사들로 여겨지고 말이다.

이름이야 어떻든, 이 두 가지 대량 살상 무기는 세계를 파괴할 준비가 되어 있다. 상호확증파괴의 광기는 양측이 서로를 거울처럼 비춘다는 데 있다. 나르키소스의 신화와 비슷한 이야기에 성경을 약간 섞어 뒤틀어보

자면, 미치광이가 연못을 들여다보고 수면에 비친 자기 모습을 본 뒤 자신을 적으로 오인하는 셈이다. 그는 이런 환영에 빠져 공격하다가 물에 빠져 죽는다. 하지만 그전에, 그는 먼저 아마겟돈을 일으킨다.

미국은 영토 이곳저곳의 저장고에 400기의 ICBM을 묻어두었다. 러시아는 저장고와 도로 이동식 발사대에 ICBM 312기를 보유하고 있다. 미국의 단일 탄두 미니트맨 미사일과 달리 일부 러시아 ICBM은 각 탄두 운반체에 최대 500킬로톤의 폭탄을 실을 수 있다. 이 말은, 사탄의 아들 하나에 5메가톤 정도의 핵 파괴력이 있다는 뜻이다. 아이비 마이크 열핵 장치의 1.5배쯤 되는 파괴력이다. 아이비 마이크는 태평양의 섬 하나를 통째로 지워버리고, 펜타곤 14개가 들어갈 만한 크기의 구멍을 남겨두었다.

러시아는 단연코 세계에서 가장 큰 나라다. 이곳 돔바롭스키의 ICBM 저장고와 비슷한 저장고가 그 광활한 땅 여기저기 100곳 이상에, 11개의 시간대에 걸쳐 점점이 찍혀 있다. 러시아에는 ICBM 사단이 11~12개 있는데, 각 사단에는 2~6개의 연대가 소속되어 있다.[170] 이들의 위치는 바르나울, 이르쿠츠크, 코젤스크, 노보시비르스크, 니즈니타길, 타티시체보, 테이코보, 우주르, 비폴소보, 요시카르올라, 돔바롭스키다.

미국 과학자 연맹의 핵 정보 프로젝트 수장인 한스 크리스텐슨은 맷 코르다, 엘리아나 레이놀즈 등의 동료들과 함께 핵무장 국가들의 무기고를 추적하며 그 정보를 『핵 과학자 회보』의 "핵 노트"에 매년 공개한다. 두 열강의 동등성을 추구하는 무기 협정에 의해 핵무기 보유량은 두 나라가 거의 7만 기의 핵무기를 보유하며 정점에 이르렀던 1986년 이후 줄어들었다.[171]

즉시 발사할 수 있는 탄두의 정확한 숫자는 아찔할 정도다. 매년 변하는 것은 물론이고 이 숫자는 보고되는 방식에 따라, 보고하는 주체에 따라 달라진다. 2024년 초, (서구에) 일반적으로 알려진 총 숫자는 다음과 같았다.

- 러시아의 핵무장 ICBM 312기는 1,197기의 핵탄두를 실을 수 있으며, 그중 "약 1,090기"가 발사 준비 태세였다.[172]
- 미국은 400기의 ICBM에 400기의 핵무기를 탑재해두었으며, 이 무기 전부가 발사 준비 태세였다.
- 미국은 오하이오급 잠수함에 더 많은 핵무기를 탑재한 상태로, 그 숫자는 970기 정도였다.
- 러시아는 잠수함 발사 탄도미사일에 "약 640기"의 핵탄두를 계속 실어두고 있다.[173]

"동등성"이란 같음을 의미한다. "핵 동등성"이란 핵전력이 상대적으로 동일하다는 뜻이다. 동등성의 영향으로 지금도 양측 사람들 모두가 확실히 말살될 것이다.

"우리는 유리병에 넣어둔 전갈 두 마리에 비유될 수 있습니다."[174] 로버트 오펜하이머는 한때 미국과 러시아의 군비 경쟁에 대해 이렇게 말했다. "둘 다 서로를 죽일 수 있지만, 그러려면 자신의 목숨을 걸어야 하죠."

전갈이라는 종은 핵전쟁에서 살아남을 가능성이 크다. 서폐를 가진 거미류는 수억 년 동안 존재해왔다. 전갈은 공룡보다도 먼저 생겨났고, 공룡이 멸종할 때도 살아남았으며, 인간보다 오래 생존할 가능성이 크다. 핵 3차 대전 이후, 전갈의 단단한 껍질은 최초의 불덩어리와 폭발, 이어지는 화재 폭풍에서 간신히 살아남은 인간 대부분을 죽여버릴 방사능으로부터 전갈을 지켜줄 것이다.

오펜하이머는 모든 전갈의 싸움이 양쪽의 죽음으로 끝나는 건 아니라는 사실을 굳이 언급하지 않았다. 때로는 한쪽이 이긴다. 이런 무장된 포식자들은 동족을 먹을 수도 있다. 이긴 전갈은 때로 패배한 전갈을 먹는다. 권투선수가 승리의 식사를 하는 것처럼.

이곳 돔바롭스키의 지하에 숨겨진 핵 발사 시설에서, 제13오렌부르크 레드 배너 로켓 사단 소속 러시아 장교들은 발사를 준비한다. 동등성이란 러시아의 발사 절차가 미국의 발사 절차와 거의 같다는 뜻이다.

러시아 대통령은 명령 계통에 따라 핵 발사 암호를 내려보낸다.

러시아 전역의 38~39개 미사일 연대가 발사 암호를 수신한다.

발사 장교들은 미사일을 무장시킨다.

러시아는 1,000기 이상의 핵무기를 발사 준비 태세로 유지하고 있다.
이 사진에서는 사르마트 ICBM—소위 "사탄의 아들"—이 러시아의 눈밭에서 시험 발사되고 있다.
(러시아연방 국방부)

311

표적지 좌표를 입력한다. 열쇠를 돌린다.

러시아 전역에서 ICBM 저장고 문이 활짝 열리고 그들의 미사일이 하나씩, 하나씩 발사된다. 도로 이동식 발사대가 하나씩, 하나씩 미사일을 발사한다.

몇 기를 제외한 미사일이 모두 미국의 표적지로 향한다.[175] 도합 1,000기다.

발사 후 45분 1초
콜로라도주, 항공우주 데이터 시설

지구에서 3만 6,000킬로미터 상공의 우주. 스쿨버스 크기인 미국 조기 경보 위성단의 자동차 크기 센서들이 수백 기의 러시아 ICBM이 미사일 저장고와 도로 이동식 발사대에서 발사되는 모습을 지켜본다.

콜로라도주의 항공우주 데이터 시설에서, 이 데이터는 목에 내지른 주먹처럼 컴퓨터 화면을 가로질러 들어오기 시작한다.

처음에는 1기, 이어서 10기, 이어서 100기, 200기, 300기.

수백 기의 검은색 ICBM 아바타가 화면을 가득 채우는 데는 몇 초밖에 걸리지 않는다.

이 순간 생각할 것은 한 가지뿐이다.

러시아가 핵무기를 발사했다.

지휘관에서 분석가, 시스템 공학자에 이르기까지 여기 기밀 각축장에 있는 모두는 미국을 타격할 이런 대륙간탄도미사일을 막을 수 있는 방법은 아무것도 없다는 걸 즉시 안다. 미국인 수억 명이 죽기 직전이다.

미국에는 요격 미사일 40기가 남아 있다(원래 44기였다). 그중 36기는 알래스카에, 4기는 반덴버그 우주군기지에 있다. 요격 미사일들이 희박한 확률을 뚫고 러시아 ICBM에서 나온 탄두 40기를 모두 격추시킨다 해도 나머지 960기가량의 탄두는 이곳에 떨어질 것이다.

항공우주 데이터 시설의 지휘관이 전화기를 집어들고 일련의 암호화된 비상 메시지를 둠즈데이 플레인과 아직 남아 있는 미국 핵 지휘 통제 본부에 보낸다.

- 콜로라도주 샤이엔산 내부 미사일 경보 센터

- 네브래스카주 오펏 공군기지 지하 세계 작전 본부

- 펜실베이니아주 레이븐 록산 내 대안 국가 군사 지휘 본부, R 사이트

　이 시설들이 다가오고 있는 러시아 ICBM의 최우선 표적일 것은 거의 확실하다. 전직 해군 중장이자 미국 잠수함군의 지휘관이었던 마이클 J. 코너의 말에 따르면, "고정된 모든 것은 파괴 가능하다".[176] 이런 시설에 있는 인원 전원은 이제 동시에 두 가지를 대비해야 한다.

- 러시아를 상대로 대규모 핵 반격을 개시한다.

- 핵폭탄 1기 이상의 직격에 버틴다.

　하지만 누가 자기 자리를 지킬 것인가? 누가 황급히 달아날 것인가? 이제 더이상 무엇이 중요한가?

4부

이후의 (마지막) 24분

발사 후 48분
콜로라도주, 샤이엔산 복합단지

샤이엔산이라는 뇌간 안에서 지휘관은 추적 데이터를 받아 R 사이트, NORAD, NORTHCOM, STRATCOM을 위한 비상 메시지를 준비한다. 약 48분 전, 이 모든 일이 시작되었을 때와 비슷한 느낌이다.

위성통신을 통해, 또 공중과 지상의 다양한 위치에 미국 핵 지휘 통제 시스템의 지휘관들이 모여 있다. 펜타곤에 있다가 죽은 사람들은 빠졌다.

블루리지산맥의 R 사이트 지하 벙커에 국방부 장관과 합참 부의장이 들어온다. 러시아 ICBM 전체가 발사된 상황에서, 국방부 장관이 대통령권한대행으로 취임했다.

둠즈데이 플레인 내부의 공중 지휘 본부에서—이 비행기는 아직도 미국 중서부 상공에서 원을 그리며 날고 있다—STRATCOM 지휘관은 대통령권한대행의 발사 명령을 기다리고 있다. 흑서는 여전히 그의 앞에 펼쳐져 있다.

공격 평가 결과는 간단하다. 약 1,000기의 러시아 핵탄두가 미국으로 향하고 있다.

어떻게 반격해야 할지 결정하는 데 6분이 주어지지만, 상황을 고려할 때 결정은 빠를수록 좋다. 전직 CIA 국장인 마이클 헤이든 장군이 그 이유를 설명한다.[1] 전면적 핵전쟁에서 핵무기 발사는 "속도와 결정력을 기준으로 고안되었습니다. 결정에 토를 달기 위해 고안된 것이 아닙니다".

게다가 더 큰 지옥 불이 닥칠 예정이다. 러시아 해군의 무시무시한 SLBM이 발사되기 일보 직전이다.

발사 후 48분 10초
북극해, 프란츠 요제프 군도 근처

북극해가 베링해와 만나는 세계의 꼭대기에서 러시아 잠수함 세 척이 바다의 유빙 1.5미터 이상을 뚫고 나간다. 서로 수백 미터 거리를 둔 각각의 잠수함이 동시에 떠오른다. 2021년 3월 군사훈련 당시에 러시아 잠수함들이 오류 없이 해낸 임무다.[2]

다만 지금은 훈련이 아니다.

세 척의 잠수함 중 두 척은 K-114 툴라로, 나토의 보고명은 델타-IV다. 이 핵동력 탄도미사일 잠수함은 오랫동안 러시아 잠수함대에서 집말 역할을 해왔다. 세번째 잠수함은 비교적 새로운 보레이급 잠수함으로, 소련 시절의 예전 잠수함보다 더 빠르고 은밀하다.[3] 각 잠수함에는 핵탄두가 장착된 미사일 16기가 실려 있다. 각 미사일은 탄두 운반체 내에 100킬로톤짜리 탄두 4기를 싣고 다닌다. 그 말은, 이 세 척의 러시아 잠수함 안에 192기의 탄두가 있다는 뜻이다.

폭발력 19.2메가톤의 유상하중을 갖춘 잠수함 세 척.

바깥의 온도는 영하 30도다. 바람이 잠수함의 전망 탑을 시속 110킬로미터로 후려친다.

각 잠수함은 5초 간격으로 미사일을 발사하기 시작한다.[4]

미사일이 하나하나 연달아 발사된다.

각 SLBM은 미사일 발사관을 빠져나와 공중으로 동력 비행한다. 각 잠수함이 핵무기라는 짐을 완전히 비우는 데는 80초가 걸린다. 40년도 더 전, 테드 포스톨이 펜타곤에서 자기가 그린 만화 같은 그림을 교재로 사용해 미 해군 관료들에게 설명한 그대로다.

일부 SLBM의 궤도는 미사일을 북극 너머, 미국 본토로 보낼 것이다. 미국 핵 지휘 통제부를 구성하는, 미리 결정된 표적지로.

다른 SLBM은 남쪽으로, 유럽으로 향하는 궤도를 따라 이동할 것이다. 나토 핵 지휘 통제부를 구성하는, 미리 결정된 표적지와 나토의 핵 탑재 폭격기 기지로.

거의 동시에, 남서쪽으로 수천 킬로미터 떨어진 곳에서 다른 전망 탑 두 개가 수면으로 떠오른다. 이번에는 대서양이다. 이 러시아 잠수함 두 척은 각기 미국 동부 연안에서 수백 킬로미터 떨어진 곳에, 일전에 미국 해군이 순찰중이던 러시아 잠수함들을 추적했던 곳에서 떠오른다. 러시아 잠수함이 최근 미국의 동부 연안과 불안할 정도로 가까운 곳까지 접근해서, 국방부는 2021년 회계연도 예산 요청서에 러시아와 중국 양국의 잠수함에 관

적의 잠수함이 미국 해안을 위협할 정도로 가까이서 순찰하고 있다.
(미국 국방부, 마이클 로하니가 다시 그림)

해 수집한 놀라운 추적 데이터가 표시된 지도를 포함했다.[5]

탄도미사일 잠수함은 그야말로 놀라운 속도로 핵무기를 발사할 수 있으며, 거의 동시에 다수의 표적지를 맞힐 수 있다. 그래서 이 잠수함들이 종말의 시녀가 되는 것이다. 기밀 해제된 핵전쟁 기동훈련은 핵 억지가 실패하면 이렇게 끝난다는 것을 누누이 보여주었다.[6] 이런 아마겟돈으로. 이런 문명의 파괴로.

대서양의 잠수함들은 탄도미사일을 발사한 뒤 다시 물속으로 들어가 사라진다.

북쪽에서는 북극해의 프란츠 요제프 군도 근처에 떠 있는 빙상에서 러시아 잠수함에 장착된 세 개의 검은색 전망 탑이 다시 흰 배경 아래로 미끄러져 들어가 사라진다.

발사 후 49분
펜실베이니아주, 레이븐 록산 복합단지

미국 핵 지휘 통제부에게 이 순간의 핵무기 발사는 토론의 대상이 아니다. 어떤 군사적 절차를 보아도, 핵 억지라는 개념이 발명된 이후 시대의 핵전쟁 독트린을 보아도 발사할 순간은 바로 지금이다.

국방부 장관에게는—그는 대통령권한대행으로 취임했으며 여전히 핵 섬광으로 인한 실명 상태다—할말이 있다는 사실만 빼면 그렇다. 이 시나리오에서 국방부 장관은 레이븐 록산 복합단지의 지휘 벙커 안에 있는 사무용 가죽 의자에 앉아서 자기 의견을 밝힌다.

국방부 장관: 대통령권한대행으로서, 모든 발사 결정은 내 책임입니다.

엄밀히 말하면 사실이다. 또다른 사실은 STRATCOM 지휘관이 보편적 해제 암호를 가지고 있다는 점이다.

이곳 벙커 안 사람들의 의욕에는 충격과 열광, 절망까지 뒤섞여 있다.

"맡고 싶은 역할은 아니죠."[7] 전직 국방부 장관 리언 패네타가 말했다. "핵전쟁을 해결하라고 산속으로 불려가는 상황이니까요." 패네타는 CIA 국장으로도 일했고, 그전에는 백악관 수석 비서관이기도 했다. 패네타는 이런 시간에 관해 다음과 같이 설명한다. "책도, 절차도, 단계도 있습니다. 위기 상황에 무슨 일을 해야 하는지 말해주는 목록이죠. 하지만 아무도 핵전쟁에 대비하지는 못합니다."

핵 억지가 실패했다. 수십 년간 수동적으로 존재해온, 핵무기가 세상을 더 안전하게 만든다는 이념을 지지하는 모든 이론적 전략도 마찬가지로 실패했다. "핵 억지 복구"나 "긴장 완화를 위한 긴장 고조" "억제를 위한 결단" 같은 완곡한 정책들은 실패하고 말았다. 이 시나리오에서 이런 정책들은 그 자체가 째깍거리는 핵 시한폭탄이었음이 드러났다. 운명적으로 실패할 수밖에 없는 정책이었다. "맞춤형 핵 억지"나 "유연한 보복" 같은 핵전략―핵전쟁이 시작된 뒤에도 중지될 수 있다고 약속하는 정책들―은 핵 억지 자체만큼이나 어리석음으로 가득한 전략이 아닐까.

R 사이트의 벙커 안 몇몇 사람들을 사로잡은 절망은 수십 년간 많은 사람들이 직관적으로 알고 있던 끔찍한 현실에서 기인한다. 핵전쟁을 끝내는 유일한 방법은 핵 홀로코스트뿐이라는 현실. 지금은 그 종말까지 겨우 몇 분이 남아 있다.

STRATCOM 지휘관은 뭐라 주장할 필요를 느끼지 못한다. 그는 전직 국방부 장관이자 현직 대통령권한대행에게, 군 통수권자로서 그에게는 행동할 시간이 5분 남았다고 알린다.

그가 취해야 하는 행동은 흑서를 펼치는 것이라고.

발사 후 49분 30초
유타주 상공, 둠즈데이 플레인 내부

둠즈데이 플레인 내부에서 STRATCOM 지휘관은 흑서의 공격 옵션을 검토한다. 그는 국방부 장관이 발사를 승인하기를 기다리지만, 이런 기다림은 명목상일 뿐이다.

STRATCOM 지휘관의 앞에는 보편적 해제 암호가 있다. STRATCOM 지휘관은 러시아에 대한 보복성 공격 미사일을 발사할 수 있고, 발사할 것이다.

STRATCOM 지휘관은 국방부 무기고에 남아 있는 핵무기 전체를 통제한다.

STRATCOM 지휘관 찰스 리처드가 의회에 밝혔듯, 이런 상황에서 "STRATCOM의 (중략) 전투 대비 병력은 이제 세계 어디로든, 모든 영역에 결정적으로 대응할 준비를 하고 있다".[8]

분명히 말하자면, "결정적으로 대응"한다는 말은 러시아에 공격당한다는 소식이 들리면 미국 전략사령부 본부가 핵 삼위일체의 모든 힘을 쏟아부을 거라는 뜻이다. 그 말은 다음과 같은 의미다.

- 미국 전역의 미사일 저장고에 있는 ICBM을 발사한다.

- 대서양과 태평양을 정찰중인 오하이오급 잠수함에서 SLBM을 발사한다.

- 폭격기에 핵무기를 탑재한 뒤 공중에 띄워 핵 (중략) 폭탄과 공중발사순항 미사일air-launch cruise missiles, ALCM을 투하한다.

- 나토 제트기에 핵탄두를 싣고 공중에 띄워 핵 (중략) 폭탄을 투하한다.[9]

"쓰거나 잃거나"라는 오래된 전략이 전면에 나선다.

약 8분 뒤면 러시아의 핵무장 SLBM과 ICBM 수백 기가 미국을 타격하기 시작할 것이다. 미국 핵 지휘 통제 시설들이 러시아의 표적 목록 상위에 올라 있을 것으로 추정된다.

"쓰거나 잃거나"라는 말은 미국이 다가오는 핵 공격으로 고정된 군사적 표적을 파괴당하기 전에 핵 삼위일체의 모든 것을 즉각 발사하리라는 뜻이다.

어떤 공격 옵션으로 러시아에 반격할지 결정이 이루어지는 동안 전직 국방부 장관이자 현직 대통령권한대행은 소리 높여 양심의 위기에 관한 토론을 시작한다.

발사 후 49분 30초
펜실베이니아주, 레이븐 록산 복합단지

국방부 장관은 R 사이트 내에서 고급 초고주파 위성통신을 통해 인간을 위한 선(善)이라고 생각되는 아이디어를 제시한다. 세계 반대편 러시아에 있는 수억 명의 사람들을 죽이는 것은 무의미한 짓일지도 모른다고. 아무 죄 없는 미국인 수억 명이 죽기 일보 직전이라는 이유만으로 인류의 나머지 절반이―아무 죄 없는 자가 그토록 많은데―죽을 필요는 없을지 모른다고.

그의 제안은 고려되지도 않고 기각당한다.

복잡계 전문가 토머스 셸링의 말에 따르면, "비합리성의 합리성"이 이미 상황을 장악했다.[10] 핵전쟁의 제1원칙은 핵 억지, 그러니까 핵무장한 각국이 불가피한 상황이 아니고서는 핵무기를 절대 쓰지 않겠다고 약속하는 것이다. 핵 억지는 근본적으로 인류를 위한 선이라는 이념을 배태하지 못하는 상황에 토대를 두고 있다.

"국방부의 모든 능력은 전략적 핵 억지가 유지되리라는 사실에 근거를 두고 있다"는 것이 미국 전략사령부의 공식 주장이다. 2022년 가을이 되기 전까지 이 약속은 STRATCOM의 공식 X 피드에 고정되어 있다가 내려갔다. 하지만 같은 해의 더 늦은 때에 샌디아 국립 연구소에서 비공개 청중을 대상으로 STRATCOM의 부국장인 토머스 뷔시에르 중장이 핵 억지의 위험성을 인정했다. "이런 믿음이 사실이 아니라면 모든 것이 와해되어 버릴 것입니다."[11]

모든 것이 와해되었다.

핵전쟁에서는 항복이란 게 존재하지 않는다.

항복은 없다.

남은 할일은 흑서에서 어떤 대규모 반격 옵션을 선택할지 결정하는 것뿐이다.

러시아를 향한 미국의 대규모 반격이 실제로 어떤 모습일지 우리가 알수 있는 이유는 전직 ICBM 발사 장교이자 핵무기 전문가인 브루스 블레어 덕분이다. 프린스턴대학교에 있는 블레어의 동료이자 물리학자 프랭크 폰히펠은 다음과 같이 설명한다.

"2020년 7월에 때 이른 죽음을 맞기까지 브루스 블레어는 그 어떤 외부인보다도 미국과 러시아의 전직 전략사령부 지도자들의 신임을 얻었습니다."[12] 덕분에 블레어는 2018년 논문에서 미국 핵전쟁 계획에 관한 "가장 자세하고 공적으로 이용 가능한 정보"를 알릴 수 있었다고 한다.[13] 폰히펠이 말한 이런 정보는 미국이 잠재적 적으로 간주하는 다양한 핵무장 국가에 있는 "1차 및 2차 조준점", 즉 표적지에 관한 정보다.

블레어는 이렇게 썼다. "세 범주에 걸쳐 러시아에는 975개의 표적지가 있다. 525개는 핵을 비롯한 WMD〔대량 살상 무기 시설〕이고 250개는 〔전통적인〕 전쟁 유지 산업체이며 200개는 지도부다."[14] 그는 또한 "이 세 범주에 속하는 수많은 표적지는 인구밀도가 높은 러시아의 (중략) 도시 지역에 있다. 모스크바 광역권에만 이런 조준점 100개가 찍혀 있다"고 썼다.

시계가 째깍거린다. 국방부 장관은 흑서에서 어떤 대량 반격 옵션을 선택할지 결정해야만 한다.

국방부 장관은 가장 극단적인 알파 옵션을 선택한다.

러시아의 975개쯤 되는 표적지를 겨눈다.[15]

"러시아도 미국에 비슷한 표적지들을 두고 있는 것으로 알려져 있습니다." 폰히펠이 다시 말한다.

전면적인 규모의 핵 교환이 시작되기 직전이다. 브루스 블레어의 말을 빌리자면 "최대 전투"다.[16]

처음이자 끝.

발사 후 50분
유타주 상공, 둠즈데이 플레인 내부

둠즈데이 플레인 내부에서 STRATCOM 지휘관은 발사 정보를 핵 삼위일체에 전달한다. 어쨌든 그는 이렇게 할 작정이었다. 다가오는 러시아 미사일에 대응해 대규모의 전면적 핵 반격을 하는 것이다.

미국 전역의 지상에서는 몬태나주, 와이오밍주, 노스다코타주, 네브래스카주, 콜로라도주의 ICBM 미사일 기지에서 발사 장교들이 수십 개의 승인 암호를 받았다.[17] 몇 분 만에 350개의 저장고 문이 활짝 열리고 350기의 핵탄두를 실은 350기의 미니트맨 ICBM이 발사될 것이다. 그 모두가 러시아의 표적지로 향한다.

노스다코타주의 마이놋 공군기지와 루이지애나주의 바크스데일 공군기지에서는 B-52 핵 폭격기가 이륙을 준비한다. 활주로의 항공병들이 거대한 폭격기의 엔진을 빠르게 가동하기 위해 서두른다. 그들 모두가 카트 시동Cart-Start 방식을 사용한다. 작은 크기의 통제된 폭약을 B-52의 여덟 개 엔진 중 두 곳에 삽입함으로써 비행기가 평소보다 한 시간쯤 빨리 이륙할 수 있도록 하는 방법이다. 검은 연기가 너울거리며 피어오른다. 나머지 모든 엔진에 시동이 걸린다. 폭격기는 차례로 모두 활주로를 따라 불길하고 거대한 행진 대열에 합류한다. 하나씩, 하나씩 속도를 올려 날아오른다.

미주리주의 화이트먼 공군기지에서는 B-2 핵 폭격기가 격납고에서 나와 활주로를 따라 이륙할 준비를 한다.

이로써 부머가 남는다. 핵무장·핵동력 잠수함, 악몽의 기계, 종말의 시녀, 죽음의 배 말이다. 러시아 미사일로는 탐지할 수 없으므로 막을 수도 없는, 머리끝부터 발끝까지 핵무장한 잠수함들.

　해군은 잠수함 14척으로 이루어진 함대를 운영하는데, 어느 순간에도 그중 12척은 대서양과 태평양에서 가동중이다. 그중 두 척은 언제나 드라이독에서 점검중이다. 드라이독은 동부 연안에 있는 조지아주 킹스 베이의 해군기지에 하나가 있고, 서부 연안에 있는 워싱턴주 뱅고어 해군기지에 하나가 있다. 이 순간, 바다에는 핵 잠수함 열 척이 있다.

　"그중 네다섯 척은 '삼엄 경계' 단계에 있다고 알려져 있습니다."[18] 크리스텐슨과 코르다의 보고다. 다른 "네다섯 척은 몇 시간 혹은 며칠 만에 경계 태세를 갖출 수 있습니다".

　미국 전역의 모든 핵 지휘 통제 시설에 있는 모든 사람이 앞으로 일어날 일에 대비한다.

　이들은 전투에 대비하는 것이 아니다.

　상대편의 절멸을, 또 거의 확실한 그들 자신의 죽음을 준비한다.

　FEMA는 더이상 메시지를 보내지 않을 것이다.

　3억 3,200만 명 이상의 미국 시민들은 이제 완전히 어둠 속에 남겨지게 된다.

발사 후 51분
유럽, 나토 공군기지

이 시나리오의 51분 시점에 유럽 전역의 나토 공군기지에서는—벨기에, 독일, 네덜란드, 이탈리아, 튀르키예의 공군기지에서는—강화된 비행기 격납고에서 전투를 준비하며 기다리던 비행사들이 발사 명령을 받는다.

"특별한 경보가 울립니다."[19] 퇴역한 F-16 공군 비행사로, 이탈리아 아비아노의 나토 핵 탑재 폭격기 기지에 배치되었던 줄리언 체스넛 대령의 말이다. "긴급발진 명령이 떨어집니다. 비행사들에게 핵 임무에 대해 알리는 명령이죠."

러시아의 SLBM이 다가오고 있다. 몇 분 뒤면 타격당할 것이다.

나토의 핵폭탄은 WS3 보관소에서 나온다.[20] 이 폭탄이 나토 비행기에 실린다.

"나토 비행사들은 자신들의 기지가 주된 목표물이라는 걸 알고 있습니다."[21] 항공 기자(겸 전직 이탈리아 공군 소위)인 데이비드 센시오티는 말한다. "비행사들은 빠르게 이륙해야 한다는 걸 압니다." 그들은 현재 직면하고 있는 것이 "자살 임무"에 맞먹는다는 것을 안다.

"핵 임무 비행사들에게는 단 하나의 표적지만이 있습니다. 2차 표적지도 있을 수 있겠지만요." 한때 전투에서 무공을 인정받아 은성 훈장을 받은 체스넛의 말이다. 각 핵 비행사는 자신이 가야 할 하나의 경로를 알고 있다. "그 길을 익히고 또 익힙니다. 특징적인 지형지물은 전부 암기합니다. GPS가 작동하지 않을 것이라 예상하기 때문에, 관성항법과 기억에만 의존합니다."

러시아 상공을 날아 핵 중력 폭탄을 투하한다는 건 러시아의 레이더 시스템과 직면해야 한다는 뜻이다(나토의 비행기는 B-2 폭격기 같은 스텔스기가 아니다).[22] 체스넛이 말한다. "러시아 레이더가 우리를 볼 수 있습니다. 우리를 추적할 수도 있고, 우리를 격추할 가능성이 크죠. 러시아 레이더를 물리칠 방법이 없으니 정말로 낮게 날아야 합니다." 이는 땅 위로 겨우 60미터 정도의 높이를 말한다.

나토 비행사들은 핵전쟁을 위한 훈련을 받은 상태다.

체스넛은 냉전 시기의 전략을 다음과 같이 설명한다. "표적지에서 겨우 몇 킬로미터 떨어진 지점에 나타나 〔핵〕 무기를 방출합니다. 핵무기에는 낙하산이 달려 있어서 낙하 속도를 줄여줍니다." 낙하산을 타고 떨어지는 폭탄은 나토 비행사들에게 그 지역에서 벗어날 시간을 조금 더 벌어준다. "핵폭발파에서 벗어나보려는 거죠." 신형 핵폭탄은 낙하산 없이 표적지로 활강한다.

"실제 표적지까지 극도로 가까이 가야 합니다." 센시오티가 분명히 밝힌다.

대부분의 나토 비행사들은 현실적으로 복귀할 가능성이 거의 없다는 걸 받아들인다.

"저고도에서는 연료를 많이 소비하게 됩니다." 체스넛의 말이다. "한 시간에 수백 킬로그램의 연료를 태우게 되죠. 그러니 표적지에 도착할 즈음에는 연료가 다 떨어집니다."

공중 재급유를 위한 미국 공군 수송기도 없을 것이다. "수송기는 격추되었으리라고 가정해야 합니다."

핵전쟁은 최종적이라는 게 체스넛의 말이다. 그는 이렇게 덧붙인다.

"게다가 핵폭탄을 나른 뒤에는 정말로 돌아갈 만한 곳이 있을지 자문해
봐야 합니다."

영국 총리의 명령에, 이제는 미국 대통령권한대행의 명령까지 받은 유
럽 전역의 나토 비행사들이 활주로를 달려 날아오른다.

발사 후 52분
북한 평양

MIRV 트라이던트 미사일에 의해 수송되어 천체관측을 통해 안내받는 32기의 미국 잠수함 발사 핵탄두가 태평양 바닷속, 티니언섬 북쪽 어딘가에서 나온 지 14분이 조금 지나 북한의 표적지에 다다른다. 북한의 수도 평양의 파괴는 절대적이다. 도시 인구 300만 명이 대다수 소각된다.

W88 핵탄두 하나하나가 뉴멕시코주의 샌디아 국립 연구소에서 수십 년간 공개적으로 자랑해온 정확성으로 정해진 표적지를 타격한다.[23] "〔핵탄두는〕 우리가 원할 때면 언제나 작동하고, 우리가 원하지 않을 때는 절대로 작동하지 않습니다." 프로그램 책임자 덜로리스 샌체즈는 W88에 대해 이렇게 말한다. "장전, 신관, 발사 조립체는 탄두의 두뇌 역할을 합니다."[24] 그리고 샌디아의 탄두는 매우 똑똑하다.

W88 탄두는 각기 455킬로톤의 파괴력을 지닌다. 히로시마를 파괴한 폭탄은 15킬로톤, 나가사키 폭탄은 21킬로톤이었다.[25] 이 시나리오에서 북한을 타격한 폭발력은 인간이 이해하기 어려운 정도다. 케네디 대통령이 가능성 높은 핵 사망자 수에 관한 보고를 받은 뒤에 말했듯, "이러고도 우리는 우리 자신을 인류라 부른다".[26]

MIRV는 다수의 독립적 표적 설정이 가능한 재돌입 수송체Multiple Independently targetable Reentry Vehicle를 말하는데, 이 말은 대부분의 사람에게 별로 와닿지 않으나—MIRV가 죽일 수백만 명의 사람들에게는 확실히 그럴 것이다—지난 수십 년간 핵전쟁 계획자와 국방 분석가들에게는 큰 의미가 있었다.

MIRV는 그 약어에서 알 수 있듯 탄두 운반체 내에 다수의 핵탄두를 실을 수 있는 무기 시스템으로, 각각은 서로 수백 킬로미터 떨어진 표적지를 포함한 독립적 표적지를 타격할 수 있다. 세상이 끝장나는 마당에 MIRV라는 세부 사항에 관한 정보가 지나치게 자세한 것으로 보일지 모르겠지만, 이것이 중요한 이유는 세계 핵전쟁이 얼마나 빠르게 전개되는지 설명하는 데 도움이 되기 때문이다. 인간이 수십만 년에 걸쳐 느리고도 꾸준하게 발전한 끝에 광대하고도 복잡한 문명을 만들어냈는데, 시작부터 끝까지 몇 시간도 채 걸리지 않는 전쟁으로 백지화된다니 얼마나 비극적이고 공교로운 일인가.

MIRV가 처음 출현한 1960년대 이후로 추산컨대 1,000억 달러가 MIRV 기술을 설계하고 개발하고 확장하고 완벽하게 만드는 데 쓰였다. MIRV를 산업화하고 대량생산하는 데 말이다. 그런 뒤, 1980년대에 군축 회담 이후로 세계의 핵 전문가들은 MIRV가 세계 평화를 "불안정하게 한다"고 판단했다. 그래서 미국 납세자들의 돈 수백억 달러 이상이 MIRV를 비MIRV화하는 데 쓰였다. 미국 국방부는 어느 핵 태세 보고서에서 이렇게 선언했다. "이 단계는 어느 쪽이든 먼저 공격할 동기를 줄임으로써 핵 균형의 안정성을 높이는 단계다."[27]

미국 MIRV ICBM 수천 기가 설계, 제작, 건조, 비축되고 상대편을 겨눈 뒤에는 지하 저장고의 MIRV 미사일이 지나치게 "효과가 좋은" 표적물이라는 판단이 내려졌다. 그 논리는 다음과 같았다. 예컨대 와이오밍주에 있는 한 ICBM의 노즈콘에 핵탄두 10기가 들어 있다면, 그 저장고는 적에게 선제적 핵 공격으로 파괴하고 싶다는 충동을 너무 심하게 일으키는 표적이다(혹은 그런 표적이 될 수 있다).

수많은 토론 끝에 MIRV는 무장해제되고 분해되고 해체되어 처리됐다. 일부는 파괴되었다. 하지만 이는 지상의 MIRV에만 해당되는 말이다. 잠수함에서는 핵미사일이 MIRV 상태로 두어도 괜찮은 것으로 여겨졌다. 다음과 같은 이상한 논리에 따른 것이었다. 핵 잠수함은 바닷속에 감추어진 만큼 위치를 특정할 수 없으므로 사실상 표적이 되지 않는다. 그러므로 오하이오급 잠수함의 미사일은 MIRV 상태로 남았다.

그래서 지금, 이 시나리오에서 무모하고도 바보같이―우리는 이유를 알지 못한다―핵 3차대전을 시작한 국가, 즉 북한을 상대로 한 미국의 첫 번째 핵 반격은 이런 MIRV 트라이던트 미사일로 이루어진다.

존 루벨의 말을 빌리자면 대량 멸종이 진행된다.

북한에 명중한 첫 핵폭탄은 평양 내부와 그 근교에 있는 것으로 알려진 최고 지도자의 거주지를 타격한다. 이런 궁전과 고급 주택은 군사 본부 역할도 하고 있으므로, 미국 전쟁 계획자들은 이런 곳이 북한 핵 지휘 통제의 중심적 요소라고 본다.[28]

룡성 구역의 중심적인 고급 대저택, 55호 주택이 폭탄에 맞는다. 지도자의 개인 기차역과 인공 호수, 이곳 관저를 지키는 대포 방어지가 모두 핵폭탄 폭발로 증발한다. 마구간에서 기다리던 말들과 수영장에서 수영하던 아이들도 마찬가지다. 지름 5킬로미터의 고리 안에 있던 모든 것이 뭉개지고, 모든 사람이 타버리고, 모든 것에 불이 붙는다. 이런 끔찍한 일은 앞으로 몇 분 동안 81번 더 일어날 것이다.

중성동의 15호 주택이 피격당한다. 불덩어리가 인근의 당 중앙위원회 복합단지와 그 지하의 휑뎅그렁한 터널 및 벙커를 파괴한다. 동평양의 85호 주택이 피격당한다. 길들인 사슴이 거니는 들판과 낚시용 연못은 한순간 존재하다가 다음 순간 사라진다. 중앙구의 16호 주택은 바로 옆의 당 연구 시설과 그곳에서 일하는 모든 사람과 함께 지워진다. 서부 교외의 력포와 삼석 구역의 주택들은 화재와 폭발 속에 사라진다. 김일성광장에서 북쪽으로 30킬로미터 떨어진 여름 별장인 강동의 호숫가 주택도 마찬가지다.

버섯구름이 도시를 뒤덮으며 뻗어나가, 빽빽한 입자들의 덩어리와 합쳐진다.[29] 이런 입자는 유기물과 무기물로 이루어져 있다. 인간과 건물과 다리와 자동차의 입자들이 모두 그 자리에서 화장되었다. 불덩어리와 폭발, 시속 수백 킬로미터의 바람 속에서 도시는 이쪽 끝에서 저쪽 끝까지 초토화된다. 밤이 올 즈음, 이 지역에서 혁명의 수도로 알려진 평양의 2,000제곱킬로미터는 더이상 탈 것이 없을 때까지 불의 초대형 소용돌이에 삼켜질 것이다.

이 도시에 있던 러시아 양식의 건축물과 고층 아파트 건물, 질서정연한 격자 구조는 사라진다. 자전거를 타거나 걷거나 자동차에 타고 있던 평양 사람들도 사라진다. 서 있거나 잠들어 있거나 잠시 쉬고 있거나 양치하던 사람들은 모두 핵 섬광과 화재, 폭발로 살해당한다. 핵무기는 김일성 광장과 만수대 의사당, 릉라도5월1일경기장, 주체탑, 개선문, 서구에 날리는 가운뎃손가락처럼 설계된 미완의 피라미드형 105층짜리 건물인 류경 호텔(105호 건물로도 알려져 있다)에 있던 모든 사람과 모든 것을 파괴한다. 밤이 오면, 순안 국제공항에서 조선만에 이르는 모든 것이 황량하게 연기만 나는 땅으로 바뀔 것이다.

워싱턴DC에서 그랬듯 수백만 명의 사람들이 이 과정에서 소각되고 거리 표면 위에 녹아내리고 화재의 허리케인에 빨려들어갔다. 사람들은 날아다니는 파편에 관통당하고 건물 아래에 깔렸다.[30] 사방에서 인간이 비명을 지르고 불타고 피를 흘리며 죽어간다. 이곳의 파괴와 고통, 괴로움은 세계 반대편에 있는 미국의 파괴와 고통, 괴로움과 똑같다. 우리는 이것이 전 세계적으로 이어질 엄청난 학살의 작은 얼룩에 불과하다는 걸 받아들이고 이해해야 한다.

북한 전역에서 또다른 20기의 핵폭탄이 이 나라의 핵 시설을 타격한다.[31] 북서부 중앙에 있는 영변 원자력 연구소가 핵 화염을 일으키며 폭발한다. 이곳에는 방사성 화학물질 연구소, 우라늄 농축 시설, 2기의 핵 원자로가 있다. 그러므로 약 30분 전 디아블로 캐니언에서 일어난 바로 그 일이 이제 이곳에서 일어난다. 원자로 노심이 녹아내린다. 악마의 시나리오다.

어떤 종류든 폭발성 무기로 원자로를 공격하는 것은 국제적십자회의 42호 규칙 위반이다. 하지만 핵전쟁에는 규칙이 없다.

이긴다면 설명할 필요가 없다.

노심용융이 일어나고 이 시설의 사용 후 연료봉이 방사성 마녀 수프를 뿜어내는 가운데, 이곳의 땅 또한 이제 한없는 시간 동안 살 수 없는 곳이 되었다.

북한의 북서쪽 해안을 따라, 서해 위성 발사 기지와 그 ICBM 엔진 실험 시설이 핵폭탄에 타격당한다. 평양에서 북서쪽으로 112킬로미터 떨어진 서해는 중국 단둥과 겨우 48킬로미터 떨어진 곳으로서, 단둥의 인구는 200만 명이다. 처음에는 중국이 이 충돌에 끼어들지 않을 생각이었다 해도, 중국 시민 수십만 명이 갑자기 죽거나 다친 지금은 그들이 보유한 410기의 핵무기를 가지고 신속하게 전개되는 이 전면적 핵전쟁에 끼어들 것이다.

북한의 북쪽 지역 중에서는 핵폭탄이 풍계리 핵실험장을 타격한다. 이곳에서는 2006년부터 2017년까지 핵실험이 시행되었다. 그 덕분에 북한은 구매하거나 훔쳐온 핵 계획을 버리고, 이 전쟁의 시작으로 다음 핵무기 프로그램으로 뻗어나갈 수 있었다. 풍계리는 러시아 국경에서 177킬로미터 떨어져 있는데, 그곳에서 북쪽으로 겨우 136킬로미터를 가면 러시아의 항구도시 블라디보스토크가 나온다. 평양-남포 고속도로를 따라 존재하는 은밀한 우라늄 농축 시설인 강선 단지가 피격당한다. 이곳은 신오리와 마찬가지로 산속에 있는, 미신고 미사일 기지다. 러시아 국경 범위 내에 있는 상남리와 무수단리 미사일 발사지도 빠르게 연달아 공격당한다. 몇 분이 더 흐르면 추가적으로 50기의 ICBM이 북한을 타격할 것이다. 러시아가 자신들을 노리고 날아오는 100기 이상의 미사일이라 오해한 50기의 ICBM이다.

몇 분 만에 82기의 핵탄두가 북한 시민 수백만 명을 죽인다. 그중 이런 일을 자초한 사람은 아무도 없다. 몇 분 전 워싱턴DC와 디아블로 캐니언 근처에서 살해당한 미국인들이 세계 반대편에서 이미 죽었거나 죽어가고 있는 사람들을 개인적으로 해친 것이 아니듯이.

미국의 잠수함 발사 트라이던트 미사일은 짐승 같은 무기 시스템이다. 트라이던트, 즉 삼지창이라는 이름은 끝이 세 갈래로 갈라진 막대형 무기를 가리킨다. 삼지창은 인간이 작살로 물고기를 잡거나 다른 인간과 전투하기 위해 만든 물건이다. 둘 중 무엇이 먼저였는지는 알 방법이 없다. 삼지창이라는 개념이 실제로 얼마나 오래됐는지도 아무도 모른다. 선사시대부터 있었던 것은 확실하다. 인간의 과학 능력은 인간이 살해 방법을 갈고 닦아 맨손 격투를 하는 싸움꾼에서 버튼을 누르거나 열쇠를 돌려 세계 반대편의 수백만 명을 죽이는 존재로 진화하는 데 도움을 주었다.

핵전쟁 이후 인류는 어떻게 될까? 공룡들은 1억 6,500만 년 동안 살아 있었다. 공룡은 생겨나 지배하고 진화했다. 그러다가 소행성이 지구에 충돌하면서 멸종되었다(그들의 후손인 새는 예외다). 우리가 아는 한 6,600만 년 동안 이 파충류의 흔적은 발견되지 않았다. 그러다가 겨우 수백 년 전인 1677년에 옥스퍼드 애슈몰린박물관 관장 로버트 플롯이 콘월의 어느 마을에서 공룡 대퇴골을 발견하고 그 그림을 그려서 과학 저널에 실었다. 그는 이 뼈가 거인의 것이라고 잘못 생각했다.

핵전쟁 이후에는 우리가 한때 이곳에 있었다는 걸 누가 알까? 알아줄 존재가 있긴 할까?

발사 후 52분
북한 백두산

북한의 지도자는 평양 근처에도 없다. 그는 북한 삼지연에 있는 백두산 지하 580미터 지점에 있다. 러시아나 미국에 있는 여느 핵 벙커만큼 핵폭탄 방어력이 뛰어나다고 알려진 벙커다.

백두산은 1,000년도 더 전에 마지막으로 분화한 성층 활화산이다. 천지연이라 불리는 푸른 칼데라 호수는 북한의 프로파간다, 그러니까 북한 사람들에게 통치자가 거의 신과 같은 존재임을 믿는 척하라고 요구하는 이야기와 오랫동안 얽혀 있었다. 이 시나리오에서, 북한의 최고 지도자가 핵 전쟁 동안 버티려 하는 곳이 천지연 지하의 벙커다. 그는 그 과정에서 죽을지도 모르나 미친 왕의 삶이란 그런 것이다. **아프레 무아, 르 델뤼주.**

수십 년 동안 북한의 지도자들은 핵 교환 이전과 도중, 이후에 숨어 있을 광대한 지하 시설(군사 용어로는 Underground Facility, 줄여서 UGF라 한다)을 지어왔다.[32] "북한의 UGF 프로그램은 세계에서 가장 규모가 크고 강력하다." 2021년 국방정보국의 보고다. "미국의 벙커버스터 폭탄에도 견딜 수 있도록 고안된 수천 개의 UGF와 벙커가 있는 것으로 추산된다." 이런 지하 건물의 네트워크는 내부가 철도와 도로로 연결되어 있으며, 그 중 일부에는 원격제어되는 다리와 이동식 문도 있다고 한다. 최고 지도자 김일성은 1963년에 "국가 전체를 요새로 만들어야 한다"라고 공개적으로 선언했다.[33] "우리 자신을 보호하기 위해 땅속으로 파고들어가야 한다"라고.

탈북자들은 윤이 나는 대리석 보도와 탈출용 해치, 이런 지하 토끼 굴을 연결하는 터널 갱도 이야기를 전한다. 그들의 말에 따르면 북한 지도부는 수년, 심지어 수십 년 동안 숨을 수 있을 만큼 식량과 물, 의료 물자를 지하에 충분히 구비해놓았다고 한다. 벙커에 예비용 발전기와 공기 순환 시스템이 갖춰져 있어, 통치 체제는 핵전쟁 이후의 세상과 차단된 채 필요한 만큼 오랫동안 존속할 수 있다는 것이다. 최고 지도자가 마침내 핵 폐허를 파고 나올 시간과 장소, 방법을 정할 수 있도록 터널 뚫는 기계를 가지고 다닌다는 이야기도 있다.[34]

냉전 당시, 러시아가 북한의 주된 후원자였을 때 소련의 과학자들은 이 모든 땅굴 파기를 가능하게 했던 공학 기술을 동료 공산주의자들과 나누었다. 그 덕분에 북한이 세계에서 가장 뛰어난 지하 요새를 지을 수 있었다. 1960년대에 소련 과학자들은 9메가톤의 폭발력을 가진 B-53 폭탄을 실은 미국 폭격기가 "젖은 땅이나 축축하고 무른 바위에서" 지하 575미터 지점의 시설을 파괴할 수 있을 거라는 사실을 지표로 활용했다.[35] 백두산 지하의 벙커가 580미터 깊이로 지어진 이유가 이렇게 설명될지도 모른다.

이곳 백두산은 현지 시각으로 오전 4시 55분이다. 최고 지도자는 자문위원들에게서 미국에서 벌어지고 있는 일에 관해 보고받는다. 워싱턴DC가 어떻게 파괴되었는지, 악마의 시나리오가 캘리포니아주 해변에서 어떻게 진행되고 있는지, 얼마나 많은 사람들이 죽었는지. 러시아 대통령과 마찬가지로 북한 지도자는 위성 TV로 서구 세계의 뉴스를 강박적으로 시청한다고 알려져 있다. 지금쯤—이 시나리오가 시작되고 겨우 52분이 지났다—미국의 수많은 채널들은 방송을 멈추었다. 그 말은, 지도자의 정보 접근이 극도로 제한되었다는 뜻이다. 북한군에는 자체적인 조기 경보 시스템이 없다.[36] 상공에도, 지상에도. "백두산 안팎의 의사소통은 내장된 전화 시스템에 전적으로 의존합니다."[37] 마이클 매든의 말이다. "구식 유선전화와 비슷하죠. 최고 지도자는 자문위원단, 그러니까 개인비서국이 전해주는 내용에 기반해 자기 나라에서 벌어지는 일만을 알게 됩니다."

그러나 이 시나리오의 최고 지도자는 평양이 대규모 핵 반격으로 초토화되리라는 것을 틀림없이 예상하고 있었다. 그리고 그가 일으킬 혼란은 아직 끝나지 않았다. 그는 조커를 쥐고 있으며 그 카드를 쓸 생각이다. 핵폭탄은 창의적으로 응용하면 다른 종류의 대량 파괴를 일으킨다. 이제 북한의 지도자는 원수를 갚을 참이다.

서구가 밤의 한반도 위성사진을 공개한 지 거의 10년이 지났다. 북쪽 절반(북한)은 전깃불이 거의 없어서 어둡고 불길하게 보이고 남쪽 절반(남한)은 반짝반짝 환하게 보이는 사진 말이다. 미친 왕에게 이런 대조적 이미지는 눈을 찌르는 것이나 다름없었다. 사진이 공개되고 나서 몇 주 뒤, 국제 뉴스에서 서구는 북한을 "에너지 파산"을 겪은 "전기 빈국"이라고 조롱했다. 앞으로 일어날 일은 그 모욕에 대한 복수다.

북한의 최고 지도자는 미국에서 에너지를 빼앗기 위해 설계된 핵무기를 가지고 있다. 세상에 "전기 빈국"의 진짜 의미를 보여주기 위해서다.

수십 년 동안 미국 EMP 위원회―과거에는 '전자기펄스 공격으로부터 미국이 받는 위협을 평가하는 위원회'로 알려져 있었다―는 의회에 핵폭탄이 본토의 상공에서, 대기권 상부나 우주에서 직접 폭발할 때의 재앙적 위험에 대해 경고해왔다. EMP 위원회는 수십 년 동안 고고도 EMP 공격이 미국의 전기 공급망 전체를 훼손하거나 파괴할 거라고 주장해왔다.

이런 무기가 미국에 미치는 위협의 정도는 독설 가득한 토론의 대상이었다. "이건 매우 헌신적인 소수집단의 사람들이 가장 좋아하는 악몽 시나리오입니다."[38] 어느 전문가가 2017년 NPR에 말했다. 같은 해 의회에서 열린 "공허한 위협인가, 심각한 위험인가? 본토에 대한 북한의 위험도 평가"라는 청문회에서, EMP 위원회는 경고 강도를 두 배로 늘려 "북한의 핵 EMP 공격: 실존적 위협"이라는 제목의 서면 증언을 제출했다.[39]

전직 CIA 요원이자 EMP 위원회에서 오랫동안 위원장을 맡아온 피터 프라이 박사는 2022년 사망하기 직전, 이 책을 위한 인터뷰에서 "북한이 고고도 EMP를 미국 상공에서 터뜨리면 전기 아마겟돈이 일어날 겁니다"[40]라고 말했다.

만약 그런 일이 일어난다면 말이다.

발사 후 52분 30초
앨라배마주 헌츠빌, 레드스톤 무기고

앨라배마주 헌츠빌 근처의 레드스톤 무기고에 있는 육군 우주미사일방어사령부 안에서—이곳은 미국 ICBM의 탄생지다—지휘관은 레이더 화면으로 북한 위성이 배치되는 모습을 지켜본다. 이 시나리오에서 위성은 북한이 2016년 2월 6일에 발사한 KMS-4(광명성-4 혹은 브라이트 스타-4)로 알려진 것과 같은 위성이다. 서구에서 KMS-4의 식별자는 NORAD 41332인데, 이를 통해 관련자들은 지구를 도는 이 위성의 궤도를 추적할 수 있었고, 2023년 6월 30일에 이 위성이 궤도에서 떨어져나가 감퇴하기까지는 실제로 추적했다.

NORAD ID: 41332[41]

국제 코드: 2016-0009A

근지점: 421.1킬로미터

원지점: 441.4킬로미터

경사각: 97.2도

주기: 93.1분

긴반지름: 6,802킬로미터

RCS: 알 수 없음

발사일: 2016년 2월 7일

출처: 북한(NKOR)

발사 장소: 윤성, 조선민주주의인민공화국(YUN)

이곳 레드스톤의 지휘관이 레이더 화면을 지켜보는 동안, 그를 포함한 이 공간의 사람들 모두가 이 위성이 폭발하는 것을 지켜보게 될까봐 두려워한다. 아니, 더 정확히 말하면 그들이 두려워하는 건 이 위성이 '그' 위성일지 몰라서다. EMP 위원회가 2004년 처음 보고한 이후로 다양한 상원과 하원의 위원회에 경고해왔던 그 폭발을 목격하기 일보 직전일까봐. 이런 종류의 위성이 북한의 주장처럼 정찰이나 통신을 위한 위성이 아니라 지구 궤도를 돌면서, 명령에 따라 미국 상공에서 폭발할 준비가 된 소형 핵무기일까봐. 이온층에서 폭발해 미국의 전력 공급망 전체를 파괴할까봐.

고고도 EMP에 대한 두려움이 위원회를 넘어 주류로 확대된 건 2012년이었다. NASA 로켓 과학자였다가 NBC 뉴스의 우주 자문위원이 된 짐 오버그가 북한을 방문해, 북한이 EMP 무기를 개발하고 있다는 가설에 대해 조사했다. 오버그는 처음에 자신이 들은 이야기를 의심했다. 그는 〈스페이스 리뷰〉에 이렇게 썼다. "북한이 EMP 공격을 위해 소형 핵탄두를 실어 궤도에 올린 뒤 미국 상공에서 터뜨릴 목적으로 위성을 사용할지 모른다는 우려가 있었다."[42]

핵무기 공학자로서 수련한 오버그는 자신이 처음에 "이런 우려는 극단적으로 보이며, 북한이라는 체제에 천문학적 수준의 비합리성이 있어야만 가능한 것"이라고 생각했다고 말한다. 하지만 북한으로 가서 위성 통제 시설과 장비를 살펴본 이후, 오버그는 생각을 바꿨다고 알렸다. 그는 자신이 본 것이 미국에 실존적 위협이 된다고 믿게 되었다.

오버그는 그것을 둠즈데이 시나리오라 불렀다.

오버그는 자신이 본 것에 관해 이렇게 썼다. "가장 무시무시한 측면은 [북한의] '우주 프로그램'의 나머지 부분에서 바로 이런 규모의 광기가 두

드러지게 나타난다는 점"이라고 썼다. "둠즈데이 시나리오는 (중략) 미국이" 그런 일을 막기 위해 "적극적 조치를 취해야 할 만큼 개연성이 높다"는 것이 오버그의 경고였다. 소형 핵탄두를 실을 수 있는 북한 위성이 "절대 궤도에 올라 미국 상공을 지나지 못하도록" 해야 한다는 것이었다.

하지만 아무런 조치도 이루어지지 않았고, 2016년 2월에 북한은 이런 종류의 위성, 다시 말해 소형 핵탄두를 실을 수 있는 유상하중을 가진 위성을 우주로 성공리에 발사했다. 북한의 관료들은 이 위성이 470메가헤르츠 극초단파 라디오 장비를 궤도로 올리기 위한 것이며, 오직 시민들에게 애국주의적 노래를 방송하는 용도일 뿐이라고 주장했다. 실제로 그럴지도 모른다. 하지만 위성의 궤도는 특이하게도 남쪽에서 북쪽으로 이동한다.[43] 궤도를 보면 위성은 워싱턴DC와 뉴욕시를 포함한 미국 바로 위를 지나갈 수 있다. 이듬해 북한에서는 「핵무기의 EMP 위력」이라는 기술 논문을 발표했다.[44] 이로써 북한에 군사적 의도가 있다는 발상은 상상일 뿐이라는 일부 사람들의 생각은 더이상 불가능해졌다.

오버그의 둠즈데이 시나리오는 실현 가능한 것이 되었다.[45]

닫힌 문 너머에서, EMP 위원회의 관료들은 다시 한번 하원에 보고했다. "러시아, 중국, 북한은 현재 미국에 대한 핵 EMP 공격을 실시할 능력을 갖추고 있습니다. 이들 모두가 EMP 공격을 위한 비상 대응 계획을 연습하거나 설명했습니다."[46] 이런 기술은 현재 오픈소스 문서에서 "'슈퍼' EMP 무기"라 불린다.[47]

피터 프라이는 사이퍼 브리프(전직 CIA, DIA, NSA 등의 국장들로 채워진 매스컴)에 기고한 글에서 더 구체적인 말을 했다. 그의 글에 따르면 북한의 위성은 "냉전 시대에 러시아가 개발한 비밀 무기인 부분 궤도 폭격 체제

Fractional Orbital Bombardment System, FOBS와 비슷하다".[48] FOBS는 "미국에 기습 EMP 공격을 하기 위해 핵무장 위성을 사용하는" 무기 시스템이다. 의회에 보고된 바에 따르면, 프라이는 EMP 위원회 위원장으로서 "최고위급 러시아 장군" 두 명이 이런 "슈퍼 EMP 관련 지식이 북한으로 전달되었다"고 경고한 비밀 보고서에 접근할 수 있었다.[49]

전직 미국 미사일 방어국 국장인 헨리 쿠퍼 대사는 미국 상공에서 고고도 전자기펄스가 폭발할 경우 최악의 시나리오에 대한 두려움을 공적으로 표명했다. "그 결과 미국의 전력망이 무기한 차단되어, 1년 안에 미국인의 최대 90퍼센트가 사망에 이를 수 있다"는 것이었다.[50]

2021년, 미국 전략사령부에서는 360건 이상의 핵 지휘 통제 훈련과 기동훈련을 시행했다.[51] 이중 몇 건이 북한과의 핵전쟁에 관련된 것이었는지는 지금까지 기밀이다. 고고도 EMP 무기에 관련된 훈련이 몇 건이었는지 또한 기밀이다. 슈퍼 EMP 위협에 관한 모든 정보기관의 보고서도 마찬가지다.[52] 그러나 우리는 리처드 가윈을 통해—그는 최초의 열핵무기를 만든 사람이자 국방부에서 가장 오랜 기간 복무해온 자문위원 중 한 사람이다—미친 왕의 논리가 미국 핵 지휘 통제부에서 염려할 만한 요소임을 알고 있다.

이 시나리오에서는 북한의 최고 지도자가 미친 왕의 논리에 따라, 당연하게도 복수 행위로 미국을 마비시키고 싶어한다.[53] 그는 미국을 전기가 없던 시절, 현대 무기 시스템이 존재하지 않던 시절로 되돌리고 싶어한다. 미국에 대량 살상 무기가 존재하지 않았고, 미국이 버튼을 누르거나 열쇠를 돌리는 식의 전쟁을 할 수 없었던 때로.

이 시나리오의 미친 왕은 미국을 전기가 없던 시대로 돌려놓을 생각이다.[54] 미국이 다른 나라들을 가만히 놔두던 때로. 전 세계의 왕들이 거대한 군대를 거느리고 정복당한 땅을 되찾겠다며 이웃나라와 직접 싸우던 때로. 미국이 개입할 위험이라고는 없던 그때로.

북한이 1950년대 이후로 줄곧 밝혀온 목표는 무력을 이용한 남한과의 통일이다.* 지금, 백두산 깊은 곳의 벙커에서 미친 왕은 이미 미국 상공을 날고 있는 고고도 EMP 무기를 터뜨릴 준비를 하고 있다. 우주위성이 정확한 위치에 접어들려면 그는 몇 분을 더 기다려야 한다.

그동안 이 시나리오의 미친 왕은 서울을 공격한다.

---

* 2024년 10월 17일, 북한 관영 매체인 조선중앙통신은 대한민국을 '적대국'으로 규정하는 내용으로 헌법을 개정했다고 보도했다. 일부 전문가에 따르면 이는 북한이 대한민국과의 통일을 포기하고 독자 노선을 걷겠다는 의미로 해석된다.

발사 후 53분
대한민국, 오산 공군기지

남한 공군기지의 지하 지휘 벙커에서, 미군 지휘관은 80킬로미터도 채 떨어져 있지 않은 북한과의 국경을 감시하는 드론의 위성사진과 비디오 영상을 보고 있다.

바깥의 오산 기지 활주로에서는 F-16 파이팅팰컨스와 A-10 선더볼트 대부분이 전투에 대비하고 있다.[55] 일부는 이미 날아올라 서해 상공을 비행하는 중이다. 다른 비행기들은 아직 활주로에 도열한 채 발사 허가를 기다리고 있다. 공격용 트라이던트 핵미사일과 다가오는 ICBM이 북한에서 임무를 마칠 때까지 기다리는 것이다.

지휘관은 화면을 지켜본다. 북한이 제트기를 산악 지형의 지하 기지에 숨겨두었으며, 도로 이동식 발사 차량도 비슷하게 숨겨두었다는 사실은 미군에 잘 알려져 있다. 국방정보국 분석가들은 2021년의 보고서에서 북한 지상군이 "DMZ 전체에 수천 기의 장거리포와 로켓 시스템을 운영하고 있다"라고 썼다.[56] 이것이 언제나 존재하는 실존적 위협이라고도 했다. 펜타곤의 정보국은 다음과 같이 경고한다. "이런 시스템들이 합쳐지면 남한의 국민들과 미군 및 남한의 군사시설 다수를 위협할 수 있다. 북한은 이런 능력을 활용해, 거의 아무런 경고도 없이 남한에 심각한 피해와 수많은 사상자를 발생시킬 수 있다."

이 시나리오에서는 북한이 그 위협을 가하기 일보 직전이다.

잘 훈련된 기습 공격 작전대로, 북한의 위장된 기지에서 수십 대, 이어 수백 대의 발사 차량이 줄줄이 나온다.[57] 이런 발사 차량은 지정된 위치에 멈춰 서서 수백 기, 이어 수천 기의 소형 및 중형 로켓을 발사하기 시작한다.

근처의 숲이 우거진 지역에서는 기차가 선로에 멈춘다.[58]

기차의 윗부분이 미끄러지며 열린다.

수십 기의 화성-9(스커드-ER/스커드-D) 단거리 미사일이 이런 선로 이동식 발사대에서 남한을 향해 가는 궤도로 발사된다. 전부 동시에. 모두가 다음의 표적지를 향한다. 오산 공군기지, 캠프 험프리스, 서울 중심부.

1만 기 이상의 포탄과 240밀리미터 구경 로켓이 엄청난 규모로, 잘 조율된 대량 살상 공격을 하고자 남한으로 날아간다.

이런 소형 로켓에 탑재된 대량 살상 무기는 핵무기가 아니라 화학무기다. 2021년 보고서에서 국방정보국 분석가들은 이렇게 경고했다. "북한에는 최대 수천 톤의 화학작용제로 구성되어 있으며 신경마비와 물집, 출혈, 질식을 일으키는 물질을 생산할 수 있는 화학전chemical warfare, CW 프로그램이 있다."[59]

오산의 미군 지휘관은 지금 벌어지는 일을 실시간으로 지켜본다. 바깥에서, 오산 공군기지를 둘러싼 원 안에서는 미국의 10억 달러짜리 고고도 미사일 방어 체계, THAAD가 이처럼 쏟아지는 미사일을 탐지한다. THAAD 시스템이 경보를 울리고 반응한다. THAAD의 미사일 대응 미사일이 발사되지만 별 소용은 없다.

북한에서 날아오는 1만 기 이상의 발사체는 THAAD가 처리하기에 너무 많다. THAAD 시스템은 스커드 미사일 몇 기를 보고 그중 몇 기를 격추하는 데 성공한다. 하지만 북한의 240밀리미터 발사대에서 발사된 소형 로켓들은 폭이 겨우 24센티미터에 불과하다.[60] 지름이 일반적인 대접시와 같다. THAAD 시스템이 대량으로 처리하기는커녕 정확히 식별하기에도 너무 가늘다.

THAAD는 실패한다. 다시, 또다시.

"THAAD는 한 번에 1기에서 몇 기의 미사일만 처리할 수 있습니다."[61] 군사 역사학자인 리드 커비의 말이다. 하지만 오산과 캠프 험프리스, 서울은 사린 신경 작용제로 채워진 발사체 수천 기의 표적이 되고 있다. 『핵 과학자 회보』에 게재한 어느 글에서 커비는 자신이 "사린의 바다"라 부른 공격을 받으면 무슨 일이 일어날 수 있는지 계산해두었다.[62] 이때의 사상률은 "화학무기가 작동하는 방식을 일반적으로 적용해" 계산했다. 커비는 "15분에 1만 800회라는 (중략) 가능성 높은 전반적 발사 속도"를 "240밀리미터 로켓포의 사린 유상하중이 8킬로그램"이라는 사실과 짝짓고, "오발과 불발탄"까지 고려해, 남한에 대한 240톤의 사린 공격으로 서울 인구의 25퍼센트가 죽거나 다칠 것이라고 주장한다. 사상자 수는 끔찍하다. 65만 명에서 250만 명의 민간인이 죽고, 여기에 더해 100만~400만 명이 부상을 입는다.

신경 작용제 공격에서 살아남은 사람들에게도 결과는 끔찍하다. "그중 상당수가 산소 결핍으로 지속적인 식물인간 상태가 될 것"이라고 커비는 말한다.

발사 후 54분
메릴랜드주 보이즈

미국 메릴랜드주 보이즈의 시골, 행정구역조차 분명하지 않은 곳의 숲 바닥에서는 대통령이 쓰러져 피를 흘리며 죽어가고 있다. 그는 무력하고 절망적이다. 한 해의 이 시기에 이 지역의 계곡물은 범람한다. 그는 근처에서 물이 빠르게 흘러가는 소리를 듣는다.

대통령 주변의 땅은 차갑고 축축하다. 그는 외상과 충격으로 실금하고 말았다.

누군가 이곳에서 그를 발견하게 될까?

대통령은 그를 찾기 위해 머리 위에서 원을 그리며 돌고 있는 신속 대응군 헬리콥터의 날갯짓 소리를 듣는다. 아니, 그런 소리가 들린다고 상상한다. 하지만 대통령 주변의 나무들 중에는 상록수가 있고, 머리 위의 나뭇잎은 무성하다. 신속 대응군은 대통령을 발견할 수 없다. 발견하지 못할 것이다.

베트남에 관한 책에서는 지금 대통령과 비슷한 상황에 처한 군인과 항공병들이 — 그러니까, 베트남과 라오스의 숲속에 갇힌 사람들이 — 종종 용감한 헬리콥터 비행사와 대원들에게 구조되었다.[63] 때로는 행운이 강력한 힘을 발휘할 수 있지만, 그들을 구한 건 행운만이 아니었다. 베트남에서 전투를 벌인 사람들은 몸에 작은 거울을 지니고 다니도록 교육받았다. 부대와 떨어지거나 길을 잃었을 때 구조 요청을 하기 위한 수단이었다. 대통령에게는 그런 장비가 없다. 조지 H. W. 부시 이후로 미국 대통령 중 전투를 목격한 사람은 없다. 21세기 미국의 대통령들은 자신의 모든 욕구를 충족해주는 일군의 사람들한테서 돌봄을 받는 데 익숙해졌다.

대통령은 숲속에서 고함을 지르지만 아무도 그의 비명을 듣지 못한다.

발사 후 55분
앨라배마주 헌츠빌, 레드스톤 무기고

앨라배마주 헌츠빌에서, 지휘관은 일어서서 눈앞의 레이더 화면에서 벌어지는 일을 지켜보고 있다. 그가 보는 가운데 위성 하나가—KMS-4 혹은 브라이트 스타-4와 비슷한 위성이다—갑자기 터진다.

이 순간 생각할 것은 한 가지뿐이다. 말할 것도 한 가지뿐이다.

북한이 방금 슈퍼-EMP를 터뜨렸다.

전기가 솟구치다가 더이상 흐르지 않는다. 이곳은 군 시설이다. 그 말은, 예비 발전기가 지체 없이 작동된다는 뜻이다.

하지만 이곳의 사람들은 모두 발전기가 연료로 작동되며 연료를 펌프질하는 전기 펌프가 방금 영원히, 치명적으로 끝장났다는 것을 안다.

발사 후 55분 10초
둠즈데이 시나리오

백두산 지하의 벙커에서 북한의 최고 지도자는 슈퍼-EMP 무기가 계획대로 폭발했다는 말을 듣는다. 머리 위에 걸려 있는 다모클레스의 핵 장검*처럼, EMP 무기는 남쪽에서 북쪽으로 향하는 미국 상공의 궤도를 날던 정찰용 위성에 내내 숨겨져 있었다.[64]

무기는 미국 상공 480킬로미터 지점에서 폭발했다. 네브래스카주 오마하 상공이다.

둠즈데이 시나리오가 실현되었다.

이온층에서 터진 전자기펄스는 지상의 사람이나 동물, 식물을 해치지 않는다. 이 무기에서는 소리가 나지 않는다. 우주에는 소리를 전달할 대기가 없다. EMP 무기는 어떤 구조적 피해도 일으키지 않는다. 처음에, 자기 집 지하실에 피해 있던 수백만 명의 미국인들에게는 방금 핵폭탄으로 워싱턴DC와 캘리포니아주의 디아블로 캐니언이 파괴되지만 않았더라도 이 상황이 그저 또 한번의 정전처럼 보일 것이다. 하지만 이건 그런 정전이 아니다.

국방위협감소국(맨해튼 프로젝트의 일부로 창설된 조직)의 수석 과학자 스티븐 왁스는 2016년 "네브래스카주 오마하 상공 500킬로미터 고도에서

---

* 그리스신화에 나오는 다모클레스의 칼을 인유한 말. 다모클레스는 시칠리아 시라쿠사의 폭군 디오니시우스를 부러워했고, 왕은 그를 자신의 자리에 앉혔다. 다만 다모클레스의 머리 위에는 한 올의 말총에 매달린 칼이 있었다. 다모클레스는 권력이 위험을 동반한다는 사실을 깨닫고 두려움에 빠졌다. 1961년 9월 25일 UN총회에서 존 F. 케네디 대통령이 '핵전쟁의 위험'을 경고하기 위해 인용하기도 했다.

의 핵폭발은 미국의 인접 지역을 뒤덮는 EMP를 발생시킬 것"이라고 경고
했다.[65]

슈퍼-EMP는 3단계(E1, E2, E3)의 전자기 충격파를 전달하는데, 그 충
격파가 너무도 강력해 전압의 폭증을 막도록 설계된 산업 등급의 서지 억
제기와 피뢰기가 일거에 쓸모없어진다. "펄스는 최고로 강화된 군사 등급
의 안전 장비를, 마치 그것들이 존재하지 않는 것처럼 모두 통과합니다."
전기공학자이자 군사 자문가이자 EMP 위원회의 위원장 피터 프라이 박
사의 자문위원인 제프리 야고의 말이다.

"공중에서 폭발하는 EMP는 대단히 파괴적인 공격이 될 수 있습니다."[66]
미국의 전직 사이버 국장이자 퇴역한 준장인 그레고리 J. 투힐 장군의 말
이다. 그는 사람들이 정부의 기밀 정보에 접근할 수 없기에, EMP의 처참
한 현실을 제대로 이해하는 사람은 거의 없다고도 말한다. 투힐은 말한다.
"26년 전, 나는 EMP 사건에 관한 논문을 썼습니다. 그 논문은 지금도 기
밀입니다."

이 시나리오에서, 방금 네브래스카주 상공에서 폭발한 고고도 EMP 무
기는 미국 전력 공급망 세 곳—서부 연안 공급망, 동부 연안 공급망, 텍사
스 공급망—의 대부분을 동시에 손상시키거나 파괴한다. 그 결과로, 미국
의 상호 연결된 초고압 변압 장치들이 하나하나 망가지기 시작한다.[67] "펄
스가 발생하면 장비를 통제할 수 없게 됩니다. 동기화가 이루어지지 않는
겁니다. 문제는 EMP가 일으키는 부수적 효과입니다."[68]

미국 전체에서 이런 부수적 효과는 종말을 가져온다. 전기 아마겟돈이
펼쳐진다.

21세기 미국은 전기로 동력을 공급받고 마이크로프로세서 칩으로 설

계된 복잡계다. 미국에 있는 유틸리티 규모*의 발전소 약 1만 1,000곳, 발전기 2만 2,000대, 5만 5,000곳의 변전소가 어마어마하게 재앙적으로, 순차적으로 고장난다.[69] 100만 킬로미터에 이르는 미국의 고압 송전선과 1,000만 킬로미터의 배전선이 끊어지기 시작한다.[70]

미국의 송전 시스템이 거의 동시에 망가진다. EMP 위원회의 윌리엄 그레이엄 박사는 2008년 상원의 군사 위원회에 미국에 등록된 2억 8,000만 대의 자동차 가운데 "도로에 나와 있는 자동차 중 10퍼센트가 갑자기 더 이상 움직이지 않을 것"이라고 경고했다.[71] 2008년은 미국의 자동차와 트럭에 이토록 많은 전자 마이크로프로세서가 들어가기도 전이었다.

파워스티어링 장치나 전자식 브레이크가 없으면, 차량은 관성으로 움직이다가 멈추거나 다른 차량에, 건물에, 벽에 부딪힌다. 멈추거나 박살난 자동차들이 사방의 차로와 다리를 막는다. 이제는 사람들이 핵폭탄을 피해 도망치던 곳만이 아니라 전국의 터널과 고가도로, 크고 작은 도로, 진입로와 주차장이 전부 막힌다. 사방에서 지옥도가 펼쳐진다. 미국은 이미 핵 공격을 받고 있다. 도망칠 방법이 없다. 탈출할 방법이 없다. 아무런 전기 동력 없이 전국적인 교통 체증에 갇혀버리는 것은 수백만 명의 여행객에게 악몽 같은 일이다. 하지만 이보다 훨씬 처참한 사건들이 연달아 벌어지고 있다. 멈출 수 없는 일이다. 미국 통제 시스템 자체가 무너지기 시작한다.

물리학자이자 아이비 마이크 열핵 장치를 만든 인물인 리처드 가윈의

---

* 전력을 대규모로 생산하여 국가나 지역의 전력망에 직접 연결하고 공공 및 산업 수요를 충족할 수 있는 발전설비. 주로 태양광, 풍력, 수력 등 재생에너지와 화력발전소에 적용되며, 수십 메가와트 이상의 발전 용량을 갖추고 있다.

말이다. "EMP의 진짜 문제는 SCADA 시스템을 무너뜨린다는 겁니다."[72] (EMP에 관한 가원의 선구적 1954년 논문은 여전히 기밀이다.)

SCADA는 감시 제어 및 데이터 수집 시스템Supervisory Control and Data Acquisition의 약자다. SCADA는 미국 전체의 중요 기간 시설 부문에 관한 산업 정보를 수집하고 분석한 다음 그 정보를 시스템 내에서 일하는 사람들에게 전달해 그들이 자기 역할을 할 수 있도록 하는, 컴퓨터 기반의 사용자 인터페이스 제어 시스템이다. "SCADA의 고장은 즉시 통제를 벗어난 악몽으로 이어집니다." 야고는 말한다. "SCADA 시스템은 미국 전역의 크고 작은 산업 설비 전체의 기계와 상호작용하는 제어기를 감독합니다." SCADA 시스템은 열차 경로 설정 장치, 댐의 수문 개폐 장치, 가스와 오일 정제 시설의 변속기, 조립라인, 항공교통 관제 장치, 항만 시설, 광섬유, GPS 시스템, 위험 물질, 방위산업체의 산업 기지 전체를 관장한다.

SCADA 시스템이 작동하지 않으면 그 즉시 온갖 지옥이 펼쳐진다.[73] SCADA 시스템은 제조 공장의 보일러 압력에서부터 미국 전역의 정수 처리장 화학물질 혼합에 이르는 모든 것을 통제한다. SCADA 시스템이 환기와 여과 시스템을 제어하고 밸브를 여닫으며 커다란 모터와 펌프를 작동시키고 전기 회로를 켜고 끈다. SCADA 시스템이 망가지면 사방으로 운행하던, 그중 상당수가 같은 선로에 있던 수천 대의 지하철과 여객열차, 화물열차가 서로 충돌하거나 벽과 장벽을 들이박거나 탈선한다.[74] 엘리베이터가 층 사이에 멈추거나 빠르게 지상으로 떨어져 박살난다. (국제 우주 기지를 포함한) 위성이 제자리에서 벗어나 지구로 추락하기 시작한다. 미국에 남아 있는 53기의 원자력발전소는 이제 모두 예비 시스템으로 작동하게 되었다.[75] 이런 발전소 모두가 시한을 두고 가동하기 시작한 것이다.

공중에서는 EMP의 효과가 무조건적인 악몽으로 이어진다. 지금은 미국 전역의 민항기 수요가 최대에 이른 시각이다. 플라이바이와이어 기술*을 이용하는 수천 대의 민항기는 객실 기압을 통제하지 못한다.[76] 이착륙 장치가 망가진다. 날개와 꼬리에 대한 통제력도 상실한다. 비행기가 격렬하게 지상으로 향하면서 기계 착륙 시스템도 쓸 수 없게 된다. 한 등급의 여객기는 다행히도 이런 꼴을 면한다. 국방부에서 둠즈데이 플레인으로 사용하는 오래된 747기다. "747기의 비행사들은 지금도 조종익면과 기계적으로 연결된 발로 밟는 페달과 조종간을 사용합니다."[77] 야고의 말이다. "747에는 전기신호식 비행 조종 제어 기술이 적용되어 있지 않습니다."

이어서 지상의 중요한 기간 설비 체계가 망가진다. SCADA 시스템이 미국의 석유와 가스가 흐르는 400만 킬로미터의 파이프라인을 통제하지 않기에 수백만 개의 밸브가 파열되고 폭발한다. 석탄 연소 보일러 시스템의 연소 센서에 주입되는 공기와 연료의 혼합 비율이 잘못되면서 보일러는 불이 붙고 터진다. 미국의 급수 체계에 달린 모터식 밸브가 더이상 누구의 통제도 받지 않게 되면서, 미국의 수로를 지나는 수십억 갤런의 물이 통제할 수 없이 솟구친다. 댐이 터진다. 대규모 홍수가 기간 시설과 사람들을 쓸어가기 시작한다.

더이상 맑은 물은 없다. 화장실 물을 내릴 수도 없다. 위생이란 존재하지 않는다. 가로등도, 터널의 조명도 없다. 조명이 아예 없다. 오직 촛불만 있다가 더는 태울 것이 남지 않게 된다. 주유 펌프도, 연료도 없다. ATM도 없다. 현금을 인출할 수 없다. 돈을 만져볼 수 없다. 핸드폰도 없다. 유선

---

* 조종 계통을 컴퓨터 전기 신호 장치로 바꾼 비행기.

전화도 없다. 911에 전화할 수 없다. 아예 전화할 수 없다. 고주파 라디오 일부를 제외하고는 비상 통신 시스템도 없다. 구급차 출동 서비스도 없다. 작동하는 병원 장비도 없다. 하수가 사방에 흘러넘친다. 병을 옮기는 벌레들이, 인간의 배설물과 쓰레기, 시체 더미를 먹고 사는 벌레들이 들끓기까지 15분도 걸리지 않는다.

여러 시스템으로 이루어진 미국의 복잡계가 갑자기, 종말을 맞은 것처럼 멈춘다. 이어지는 두려움과 대혼란 속에 사람들은 가장 기본적이고 포유류적인 본능으로 회귀한다. 오감과 두 손, 두 발을 쓴다. 온갖 곳의 사람들이 사방의 임박한 위험을 감지한다. 그들은 방금 일어난 일이 뭔지는 모르지만, 그것이 야만의 끝이 아니라 시작임을 느낀다.

사람들은 차량을 버리고 두 발로 도망치기 시작한다. 건물에서 빠져나오고 계단을 달려내려가고 밖으로 나간다. 지하철과 버스에 타고 있던 사람들, 멈춘 엘리베이터에 타고 있던 사람들이 비상구와 문을 비틀어 열려고 애쓴다. 목숨을 구하려 기고 걷고 달린다.

인간의 가장 기본적인 본능은 생존의 본능이다. 진화가 우리를 여기까지 이끌어왔다. 수렵채집꾼에서 달을 걷는 인간으로까지, 작살로 물고기를 잡던 사람에서 대륙 건너편의 서로에게 줌으로 "생일 축하합니다" 노래를 불러주는 사람으로까지.

인간은 발전하게 되어 있다. 인간은 발전을 위해 뭐든지 한다.

그러나 핵전쟁은 그 모든 것을 무위로 돌린다.

핵무기는 인간의 뛰어남과 창의성, 사랑, 욕망, 공감 능력, 지성을 잿더미로 환원시킨다.

이 순간, 충격과 절망의 가장 무시무시한 부분은 계시다. 지금 이후로 삶이 어떻게 될 것인가에 관한 계시. 그 계시에 핵 3차대전을 막기 위해 아무도 실질적인 일을 하지 않았다는 삭막한 깨달음이 따라올 것이다. 꼭 이렇게 되어야만 하는 건 아니었다는 깨달음이.

그러나 이제는 너무 늦었다.

러닝머신의 원숭이[78]

1975년의 어느 날, 잡지 『포린 폴리시』에 전직 국방부 관료로서 핵군축 옹호 자가 된 폴 C. 원키의 에세이가 실렸다. 「러닝머신의 원숭이」라는 제목의 이 에 세이는 오늘날까지도 선견지명을 발휘한다. 이 에세이에서 원키는 핵무기가 얼 마나 말도 안 되게 위험한지뿐만 아니라 핵 경쟁 전체가 얼마나 낭비인지 비판 한다. 처음부터 그래왔다고. 그는 핵무기 경쟁을 "'흉내쟁이 원숭이' 현상"이라 고 부른다. 이 경쟁에 참여하는 모든 당사자가 서로의 공격적 행위를 베끼면서 도, 아무 지능 없는 짐승처럼 결코 어떤 결론에도 도달하지 못한다는 뜻이다.

원키의 지적에 따르면, 이보다 더 나쁜 일은 경주의 주자들이 실제로 승리할 사람이나 집단이 전혀 없다는 점을 깨닫지 못하는 것처럼 보인다는 것이다. 우 리 모두가 러닝머신에 올라 노예처럼 달리는 원숭이라는 얘기다. 사람들의 머 릿속에 새겨진 이미지와 함께 이 글은 점차 희미해져갔다.

그러다가 2007년, 일군의 젊은 과학자들이 『미국 국립 과학원 회보』에 기고 한 글에서 러닝머신의 원숭이라는 개념을 매력적이고도 새롭게 뒤틀었다.[79] 이 들은 직립보행론을 연구하고 있었다. 이 이론은 우리의 고대 조상들이 직립보 행을 배운 까닭은 직립보행이 손마디를 땅에 대고 걷는 사족보행에 비해 에너 지를 덜 쓰기 때문이라는 이론이다. 이 가설을 발전시키기 위해 과학자들은 침 팬지 다섯 마리와 사람 네 명에게 산소마스크를 착용시킨 뒤 러닝머신 위에 올 려놓았다. 과학자들은 원숭이와 인간의 산소 사용 데이터를 수집해 무엇을 알 아낼 수 있는지 살펴보았다. 그들은 에너지 소비가 일부 원숭이에게서는 오늘날 인간처럼 지능을 발달시키는 진화를 일으킨 반면, 다른 원숭이들은 계속 정글에 남아 무지몽매한 짐승으로 사는 이유를 설명할 수 있을지 알고 싶었다.

데이터 수집 과정에서 예상하지 못한 일이 발생했다. 이 일은 원키의 에세이를 조명하는 내용이다. 알고 보니, 일부 침팬지들은 러닝머신 실험에 참여하고 싶어하지 않았다. 이 실험에 참여한 과학자 중 한 명인 인류학자 데이비드 라이클렌은 로이터통신의 기자 윌 던햄에게 자신이 원숭이에 대해 관찰한 바를 알려주었다.

"이 녀석들[원숭이들]은 그만해야겠다 싶으면 러닝머신의 정지 버튼을 누를 만큼 똑똑합니다."[80] 라이클렌은 말했다. 달리 말해, 원숭이들은 어디로도 갈 수 없는 경주를 끝내고 싶을 때 "그냥 버튼을 누르거나 뛰어내렸다"라는 것이다.

의문은 그대로 남는다. 원숭이들이 러닝머신에서 내려가는 방법을 안다면, 우리는 왜 모르는 걸까?

발사 후 57분
종말의 시녀, 도착하다

미국 전략사령부 본부가 가장 먼저 공격당한다. 몇 분 전 동부 연안의 수면을 뚫고 나온 러시아 잠수함에서 발사된 핵탄두가 맹습을 가한다. 탄두는 STRATCOM의 지하에 있는 세계 작전 본부를 파괴할 목적으로 네브래스카주 오펏 공군기지를 타격한다. 이 핵 지휘 통제 벙커는 1메가톤급 핵무기 한 개의 직접 타격에 버티도록 설계되었으나, 거의 동시에 이루어지는, 다수의 100킬로톤짜리 탄두의 재앙적 폭격을 버티지는 못한다. 수십 년 전, 국방과학자들은 1메가톤의 파괴력을 지닌 폭탄 하나가 210~260제곱킬로미터를 파괴한다고 계산했다(대량 화재로 인한 파괴는 산입하지 않았다). 반면 각기 100킬로톤의 파괴력을 지닌 열 개의 소형 폭탄은 그 두 배가 넘는 지역을 파괴한다.

폭발하는 무기 각각을 둘러싼 빛이 공기를 수백만 도까지 달궈, 시속 수백만 킬로미터로 지름이 확장되는 거대한 핵 불덩어리를 만들어낸다. 열기가 너무 강해 콘크리트로 이루어진 모든 표면이 폭발하고 금속은 녹으며 인간은 연소하는 탄소로 변한다.

지하에 있는 어떤 사람들은 천천히 타 죽을 것이고, 또 어떤 사람들은 폭탄이 터질 때의 위치에 따라 즉시 탄화될 것이다. 네브래스카주 오마하라는 더 큰 지역—분홍색 헤어 롤러와 버터 브리클 아이스크림의 탄생지다—전체가 그렇듯 오펏 공군기지와 이곳에 사는 거의 50만 명의 사람들 대부분이 소각된다.

거의 동시에, 또다른 100킬로톤급 탄두들이 마구 쏟아져 펜실베이니아주 레이븐 록산 복합단지를 타격한다. 폭탄의 파괴력은 더이상 별 의미가 없다. 100킬로톤이든, 400킬로톤이든, 500킬로톤이든, 1메가톤이든, 2메가톤이든, MIRV든 아니든. 미국 핵 지휘 통제 시스템의 모든 것이 체계적으로 파괴된다. 최초의 레이븐 록 건물 평면도는 베를린 지하에 히틀러의 벙커를 설계한 공학자가 그린 것이다. 그 전쟁이 끝났을 때 히틀러를 죽인 건 연합군이 쏟아부은 화력이 아니었다. 히틀러는 스스로 머리를 쏘아서 죽었다.

레이븐 록산 복합단지는 미국의 연속된 작전 계획에서 가장 중요한 부분을 담당하게 되어 있다.[81] 핵전쟁 이후에도 연방 정부가 "기본적 기능"을 할 수 있도록 말이다. 하지만 STRATCOM처럼 1메가톤급 무기의 직격에 버티도록 설계된 R 사이트도 시선이 미치는 모든 곳을 지워버리는 탄두의 일제 사격은 버티지 못한다. 미국 대통령은—남동쪽으로 70킬로미터쯤 떨어진 곳의 숲 바닥에 쓰러져 있는—이 핵 폭우의 사상자가 된다. 그의 몸에 불이 붙는다. 그는 탄화된다.

러시아의 잠수함 발사 탄도미사일이 일제 사격으로 노리는 다음 표적은 콜로라도주에 있다. 샤이엔산 복합단지 내 미사일 경보 센터와 콜로라도 스프링스의 피터슨 우주군기지에 있는 NORAD 본부, 오로라의 버클리 우주군기지다. 이러한 핵전쟁 시설과 이를 뒷받침하는 모든 시설이 다수의 러시아 MIRV 탄두에 동시에 공격받는다. 로키산맥의 동쪽 산자락에 사는 100만 명 넘는 사람들에게 이는 온 세상에 불이 붙는 것과 마찬가지다.

100킬로톤급 탄두들이 또 한번 줄지어 수많은 주의 여러 군사 목표물을 타격한다. 그 의도는 미국 핵 지휘 통제의 다중 요소들을 몇 분 안에 파괴하는 것이다. 루이지애나주에서는 바크스데일 공군기지가 타격당한다. 한

때 막강했던 지구권 타격 사령부의 본부로서, 미국 핵무장 B-52 원거리 폭격기의 본거지였던 이곳은 더이상 존재하지 않는다.

몬태나주에서는 말름스트롬 공군기지가 핵탄두에 절멸당한다. 말름스트롬은 150기의 미니트맨 III ICBM을 운영, 유지, 감독하는 기지다. 미니트맨 III ICBM 전체가 그들의 저장고에서 발사되었고, 지금은 탄도 궤도에 올라 러시아를 타격하러 가고 있다. 러시아의 발사 결정에 대한 보복이다. 노스다코타주에서는 마이놋 공군기지—또다른 미니트맨 III ICBM의 본거지다—가 비슷하게 파괴된다. 와이오밍주의 F. E. 워런 공군기지도 마찬가지다.

동부 연안의 해변 마을, 메인주 커틀러(인구 500명)에서는 해군의 탄도 미사일 잠수함에 일방향 통신을 제공하는 초장파 송신 시설이 명중, 파괴된다. 워싱턴주 알링턴 외곽의 짐 크리크 해군 라디오 방송국과 하와이 루알루알레이에 있는 세번째 시설도 마찬가지다. 루알루알레이는 오아후섬의 넓은 해안 계곡으로, 그 이름은 "사랑하는 이가 구원받는 곳"으로 번역된다.[82]

SLBM의 최종적 기습 공격이 목표물을 타격, 파괴함에 따라 미국 핵 지휘 통제부에 남은 것이라고는 공중에 떠 있는 둠즈데이 플레인과 바다의 트라이던트 잠수함밖에 없게 된다.

1960년의 핵 총력전을 위한 단일 통합 작전 계획이 예지했듯, 이제 전쟁은 그저 숫자 문제다.

이건 수십억 명의 사람들을 죽이는 대규모 말살 계획이다.

발사 후 58분
이탈리아, 아비아노 공군기지

유럽 전역의 표적지가 동시에 타격당한다.

북극해에서 발사돼 쇄도하는 러시아 SLBM들이 유럽 전역의 나토 기지를 때린다. 핵폭발이라는 감당할 수 없는 집중포화 속에 벨기에, 독일, 네덜란드, 이탈리아, 튀르키예의 공군기지들은 불에 소실되고 폭발에 사라진다.

러시아 MIRV ICBM 내의 핵탄두는 하향 궤도로 날아 런던, 파리, 베를린, 브뤼셀, 암스테르담, 로마, 앙카라, 아테네, 자그레브, 탈린, 티라나, 헬싱키, 스톡홀름, 오슬로, 키예프를 비롯한 표적지들을 대량 몰살의 파도로 쓸어넣어버린다. 러시아군의 관점에서 본 러시아의 적 모두를.

이런 대혼란 속에 지워지는 건 이곳에서 살고 일하고 여행하던 수백만 명의 사람만이 아니다. 문명이 만들어낸 수많은 걸작들도 지워진다. 로마의 콜로세움, 파리의 노트르담대성당, 아야소피아, 스톤헨지, 파르테논. 인간의 창의성과 상상력을 상징하는 표현물들이 연이은 핵 불덩어리 속에 사라진다. 암스테르담의 국립미술관, 불가리아의 바냐바시모스크, 핀란드의 국립도서관, 에스토니아의 톰페아성, 앙카라의 아우구스투스사원, 빅벤. 워싱턴DC의 모든 것이 그렇듯 모든 것이 한순간 존재하다가 몇 초 뒤에는 존재하지 않는다.

발사 후 59분
대서양

미국은 자체 핵미사일 발사를 끝내지 않았다. 트라이던트 잠수함들은 바다 위를 나는 둠즈데이 플레인으로부터 마지막 발사 명령을 받는다. 냉전 시대에 기획된 그대로다. 이런 최종적 발사 메시지는 미국 항공기가 미국의 전력망이 망가진 뒤에도 수면 아래의 탄도미사일 시스템과 통신할 수 있게 해준다. 미국의 핵 지휘 통제부가 흐트러지고 망가진 뒤에도.

이런 미국의 마지막 발사 명령은 15~60킬로헤르츠의 신호를 송출하는 초장파 시스템을 이용하는데, 이는 생존 가능한 AN/FRC-117 저주파 통신 시스템이라고도 불린다.

대서양 위에서 원을 그리며 나는 마지막 E-6B 둠즈데이 편대가 8킬로미터 길이의 안테나를 펼친다.[83] 이 길고 가는 철사는 비행기 뒤의 구멍에서 나와 보조 낙하산이라 불리는 작은 낙하산 덕분에 안정될 때까지 뻗어나간다.

E-6B 비행기는 가파르게 선회하며 방향을 튼다. 나선을 그리는 것과 비슷하다. 그렇게 비행기는 마지막 핵 발사 메시지를 한 번에 한 자씩 송출한다.[84] 초장파 대역폭은 데이터 전송 속도가 매우 느리다. 1초에 겨우 알파벳과 숫자 35개를 전송한다. 1세대 다이얼식 모뎀보다도 느리지만, 수천 킬로미터 떨어진 곳의 트라이던트 잠수함에 최후의 우발 사태 조치 전문을 보낼 수 있는 속도다.

이에 따라, 메시지는 트라이던트가 현재 러시아 전역의 표적지로 향하고 있는 미국 핵 삼위일체를 잇는 최후의 핵 후속 펀치를 날리게 해준다.

명령이 수신된다.

최후의 트라이던트 미사일이 발사되기까지는 다시 15분 정도가 걸릴 것이다.

잠수함 승무원을 포함한 미국의 그 누구도 이런 미사일이 무엇을 타격할지, 과연 타격하기는 할지 결국 알 수 없다.

어마어마한 실존적 비극은 이 마지막이자 최종의 핵 전투가 더는 그 누구의 득점판에서도 중요하지 않다는 것이다.

모두가 패배한다.

모두가.

발사 후 72분
미합중국

핵 공격의 표적이 될
가능성이 높은 지역들
출처: FEMA, 국토안보부, 미국 국방부

미국 본토에서 핵 공격의 표적이 될 가능성이 높은 지역들.
(FEMA, 국토안보부, 미국 국방부. 마이클 로하니 그림)

동부 시각으로 오후 3시 3분에 시작된 충돌이 72분간 지속되었을 때, 1,000기의 러시아 핵탄두가 미국에 20분간 핵 지옥 불 폭격을 쏟아붓기 시작한다. 러시아의 SLBM 탄두 192기와 북한의 열핵폭탄 2기로 이미 섬멸당한 국가를 1,000기의 핵탄두가 타격한다. 북한의 세번째이자 마지막 ICBM─북한 화평군 회중리의 지하 시설에서 발사되었다─은 재돌입에 실패한다.

1,000기의 핵무기 일제 사격은 이미 전기도 없고, 핵폭발과 방사능 중독, 비행기며 기차, 지하철, 자동차 사고, 화학물 폭발, 무너진 댐이 일으

킨 홍수로 인한 피해자들의 시신이 여기저기 흩어져 있는 나라를 타격한다.

1,000번의 섬광이 각 그라운드제로의 공기를 섭씨 1,000만 도까지 달군다.

각기 지름 1.6킬로미터를 넘는 1,000개의 불덩어리.

전면이 가파르게 솟은 폭발파 1,000번.

압축된 공기의 벽 1,000개. 이 벽에는 1,000개의 불덩어리에서 밀려온 시속 수백 킬로미터의 바람이 동반되어, 지나가는 길의 모든 사람과 사물을 쓸어버린다.

반경 8, 9, 10킬로미터 내에 있는 모든 공학적 구조물의 물리적 형태가 바뀌고 붕괴하고 타버리는 미국의 도시와 마을 1,000곳.

아스팔트 거리가 녹아버린 도시와 마을 1,000곳.

날아다니는 잔해에 생존자들이 꿰뚫리고 마는 도시와 마을 1,000곳.

수천만 명의 사망자들로 가득한 도시와 마을 1,000곳. 치명적인 3도 화상으로 괴로워하는 불행한 생존자 수천만 명이 있는 곳.

벌거벗고 너덜너덜해진 채 피를 흘리며 숨막혀 죽어가는 사람들.

더는 사람처럼 보이지도—그렇게 행동하지도—않는 사람들.

1,000개의 대형 화재로 변해, 각기 260제곱킬로미터가 넘는 지역을 곧 불태우는 1,000곳의 그라운드제로.

미국과 유럽 전역에서 수억 명의 사람들이 이미 죽었거나 죽어가고 있다. 한편, 수백 기의 군용기는 연료가 다 떨어질 때까지 공중에서 원을 그리며 비행한다. 최후의 트라이던트 잠수함들은 바다에서 은밀히 움직이며, 승무원들의 식량이 다 떨어질 때까지 빙빙 돌며 순찰한다. 생존자들은 감히 밖으로 나가볼 용기가 생기거나 공기가 소진되어 버틸 수 없을 때까지 벙커에 숨어 있는다.

이 생존자들은 결국 어쩔 수 없이 벙커에서 나와, 니키타 흐루쇼프가 "생존자들이 죽은 자들을 부러워하게 될 것이다"라는 말로 예지한 상황을 마주한다.[85]

세계 최초의 핵폭발은 1945년 7월 16일, 현지에서는 호르나다 델 무에르토라고 알려진 앨라모고도 폭격장의 평원에서 일어났다.

핵무기가 시작된 이야기는 핵무기로 끝난다.

호르나다 델 무에르토. 죽은 자의 여정.

5부

이후의 24개월과 그 너머:

핵 교환 이후 우리는 어디로 가는가

0일: 폭격이 멈춘 이후
미합중국

핵겨울은 춥고도 어둡다.
(아킬레아스 암바치디스 제공)

매우 춥고 매우 어둡다.[1] 사방에서 날아온 핵폭탄은 결국 표적 타격을 멈춘다. 파괴력이 상당한 지상 및 공중 폭발도 결국 중지된다.

미국 전역에서 모든 것이 계속 타오른다. 도시, 교외, 마을, 숲. 고층 빌딩을 비롯한 다른 건물들이 타면서 나온 연기가 유독한 피로톡신 스모그를 만들어낸다.[2] 광섬유와 단열재를 포함한 건축자재가 타면서 시안화물과 염화비닐, 다이옥신, 푸란을 대기에 뿜어낸다. 이런 치명적 연기와 가

스의 아지랑이는 생존자들을 죽이고 초토화된 땅을 더욱 오염시킨다.[3]

대규모의 고리, 그러니까 반지름 160~320킬로미터의 불의 고리가 미국 전역에 생긴 1,000곳의 그라운드제로마다 밀고 나온다. 처음에는 이런 대형 화재로 인한 파괴에 끝이 없어 보인다. 펌프질로 물을 전혀 끌어올릴 수 없기 때문에 이런 화재는 새로운 화재를 촉발하고, 전면적인 핵 교환과 함께 일어난 최초의 대량 말살에서 살아남은 사람들을 가둬 죽인다.

미국에서 인구밀도가 비교적 낮은 여러 지역, 말하자면 서부의 주에서는 산불이 기승을 부린다. 특히 침엽수는 방사성 낙진을 감당하지 못한다.[4] 침엽수는 죽어서 쓰러지며 이어지는 화재에 쓰일 어마어마한 장작더미를 만들어낸다. 강렬한 화재 폭풍은 연쇄적인 결과를 동반하는 더욱 종말적인 환경을 만들어낸다. 석유와 천연가스 공급지, 탄층, 토탄 지대는 몇 달씩 멈추지 않고 탄다.[5] 미국 전역에서 발생하는 모든 도시와 숲의 이토록 강렬하고도 오랜 화재에 따른 부산물로—유럽, 러시아, 아시아 일부 지역도 마찬가지다—150테라그램(약 1,500억 킬로그램)의 재가 대류권 상부와 성층권으로 솟아오른다.[6] 이 검은 가루 같은 재가 햇빛을 막는다.[7] 태양의 따뜻한 광선이 사라진다.

"빽빽한 재로 지구 기온은 약 3도쯤 낮아질 겁니다."[8] 기후학자 앨런 로복의 설명이다. "미국에서는 기온이 4도 이상 떨어질 가능성이 큽니다. 바다와 조금 더 멀기 때문이죠."

지구는 핵겨울이라 불리는 새로운 공포로 접어든다.[9]

핵겨울이라는 개념은 1983년 10월, 잡지 『퍼레이드』의 (당시에는 1,000만 명 이상의 미국인이 이 잡지를 읽었다) 표지에 어두워진 지구의 소름 끼치는 사진이 실리고 "특집" 기사가 게재되면서 처음으로 세계의 관심을 사로잡았다.[10] 이 기사는 세계에서 가장 유명한 과학자 중 한 명인 칼 세이건이 쓴 것이었다. "핵전쟁이 세상의 종말이 될까?" 세이건은 이런 질문을 던지고 다음과 같이 답했다. "핵 '교환'을 통해 10억 명 넘는 사람이 즉시 죽을 것이다. 그리고 장기적인 결과는 훨씬 나쁠 수 있다."[11] 세이건과 그의 옛 제자인 제임스 B. 폴락과 O. 브라이언 툰, 그리고 기상학자인 토머스 P. 애커먼과 리처드 P. 터코는 그로부터 두 달 뒤에 『사이언스』를 통해 공개된 논문에서 무시무시할 정도로 자세한 정보를 내놓았다.

이 논문은 다른 과학자들과 국방부로부터 공격을 받았다.[12] "그들은 핵겨울이 중요하지 않다고 말했습니다." 최초의 저자 중 한 명인 브라이언 툰 교수는 회상한다. "소련의 허위 정보라더군요."[13] 하지만 자기들끼리 나눈 대화나 최근에야 빛을 본 글들을 보면, 핵무기 단지의 심장부에 있던 사람들은 핵겨울의 위협이 사실임을 알고 있었다.[14] 국방부 핵무기국 소속 과학자들은 대규모 핵 교환의 결과가 "대기의 외상"이 될 거라고 썼다.[15] 핵 교환이 지구의 "날씨와 기후"에 "가혹한 영향을 미칠 심각한 잠재력"을 가지고 있다고도 했다.

"물론 핵겨울 시나리오에는 불확실한 점이 있습니다."[16] 물리학자 프랭크 폰히펠은 오늘날 우리에게 말한다. "하지만 [전면적인] 핵전쟁 이후 대기에 그렇게 많은 재를 뿜어낸다면 불확실할 건 없습니다." 최초의 핵겨울 논문에서 저자들은 자신들의 모델에 한계가 있음을 인정했다. 당시는 1983년이었다. 컴퓨터가 여전히 기초 수준이었다. 수십 년이 지난 지금은 최첨단 모델링 시스템이 핵겨울로 인한 대기의 외상이 실제로 훨씬 더 가혹할 것임을 보여준다.[17] "우리가 만든 [1983년의] 첫 모델은 핵겨울이 약 1년간 이어질 거라고 했습니다." 툰은 설명한다. "새로운 데이터에 따르면, 지구의 회복 시간은 10년 정도 걸릴 겁니다."[18] 그 말은 태양의 따뜻한 광선이 약 70퍼센트 줄어든다는 뜻이다.[19]

모든 생명은 태양에 의존한다. 태양이 곧 생명이다. 식물이 자라려면 햇빛이 필요하다. 동물은 식물을 먹어야 한다. 이런 동물에는 지상의 호모사피엔스와 공중의 새들, 땅속의 벌레와 바다의 물고기가 포함된다. 태양의 에너지가 지구의 생태계를, 우리 모두가 살고 있는 상호작용중인 유기체들의 복잡한 생물학적 체계를 구동한다. 핵전쟁 이후 수십억 톤의 재 입자가 대기로 떠오르면, 지구 대류권의 구조가 바뀐다.[20]

대류권은 지구 대기의 첫번째(가장 낮은) 층으로, 평균 12킬로미터 높이까지 이어진다.[21] 지구 날씨의 대부분이 이곳에서 발생한다. 대류권은 식물이 광합성을 할 때, 동물이 호흡을 할 때 필요한 공기 전부를 담고 있다. 여기에 지구 수증기의 99퍼센트가 들어 있다. 핵전쟁 이후에는 대류권의 변화로 하룻밤 사이에 날씨가 변한다.

전면적 핵 교환 이후, 지구의 대기는 변화할 것이다.
(국립 해양대기청)

그래서 세상이 너무도 춥고 어두워지는 것이다.

기온이 급락한다.[22] 지구에 가혹하고 긴 저온 현상이 이어진다. 최악의 영향을 받는 곳은 중위도 지역으로, 위도 30도에서 60도 사이에 있는 북반구다. 여기에는 미국과 캐나다, 유럽, 동아시아, 중앙아시아가 포함된다. 이런 극단적 기온 저하로 여름 날씨가 겨울처럼 변한다. 툰의 말에 따르면, "새로운 데이터를 볼 때 아이오와주나 우크라이나 같은 곳의 기온은 6년간 영하를 벗어나지 못할 것이다".[23]

이 시나리오에서 핵 3차대전이 벌어진 건 초봄인 3월 30일이었다. 로스앤젤레스에서 기온은 영하로 급락한다. 살인적인 서리가 열대식물을 대량으로 죽이고 이 지역 전역의 작물을 파괴한다. 평균기온이 영하 12도쯤에 머무는 노스다코타주, 미시간주, 버몬트주 같은 곳에서 기온 급락이란 장기간 영하의 날씨가 이어진다는 뜻이다. 민물은 두꺼운 얼음장에 갇힌다.[24] 극북지방에서는 북극해의 얼음이 1,035만 제곱킬로미터쯤 늘어난다. 현재의 빙하보다 50퍼센트는 커진다. 보통은 얼음이 없는 해안 지방이 얼어, 현대의 지구물리학자들이 "핵 소빙하기"라 부르는 시대로 이어진다.[25]

위협적인 죽음을 선고하는 건 날씨만이 아니다. 전쟁 이후 몇 주, 몇 달이 흐르면서 살을 에는 추위와 싸우는 생존자들은 방사능 중독으로 고통받는다. 스트론튬-90, 요오드-131, 트리튬, 세슘-137, 플루토늄-239를 비롯한 방사성물질이 버섯구름에 딸려 올라갔다가, 낙진이 땅 이곳저곳에 흩어지며 계속해서 환경을 오염시킨다. 땅 이곳저곳에 흩어진다. 방사능으로 인한 죽음은 대단히 고통스럽다. 극심한 구토와 설사가 이어지고, 골수와 소장의 파괴된다. 피해자의 내부 장기가 파열되어 출혈을 일으킨다.

혈관 내벽이 벗겨지면서 사람들의 몸속이 액화된다. 병원에서 치료를 받으며 견디기에도 극히 힘든 질병이다.[26] 화재 폭풍과 독성 연기를 피해 도망치는 와중에 추위와 어둠 속에서 이겨내기란 불가능하다.

여전히 살아남은 사람들은 염색체 손상과 실명을 겪는다.[27] 많은 사람들이 불임이나 난임이 될 것이고, 생식력은 시간이 지나며 더욱 떨어질 것이다.[28] 오염되지 않은 음식과 물도 충분하지 않다. 사람들이 이런 자원을 놓고 싸운다. 무자비한 자만이 살아남는다.

1만 년 혹은 1만 2,000년 동안 현대의 인간은 생존을 위해 농업에 의존했다. 식량을 생산하고 맑은 물을 공급해 사람과 동물, 식물들에게 영양을 공급하기 위해, 농업은 지구의 생태계에 의존한다. 핵 3차대전 이후 여러 달 이어지는 추위와 거의 존재하지 않는 햇빛은 지구의 생태계에 또 한번 연달아 치명적 공격을 가한다. 강수량이 50퍼센트 줄어든다.[29] 이 말은 농업의 종말을 의미한다. 농사는 끝장이다. 작물들이 죽는다. 1만 년 동안 식물을 심고 추수해온 끝에 사람들은 수렵채집 상태로 돌아간다.

전쟁 전에는 고기와 신선 식품이 농장에서 길러져 공급망을 통해 유통 중심지, 슈퍼마켓, 가게, 농산물 직판장으로 운반되었다. 콩과 곡물은 도시와 마을에 지역적으로 보관되는 식품이었다. 운송이 중단되면, 펌프질할 연료도 없고 운전할 차량도 없어지면 식량 유통은 중단된다. 지역적으로 보관되던 것은 불에 타거나 방사능에 오염되거나 얼거나 썩었다. 최초의 핵전쟁으로 인한 폭발과 바람과 불에서 살아남은 사람들—방사능 중독과 맹추위에서 살아남은 사람들—이 이제는 굶어죽기 시작한다.[30]

북반구 전역에서는 살인적 서리와 영하의 기온이 작물을 망친다.[31] 가축은 얼어죽거나 갈증과 허기로 죽는다. 인간은 그라운드제로와 먼 시골에서도 농장 공동체를 시작할 수 없다. 기를 것이 거의 남아 있지 않기 때문이다. 몇 달 동안 이어진 화재 폭풍이 토양을 달궈 황량하게 만들었다. 잠들어 있던 씨앗은 훼손되거나 죽었다.[32] 극심한 영양실조에 시달리는 생존자들은 먹을 수 있는 뿌리와 곤충을 뒤지고 다닌다. 전쟁 이전 북한의 굶주린 주민들과 그리 다르지 않다.

오염되지 않은 물을 찾으려는 노력도 식량을 찾으려는 노력에 필적한다. 극단적인 기온 저하는 북쪽 온대의 민물이 얼어붙고, 일부 지역에서는 얼음 두께가 30센티미터를 넘게 된다는 뜻이다.[33] 지표면에서 물을 구하는 것은 대부분의 인간에게 거의 불가능한 일이 된다.[34] 수많은 동물에게도 그 말은 죽음을 의미한다.

두꺼운 얼음장 아래 얼어붙지 않은 호수들은 화학 폐기물로 오염된다. 마침내 얼음이 녹으면, 이런 물은 수백만 구의 녹아가는 시신으로 더욱 오염될 것이다.[35] 사방의 급수 시설이 망가진다. 핵폭발과 이어지는 대형 화재 사이에 미국의 석유와 가스 저장 시설은 파열되고 폭발해버렸다. 유독화학물질 수억 갤런이 강과 개울로 흘러들어가 물을 오염시키고 수생생물을 죽였다.[36] 독극물이 땅으로 스며들고 지하수층으로 흘러든다. 극도의 낙진에 흠뻑 젖은 연안 지역에는 죽은 해양생물들이 널브러져 있다.

바다를 따라 허리케인급 폭풍이 기승을 부린다. 육지와 해양의 공기덩어리 사이에서 일어나는 극단적 온도 변화의 결과다. 식량을 찾아 물가까지 어찌어찌 찾아온 생존자들에게는 바다로 나가 낚시를 할 수단이 없다. 얕은 물에 사는 여과 섭식 조개류—홍합, 달팽이, 조개 등—는 대체로 방사능 중독으로 죽었다.[37] 아직 살아 있는 것들은 먹기엔 치명적이다.

개울과 호수, 강, 연못에서는 대량 멸종이 진행중이다. 빛의 감소가 미세 수중식물을 완전히 파괴한다. 식물성플랑크톤이 죽으면서 산소가 고갈되고 바다의 먹이사슬이 교란되어 생태계를 더욱 심하게 파괴한다.[38, 39] 핵전쟁과 핵겨울 이후에 식물은 더이상 광합성을 통해 대사를 유지할 수 없다. 식물들이 죽기 시작한다.

이런 일이 6,600만 년 전, 소행성이 지구에 부딪혀 태양을 가렸을 때 벌어졌다. "지구에 살던 (우리가 아는) 생물종의 70퍼센트가 죽었습니다. 여기에 모든 공룡도 포함됩니다." 툰의 말이다. "그들은 굶어죽거나 얼어죽었습니다."[40] 그리고 그는 "핵전쟁이 공룡들이 경험했던 것과 같은 수많은 현상을 일으킬" 것이라고도 말한다. 식물이 싹을 틔우고 열매를 맺으려면 에너지원으로 햇빛이 필요하다. 초식동물은 식물을 먹는다. 육식동물은 초식동물과 서로를 먹는다. 지구의 모든 것이 살고 죽고 분해되고 부패해, 그 전부가 새로운 생명체가 자라나는 새로운 토양을 만들어낸다. 이것이 먹이사슬이다. 더는 그렇지 않지만.

핵겨울 이후로 먹이사슬은 무너진다.

추위와 어둠 속에서는 새로운 것이 전혀 자라지 않는다.

이 시나리오에서, 남반구(오스트레일리아, 뉴질랜드, 아르헨티나, 파라과이 일부 지역을 포함하는)의 작은 지역을 제외한 모든 곳에서는 만연한 기근이 지구를 덮친다.[41]

2022년에 도출된 결론은—네 개 대륙에서 일하는 과학자 열 명이 『네이처 푸드』에 기고한 논문에 따르면—간명하다. "50억 명 이상이 미국과 러시아의 [핵] 전쟁으로 죽을 수 있다."[42]

여러 달이 지난 후, 추위와 어둠은 덜 가혹해진다. 방사성 안개와 아지랑이의 강한 효과는 줄어든다. 독성 스모그가 흩어진다. 태양의 빛이 다시 한번 땅을 비춘다. 햇빛과 함께, 핵전쟁의 치명적 결과가 또하나 다가온다.[43]

태양의 따뜻한 광선이 이제는 살인적인 자외선을 내리쬔다.[44]

수백만 년 동안 오존층은 부드러운 방패처럼 모든 생명체를 태양의 해로운 자외선으로부터 보호해주었다. 핵전쟁 이후에는 그렇지 않다. 핵폭발과 이어지는 화재 폭풍은 엄청난 양의 아산화질소를 성층권에 주입한다. 그 결과 오존층의 절반 이상이 파괴된다. 국립 과학 재단의 컴퓨터 관련 지원을 받아 이루어진 "핵전쟁 이후의 극단적 오존층 손상"이라는 2021년 연구에 따르면, 15년이라는 기간이 지나면 오존층이 전 세계에서 최대 75퍼센트의 보호력을 잃는다.[45] 생존자들은 지하로 들어가야 한다. 축축하고 어두운 곳으로. 거미와 곤충들이 들끓는 공간으로, 피를 빨아먹고 사는 벌레처럼.

지상에서는 햇빛이 밝아오면서 지하에서만큼이나 상황이 고약해진다. 이 새로운 봄날의 햇볕 속에 엄청난 해빙이 시작된다. 여과 없이 쏟아지는 햇볕 아래 얼어붙은 시신 수백만 구도 이때 함께 녹는다. 처음에는 추위와 기근이 있었는데 이제는 가혹한 햇살과 병원균, 전염병이 있다.

곤충이 들끓는다. 핵겨울 이후의 따뜻한 날씨는 질병을 키우는 토양이 된다. 원자 방사선의 효과에 관한 UN 과학 위원회 연구에 따르면, 곤충은 생리학적 특징과 짧은 생애 주기 때문에 척추동물보다 방사능에 훨씬 덜 민감하다.[46] 날개가 있고 다리가 여러 개 달린 벌레 무리가 사방에 존재하며 점점 불어난다. 새 등 이런 곤충의 천적 다수는 추위와 어둠으로 대부분 죽었다. 태양의 따뜻한 광선이 돌아오면서, 뇌염과 광견병, 발진티푸스 등 곤충 매개 질병이 발병해 전 세계적으로 유행한다.[47]

엄청난 진화적 변화가 일어난다.

공룡 이후에 그랬듯이.

이 핵전쟁 이후의 세상에서는 몸이 작고 번식 속도가 빠른 종이 번성하고, 인간을 포함한 몸집이 큰 동물들은 멸종의 경계에서 고군분투한다.

여전히 질문은 남는다.[48] 핵무기는 애초에 그런 무기를 만든 종의 종말을 가져올까?

우리 인간이 살아남을지는 시간이 지나야만 알 수 있을 것이다.

2만 4,000년 이후
미합중국

여러 해가 흐른다. 수백 년이. 수천 년이.

처음에는 엄청나게 줄어들었던, 생명을 유지하는 지구환경의 능력은 다시 살아나고 생기를 띤다. 기온이 전쟁 이전의 상태로 돌아간다.[49] 새로운 종이 발전하고 번성한다.

너무 많은 것이 망가졌지만, 지구라는 행성에는 언제나 자신을 고치고 회복하는 방법이 있었다. 적어도 지금까지는 그랬다. 토양이 되살아난다. 수질도 마찬가지다. 인간 생존자들을 지하로 내려보낸 자외선은 다시 부드럽게 변해 생명을 기른다.

인간이 정말로 살아남는다면, 어떻게 다시 시작하게 될까? 미래의 이 새로운 인간들은 고고학자가 될까? 우리 모두가 한때 여기에 있었다는 걸 알기는 할까?

1만…… 2만……

2만 4,000년이 흐른다.

인간이 수렵채집꾼에서 오늘날까지 진화하는 데 걸린 것의 대략 두 배가 되는 시간이다. 핵 3차대전으로 인한 방사능 중독은 자연히 사라졌다.

미래의 인간들은 우리의 흔적을 조금이나마 발견하게 될까? 우리가 한때 만들고 발전시키고 번영하게 했던 사회의 흔적을?[50]

만일 그렇다면, 그 발견은 클라우스 슈미트라는 이름의 독일인 고고학자와 미하엘 모르슈라는 이름의 젊은 대학원생의 발견에 관한 이야기와 비슷할 것이다.

1994년 10월 어느 날, 슈미트는 튀르키예의 외딴 지역에서 문명의 시간
표를 다시 써 과거로 수천 년이나 거슬러올라가게 한 발견을 해냈다. 이
발견은 지금도 퍼즐과 미스터리에 감싸여 있다. 하지만 이곳은 문명화된
인간으로서 우리 모두에게 하나의 은유가 된다. 우리가 아는 한, 동시에
우리가 모르는 한, 이는 우리의 집단적 미래와 과거에 관한 발견이다.

클라우스 슈미트는 당시 이곳에서 고고학 발굴 작업을 하고 있었기에
이 지역을 잘 알았고, 근처의 도시인 샨르우르파 주변 마을들에서 들은 이
야기에 호기심이 일었다. 이야기에 따르면, 그리 멀지 않은 계곡에 언덕이
하나 있는데 그곳에서 땅을 파다보면 부싯돌을 아주 많이 찾을 수 있다고
했다.

퇴적암의 일종인 부싯돌은 과거 석기시대, 초기 인류가 석기를 만들고

튀르키예의 신석기시대 유적인 괴베클리 테페는 약 1만 2,000년간 묻혀 있다가
고고학자들에게 다시 발견되었다. (올리버 디트리히 박사 제공)

불을 피우는 데 쓰였다.

슈미트는 마을을 돌아다니며 이 지역을 잘 아는 사람이 있는지 탐문했다. 수십 년 전에 이 지역은 피터 베니딕트라는 미국인 고고학자에게 일종의 중세 묘지로 오해된 적이 있는 듯했다. 잘못 분석되었다가 잊힌 것이다.

그러니까, 오렌치크 코이의 사박 일디즈라는 노인이 슈미트에게 그 지역을 안다고 말하기 전까지는 그랬다.[51] 지역민들은 그곳을 괴베클리 테페 지야레트, 즉 배불뚝이 언덕 순례지로 불렀다. 일디즈는 그곳을 찾기 위해서는 언덕 꼭대기의 외딴 나무 한 그루를 찾아야 한다고 했다. 그 나무가 한편으로는 광활하고 황량한 땅에서 유일하게 자라는 존재였기에, 그 나무에는 마법의 힘이 있다고 전해졌다.

일디지는 슈미트에게 사람들이 그 나무를 소원의 나무라 부르며 그곳까지 여행해 가, "나뭇가지에, 그로써 바람에 중요한 열망을 표현한다"라고 말했다.[52] 『괴베클리 테페: 아나톨리아 남동부의 석기시대 성지』라는 책에서 슈미트는 일디즈가 택시를 타고 이 신비로운 지역으로 향했으며, 지역의 십대 소년에게 안내자 역할을 부탁했다고 적었다. 그날 여행에 슈미트와 함께 간 사람이 고고학과 대학원생 미하엘 모르슈였다.

모르슈는 샨르우르파라는 북적거리는 도시 바깥이 그야말로 광활하고 황량한 황무지였다고 말한다. "수백 제곱킬로미터의 검붉은 땅에 돌과 마른 풀밭이 흩어져 있었다"고 모르슈는 회상한다.[53] 그곳에서 번창할 수 있는 것은 거의 없었다. 아무튼 그렇게 보였다. 그 누구도 이 지역에 한 번도 살지 않은 것처럼 보였다.

그들은 13킬로미터를 차로 이동했고 결국 도로가 끝났다. 일행은 택시에서 내려, 소문에 따르면 문제의 현장이라는 곳을 향해 염소나 다닐 길을 따라 걷기 시작했다.

"우리는 계속해서 [작은] 장애물이 되던 짙은 회색의 돌덩어리로 이루어진 기이한 풍경을 가로질러 걸었다."[54] 슈미트의 글이다. "그래서 우리는 길을 가다가 왼쪽, 오른쪽으로 방향을 바꿀 수밖에 없었다." 그렇게 그들은 발목 높이까지 올라오는 자연석의 미로를 지그재그로 나아갔다. 마침내 일행은 이 낯선 지역의 끝에 이르렀다. 길이 탁 트여 저멀리 지평선까지 수 킬로미터가 내다보이는 널찍한 공간이 열렸다.

땅 너머를 내다보던 슈미트는 실망감을 느꼈다. "어디에도 아주 작은 고고학적 흔적조차 없었다. 그저 사람들이 매일 황량한 초원으로 데리고 나오는 양떼와 염소떼가 있을 뿐이었다." 슈미트는 애석해했다.

그때 그는 나무를 보았다.

"거의 그림엽서 같은 풍경이었다." 슈미트는 그렇게 썼다. 소원의 나무만이 "흙더미의 가장 높은 봉우리에서 분명히 지야레트를 표시하고 있었다".

모르슈는 생각했다. 그래, 지야레트, 순례지야.

"우리는 괴베클리 테페를 찾았다." 모르슈는 나중에 그 순간을 이렇게 회상했다.

하지만 여기에 무엇이 있을까? 과학자의 눈으로 슈미트는 의문을 품었다. "자연력 중 어느 것이 이런 석회암 산등성이의 가장 높은 구역에 이런 흙더미를 만들어낼 수 있었을까?"

달리 말해, 무엇—혹은 누가—이 언덕을 만들었을까?

지질학자라면 언덕이 지구의 판 움직임으로 형성되었다고 말할지 모르

2007년 괴베클리 테페의 소원의 나무. 오늘날 이곳은 유네스코 세계 문화유산이다.
(올리버 디트리히 박사 제공)

겠다. 종교적인 사람이라면 신의 존재를 거론하려 할 것이다. 고고학자인 슈미트는 자신이 보고 있는 것이 인간이 만든 텔[tel]임을 즉시 알아보았다.

텔이란 한때 이곳에 살았던 여러 세대의 인간들이 남긴 물질로 이루어진 지형학적 특징이다. 슈미트의 마음속에서 흥분이 일었다. 알고 보니 그는 잃어버린 문명을 발견한 것이었다. 거의 1만 2,000년 동안 잊힌 문명을. 그뿐만이 아니라, 클라우스 슈미트는 문명에 대한 현대인의 정의 자체를 바꿀 무언가를 발견했다.[55] 그의 발견으로 과학과 기술 시스템이 처음 존재하게 된 방식에 대한 인간의 개념 자체가 바뀌었다.

슈미트를 비롯한 고고학자 팀은 언덕을 발굴하기 시작했다. 그들은 도기 파편과 돌벽을 발견했다. 여우, 독수리, 왜가리 같은 야생동물이 새겨진, 채굴된 돌조각도 발견했다. 약 6미터 높이로 똑바로 서 있는 거대한

T자 형태의 기둥도 발견했다. 하지만 무엇보다도 중요한 것은 그들이 방과 복도, 탁 트인 강당으로 이루어진 광대한 체계를 발견했다는 것이다. 돌을 조심스레 조각해 만든 벤치와 제단이 갖춰진 공간이었다. 그리고 그 돌은 앞서 말한 것과 같은, 수 킬로미터 떨어진 채석장에서 알 수 없는 방법으로 옮겨온 것이었다.

이런 발견이 이루어지기 전에 문명에 대한 과학자들의 일반적인 시각은 과학과 기술이 농업에서, 농사짓기에서 비롯했다는 것이었다. 인간은 식물과 동물을 길들이는 방법을 배운 뒤에야 수렵채집꾼의 유목민적 삶에서 문명으로 이행해, 공동체와 사회를 건설하고 복잡한 시스템을 설계하고 창조했다는 것이다.

괴베클리 테페는 이처럼 오래된 기본적 개념에 문제를 제기했다.

이곳은 선사시대의 건축가, 건설 일꾼, 공학자들에 의해 지어졌다. 농업과 농사가 시작되기 전에 존재했던 건축가들에 의해. 오늘날 우리에게 괴베클리 테페라 알려진, 과학 기반의 프로젝트를 꿈꾸었던 수렵채집꾼들에 의해. 그들은 작업반을 꾸린 뒤 머릿속에서 신중하게, 체계적으로 계획하거나 그린 것을 실행했다. 이들은 여러 시스템으로 이루어진 복잡계를 활용하는 수렵채집꾼이었다. 건축이라는 시스템을 우아하게 이해하고 있던 사람들. 지휘와 통제의 위계를 알고 있던 사람들.

2024년 초반까지 괴베클리 테페에서는 거주 시설이 발견되지 않았다. 묘지도, 뼈도 없다. 달리 말해, 사람들은 이곳에 살지 않으면서 이곳에 모인 것으로 보인다. 수백 년 동안, 어쩌면 수천 년 동안.

왜일까? 우리는 모른다. 무엇을 하려고? 우리는 모른다.

더욱 신비로운 것은 따로 있다. 고고학적 흔적을 보면 수천 년 전 괴베

390

클리 테페에는 비교적 짧은 기간에 걸쳐 알 수 없는 재앙이 닥친 듯하다. 그건 지진이나 소행성 충돌, 홍수 같은 자연적인 재앙이 아니었다. 그렇다기에는 상당히 갑작스럽게 이곳 전체가 끝장나버렸다. 망가졌다. 폐기되었다. 흙과 돌로 다시 메워졌다.

이게 의도적인 일이었는지, 재앙에 따른 결과였는지 과학자들은 아직 판단하지 못했다. 발굴은 이어지고 있으며 수수께끼는 남아 있다. 그 수수께끼 같은 순간 이후로 괴베클리 테페는 파묻힌 타임캡슐이 되었다. 이곳은 수천 년 동안 흙속에 숨겨져 있었다.

괴베클리 테페에서는 무슨 일이 일어났을까? 이곳 인간들이 갑자기 종말을 맞은 이유는 무엇일까? 미하엘 모르슈는 이 수수께끼의 답을 모른다.

"이 사람들이 뭘 먹었는지는 알 수 있습니다."[56] 모르슈는 1만 2,000년 전에 사용된 난로와 불구덩이에서 식물 DNA를 채취할 수 있는 현대인의 놀라운 능력의 도움을 받아 이렇게 말한다. "이 사람들이 어떤 동물을 사냥했는지도 알 수 있습니다. 하지만 이 사람들이 무슨 생각을 했는지는 알 수 없어요. 그들에게 무슨 일이 일어났는지도요."

전면적 핵 교환 이후 수천 년이 지나면 우리도 이와 같을 수 있다. 미래의 인간은 현재의 문명과 불가사의가 남긴 흔적을 발견할 수 있을 것이다. 어쩌다가 이런 게 폐기되었을까? 이 사람들에게는 무슨 일이 일어났을까?

핵 시대가 밝아올 때, 알베르트 아인슈타인은 핵전쟁에 대해 어떻게 생각하느냐는 질문을 받고 이렇게 대답했다고 알려져 있다. "제3차세계대전에 어떤 무기가 사용될지는 모르겠지만, 제4차세계대전은 막대와 돌을 가지고 치러질 겁니다."

막대에 연결된 돌(혹은 창)은 석기시대 사람들이 전쟁을 벌인 방법이다.

석기시대는 수백만 년간 이어진 선사시대의 긴 기간으로, 이 시기에 인간들은 돌로 도구를 만들었다. 그리고 그 시대는 1만 2,000년 전, 수렵채집꾼들이 괴베클리 테페를 짓는 방법을 알았던 시기에 끝났다.

알베르트 아인슈타인은 인류가 지난 1만 2,000년간 만들어온 발전된 문명을 핵무기가 끝내버릴 수 있고, 실제로 그럴 수 있다고 두려워했다. 아인슈타인은 문명화된 인간들이 전쟁에서 소위 문명화되었다는 동료 인간을 상대로 쓰기 위해 만든 끔찍한 무기 때문에 인류 전체가 다시 수렵채집꾼이 될 수 있다고 우려했다.

방금 당신이 읽은 이야기는 바로 이런 상상에서 비롯한다. 만드는 데 1만 2,000년이 걸린 문명이 겨우 몇 분, 몇 시간 만에 폐허로 돌아가는 이야기. 이것이 핵전쟁의 현실이다. 핵전쟁은 가능성으로 존재하는 한 종말로 인류를 위협한다. 인간이라는 종의 생존이 경각에 달려 있다.

칼 세이건은 전면적인 핵 교환 이후, 핵전쟁과 핵겨울의 생존자들은 오늘날 살아가는 그 누구도 전혀 알아볼 수 없는 가혹한 세계를 살아가게 될 것이라고 경고했다. 아마존의 몇몇 부족이나 군사훈련을 받은 사람들을 제외하면 오늘날 살아 있는 사람 중 수렵채집꾼으로서의 실제적 생존 기술을 가진 사람은 거의 없다고. 핵전쟁 이후에는 생존자 중 가장 튼튼한 사람조차 대체로 지하에 살면서 추위와 어둠을 견뎌야 하며, 방사능으로 오염된 세상을 영양실조와 갖은 질병에 걸린 채로 돌아다니기는 대단히 어려울 거라고. "호모사피엔스의 개체수는 선사시대 수준이나 그 이하로 떨어질 수 있다"라고 세이건은 썼다.[57]

소규모의 사람들이 번식을 위해 근친상간으로 유전적 결함이 있는, 일부는 눈이 먼 자식들을 낳게 될 것이다. 우리 모두가 집단적으로 배운 모든 것, 그리고 조상들이 우리에게 물려준 모든 것이 신화가 될 것이다.

시간이 지나면서, 핵전쟁 이후에는 현재의 모든 지식이 사라질 것이다. 적은 한 국가나 집단으로서 악마화된 북한이나 러시아, 미국, 중국, 이란 등 그 누구도 아니었다는 지식도 함께.

우리 모두의 적은 핵무기였다.[58] 처음부터 끝까지.

감사의 말

    핵전쟁은 미친 짓이다. 내가 이 책을 쓰기 위해 인터뷰한 모든 사람이 그 사실을 알고 있다. 모든 사람이. 핵무기 사용의 전제 자체가 광기다. 이건 비합리적인 일이다. 그런데도 우리는 이런 상황에 처해 있다. 러시아 대통령 블라디미르 푸틴은 최근 자신이 대량 살상 무기를 사용할 가능성을 두고 "허풍을 떠는 게 아니다"라고 말했다. 북한은 최근 미국이 "핵전쟁을 일으킬 불길한 의도"를 가지고 있다고 비난했다. 우리 모두가 면도날 위에 앉아 있는 셈이다. 핵 억지가 실패하면? UN 사무총장 안토니우 구테흐스는 2022년 가을에 "인류는 단 한 번의 오해, 단 한 번의 오산으로 핵 멸종을 맞을 수 있습니다"고 세계에 경고했다. "이건 미친 짓입니다. 방향을 돌려야 합니다." 정말이지 진실한 말이다. 이 책 이면의 기본적인 생각은 경악스럽도록 자세하게, 핵전쟁이 정말 얼마나 끔찍할 수 있는지 보여주는 것이다.

먼저 나는 세상을 떠난 이들에게 감사를 전해야 한다. 앨프리드 오도넬 (1922~2015)은 내게 핵폭탄에 대해 가르쳐주었다. 4년 반 동안 이어진 인터뷰에서 그는 내게 특별할 뿐 아니라 비할 데 없는 정보를 공유해주었다. EG&G 소속 4인조 핵무기 무장 팀의 일원으로서(이들은 모든 핵실험 전의 최종 연결 확인을 맡았다) 오도넬은 크로스로드 작전에 쓰인 것을 포함한 미국의 대기, 수중, 우주 기반 핵무기 186기 중 일부를 설치, 무장, 발사시키기도 했다. 동료들은 오도넬을 "트리거맨"*이라 불렀다.

랠프 "짐" 프리드먼(1927~2018)도 EG&G 소속으로, 네바다 실험장과 마셜제도에서 벌어진 이런 핵실험 사진을 수천 장 찍었다. 나는 15메가톤급 캐슬브라보 폭탄이 폭발하는 모습을 지켜본 그의 목격담을 『펜타곤의 두뇌』에 실었다.

앨버트 D. "버드" 휠론 박사(1929~2013)는 "최초"로 이루어진 그 전설적 이력에 관한 이야기를 내게 나눠주었다. 그는 미국 최초의 대륙간탄도미사일(아틀라스)과 미국 최초의 정찰위성(암호명 코로나)을 개발했고, CIA 과학기술국Directorate of Science and Technology, DS&T의 초대 국장이기도 했다. 그는 또한 "51구역**의 시장"이었다(그 자신이 한 말이다). 휠론이 내게 한 말에 따르면 그가 평생 한 작업은 제3차세계대전을 막는 것이었다.

---

* triggerman. 원래는 범죄 조직의 암살자, 경호원 등을 뜻하는 말이나 이 맥락에서는 방아쇠를 당기는 사람이라는 중의적인 의미로 쓰였다.

** 미국 네바다주 사막에 위치한 비밀 군사기지로, 미국 정부의 극비 항공기 개발과 실험이 이루어지는 곳으로 알려져 있다.

허비 S. 스토크먼(1922~2011) 대령은 특별한 삶을 살았다. 그는 제2차 세계대전에서 P-51 머스탱 전투기로 68번의 임무를 수행하며 나치와 싸웠다. 그는 U-2 정찰기를 타고 소련 상공을 비행한 최초의 인물이기도 하다. 그는 마셜제도에서 메가톤급 열핵폭탄의 구름을 뚫고 방사능 견본 채취 비행을 했다. 또한 베트남전쟁에서도 비행 임무를 수행하다가 격추당해 추락하고 포로로 잡혀 고문당했으며 거의 6년 동안 전쟁 포로로 살았다. 1973년 3월에 풀려난 이후, 허비는 훈장 수여식에 전쟁 포로의 제복을 입고 가겠다고 고집을 부려 펜타곤의 반감을 샀다. 그는 내게 말했다. "더 이상 초대장이 오지 않더군요. 펜타곤에서는 옛 포로가 아니라 전쟁 영웅을 원했습니다."

1964년에 노벨상을 받은 찰스 H. 타운스(1915~2015)는 내 생각에 심대한 영향을 끼쳤다(이에 관해 나는 『현상』에 써두었다). 도움이 될 수도, 해가 될 수도 있는 과학이라는 의미의 '기술의 이중적 이용'은 역설이다. 타운스의 발명품인 레이저는 레이저 수술에서 레이저프린터에 이르기까지 인류에게 아주 큰 도움을 주었지만, 펜타곤의 기밀 레이저무기 프로그램은 새로운 종류의 무기 경쟁을 일으키고 있다.

월터 먼크 박사(1917~2019)는 지구물리학자이자 해양학자로서 해군에서 대잠전 및 해양음향학에 관한 연구를 했다. 그는 태평양에서 핵폭탄 실험을 할 때 수행했던 해양과학 실험에 관한 이야기를 내게 아낌없이 들려주었다. 그는 대통령 여러 명에게 조언했고 해군성 해양학 연구 의장이라는 직함을 가지고 있었으며 바다에 대한 인간의 이해를 혁명적으로 바꿔놓았다. 동료들은 그를 "해양의 아인슈타인"이라 불렀다.

에드워드 로빅 주니어(1919~2017)는 스텔스 기술의 조상이자 록히드

스컹크 웍스의 오랜 직원으로, 10년 넘게 이어진 인터뷰에서 내게 많은 것을 가르쳐주었다. 과학적 발견에 관한 그의 관점은 말할 수 없이 귀중하다. 로빅은 스텔스 기술을 오래도록 연구하던 중, 아이의 기저귀를 갈다가 우연히 돌파구를 발견했다고 설명했다. 그가 각성한 순간은 스텔스의 비밀이 흡수에 있다는 것을 깨달은 순간이었다.

폴 S. 코젬차크(1948~2017)는 DARPA에서 가장 오래 근무한 직원으로, 2014년 인터뷰에서 내게 이 책의 씨앗이 된 충격적인 이야기를 들려주었다. 그는 이렇게 물었다. "쿠바 미사일 위기 동안 몇 개의 핵미사일이 폭발했는지 아십니까?" 그러고는 이어서 말했습니다. "정답은 '없음'이 아닙니다. 정답은 '여러 개'. 즉 네 개입니다." 미국은 1962년 10월 20일과 26일, 소련은 10월 22일과 28일에 각각 2기씩 핵을 우주에서 터뜨렸다. 데프콘 2단계 상황에서 핵무기 실험을 진행한 것은 운명을 시험하는 행위였다.

마빈 L. "머프" 골드버거(1922~2014)는 제이슨 그룹의 창립자로, 국방부를 위해 여러 무기 시스템을 설계한 인물이다. 그는 내게 센서 기술과 그 기술이 지휘 통제 시스템에서 수행하는 역할에 대해 방대한 지식을 나눠주었다. 동시에 후회도 털어놓았다. 그는 전쟁을 위한 과학이 아니라 과학 자체를 위해 더 많은 시간을 쏟았으면 좋았을 거라고 했다. "인생의 끝에 다다르면 이런 것들을 생각하게 된다"며.

제이 W. 포레스터 박사(1918~2016)는 컴퓨터공학 분야의 개척자이자 시스템 다이내믹스의 아버지로서, 핵 지휘 통제를 뒷받침하는 근본적 개념에 관해 가르쳐주었다. 핵 지휘 통제는 여러 시스템으로 이루어진 시스템이다. 수많은 움직이는 부품으로 이루어진 거대한 기계 말이다. 이 사실을, 그리고 모든 기계가 궁극적으로는 망가진다는 사실을 안다면 무시무시한 생각이 들 수밖에 없다.

조사하고 보도하고 글을 쓰고 책을 펴내는 데에는 어마어마한 도움이 필요하다. 수많은 사람들의 기발함과 관대함, 그리고 오래된 방식의 성실함이 요구된다. 내가 여기에서 특별히 감사를 전하고 싶은 사람은 존 파슬리, 스티브 영거, 슬로언 해리스, 매슈 스나이더, 티퍼니 워드, 앨런 로트보르트, 프랭크 모스, 제이크 스미스-보즌켓, 세라 테게비, 스테퍼니 쿠퍼, 니콜 자비스, 엘라 커키, 제이슨 부허다. 제작 편집자인 클레어 설리번과 교정 작업자인 롭 스터니츠키에게 매와 같은 눈으로 끝까지 지켜봐준 데에 감사를 표한다.

나는 배경지식, 혹은 업계 언어로 깊은 배경지식을 쌓는 데 여러 정보원의 도움을 받았다. 그중 일부는 10~12년 전부터 이어진 인연이다. 감사드린다. 그리고 기록을 남기고 내가 이 시나리오에서 그 기록을 인용하도록 허락해준 모든 용감하고 대담한 사람들에게도 큰 감사를 전한다. 특히, 나는 글렌 맥더프와 테드 포스톨에게 감사를 전하고 싶다. 이들은 초기의 (엉망진창인) 원고를 읽고 파고들어 좀더 깊이 보도해야 하는 부분을 짚어주었다. 존 울프스탈과 찰스 무어 중장(전역)에게 국가에 수십 년간 봉사하면서 생긴 드물게 정확한 눈으로, 좀더 완성에 가까워진 원고를 읽어준 데에 감사를 전한다. 핵탄두와 핵무기 시스템에 관한 숫자를 비할 데 없이 전문적으로(또한 인내심 있게) 읽고 교정해준 한스 크리스텐슨에게도 감사한다. 로스앨러모스 국립 연구소 기록 보관소의 존 타일러 무어와 닐스 보어 도서관 및 기록 보관소의 원고 보관 담당자인 맥스 하월, 그리고 국가 기록 보관소에서 지난 몇 년간 일해온 모든 분께 감사한다. 특히 리처드 포이저, 데이비드 포트, 톰 밀스에게 감사를 전한다. 핵 위험이라는 주제에 관한 통찰을 제공해준 신시아 라자로프에게 감사한다. 러시아어 번역에 도움을 준 폴리나 소콜롭스키, 줄리아 그린버그, 네이선 소콜롭스키에게도 감사한다. 스토리 팩토리의 셰인 살레르노는 내게 이 책에 관한 아이디어를 제공해주고 계속해서 나와 함께 원고 작업을 했다. 고고학자 올리버 디트리히 박사와 옌스 노트로프 박사에게도 감사한다. 이들은 여러 해에 걸쳐 괴베클리 테페에 관해 연구했고, 그 놀랍고도 신비로운 장소에 관한 통찰을 나눠주었다.

뭐든 가치 있는 것을 이루려면 마을 하나가 필요하다. 내 마을에는 다음과 같은 사람들이 있었다. 톰 소이니넨(내게 발언 막대기를 물려준 사람), 앨리스 소이니넨(보고 싶어요, 엄마), 줄리 소이니넨 엘킨스, 존 소이니넨, 캐슬린과 제프리 실버, 리오와 프랭크 모스, 커스턴 만, 엘런 콜릿, 낸시 클레어, 주디스 에덜먼. 물론, 내가 하는 일 중 케빈, 핀리, 제트에게서 받는 무한히 영감 넘치는 아이디어와 기발함 없이 해낼 수 있는 것은 아무것도 없다. 너희가 내 가장 좋은 친구다.

주

주에 사용된 약자

CRS	미국 의회조사국 디지털 컬렉션
CSIS	전략국제문제연구소 디지털 컬렉션
DIA	국방정보국 디지털 컬렉션
DoD	미국 국방부 디지털 컬렉션
DSOH	미국 국무부 역사실 디지털 컬렉션
DNI	국가정보국장 디지털 컬렉션
GAO	미국 회계감사원 디지털 컬렉션
FAS	미국 과학자 연맹 디지털 컬렉션
FEMA	연방재난관리청 디지털 컬렉션
ICAN	핵무기 폐기 국제 운동 디지털 컬렉션
IDA	국방 분석 연구소 디지털 컬렉션
LANL	로스앨러모스 국립 연구소 디지털 컬렉션
LANL-L	로스앨러모스 국립 연구소 도서관
LM	록히드 마틴 디지털 컬렉션
MDA	미사일 방어국 디지털 컬렉션
NARA	미국 국가기록원, 메릴랜드주 컬리지 파크
NASA	미국 항공우주국 디지털 컬렉션
NA-R	미국 국가기록원 로널드 레이건 도서관 디지털 컬렉션
NA-T	미국 국가기록원 해리 S. 트루먼 도서관 디지털 컬렉션
NAVY	미국 해군 디지털 컬렉션
NOAA	미국 해양대기청 디지털 컬렉션
NRC	미국 원자력 규제 위원회 디지털 컬렉션
NRO	국가정찰국 디지털 컬렉션

NSA-GWU 국가 안보 기록원, 조지워싱턴대학교 디지털 컬렉션
OSD 국방부 장관실 디지털 컬렉션
OSTI 미국 에너지부, 과학 및 기술 정보 사무국 디지털 컬렉션
RTX 레이시온 디지털 컬렉션
SIPRI 스톡홀름 국제평화연구소 디지털 컬렉션
SN 샌디아 국립 연구소 디지털 컬렉션
STRATCOM 미국 전략사령부 디지털 컬렉션
USSF 미국 우주군 디지털 컬렉션
WH 백악관 디지털 컬렉션

작가의 말

1   "Atomic Weapons Requirements Study for 1959 (SM 129-56)," Strategic Air Command, June 15, 1956 (Top Secret Restricted Data, Declassified August 26, 2014), NARA; "SIOP Briefing for Nixon Administration," XPDRB-4236-69, National Security Council, Joint Chiefs of Staff, January 27, 1969, LANL-L. 기타 사례도 전부 주석으로 표시했다.

2   앤드루 웨버와의 인터뷰. 또한 다음을 참조하라: Dr. Peter Vincent Pry, "Surprise Attack: ICBMs and the Real Nuclear Threat," Task Force on National and Homeland Security, October 31, 2020. "기습 공격은 미국의 취약점, 적의 전략적 태세와 편집증적인 전략 문화, 그리고 핵전쟁, 특히 핵 기습 공격을 '생각할 수 없는' 일로 여기는 미국의 전략 문화 때문에 가장 가능성 있는 핵 시나리오다."

3   "Admiral Charles A. Richard, Commander, U.S. Strategic Command, Holds a Press Briefing," transcript, DoD, April 22, 2021. "우리는 탄도미사일 잠수함, 대륙간탄도미사일 부문의 대응력, 아군의 준비 태세와 정책, 실행 방식을 통해 기습적인 핵 공격의 발생 가능성을 낮추었습니다. 기습적인 핵 공격이 일어날 가능성이 낮은 까닭은 성공하지 못할 가능성이 높기 때문입니다." 이 책의 시나리오는 전략사령부의 태세와 정책이 실패하고, '기습적인 핵 공격'이 발생하는 상황에서 시작된다.

4   로버트 켈러와의 인터뷰.

프롤로그: 지상의 지옥

1   이 시나리오에서 핵무기의 효과는 Samuel Glasstone and Philip J. Dolan, eds., *The Effects of Nuclear Weapons*, 3rd ed. (Washington, DC: Department of Defense and Department of Energy [formerly the Atomic Energy Commission]), 1977에서 유래한다. 653페이지 분량의 이 책은 "Department of the Army Pamphlet No. 50-3"으로도 불린다. 2021년 로스앨러모스 국립 연구소로 조사차 여행을 가서 구한 나의 소장본 뒤쪽 겉표지에는 로벨리스 생물의학 및 환경 연구소에서 개발한 "Nuclear Bomb Effects Computer"라는 책자가 끼워져 있었다. 이 원형 계산자가 있으면, 핵폭발 지점으로부터 얼마나 떨어진 거리에서 3도 화상을 입어 "피부 이식이 필요"해질지 등 핵폭탄의 효과를 개인적으로 계산해 볼 수 있다. 핵폭탄이 사람과 도시에 끼치는 끔찍한 영향은 미군이 1945년 8월 히로시마와 나가사키에 투하한 원자폭탄 데이터에 근거한다. 최초에 이 데이터는 DoD와 AEC에 의해 *The Effects of Atomic Weapons*라는 책으로 수집되었다. 이는 핵폭탄의 폭발 에너지가 TNT 수천 톤, 그러니까 킬로톤 범위에 있던 시절인 1950년대에 발간된 책이다. 이런 무기는 도시 전체를 파괴하고자 고안되었다. 1950년대에 열핵(수소)폭탄이 개발되면서 핵무기의 폭발력은 수백만 톤, 즉 메가톤 범위로 발전했다. 이런 무기는 국가 전체를 파괴하고자 고안되었다. *Effects*의 후속 판본에는 태평양과 미국에서 시행된 대기 시험에서 얻은 새로운 데이터가 포함되고 핵무기 일반, 특히 그 효과가 다양한 방식으로 보고되었다. "무기의 효과를 정확히 측정하는 데는 내재적 어려움이 있다." 글래스톤의 글이다. "결과는 실험에서조차 통제가 어렵거나 불가능한 상황에 따라 달라진다. 공격 발생 시에는 당연히 이런 상황을 예측하기 어렵다." 앞으로 읽게 될 시나리오는 *Effects*에서 가져온 자료를 근거로 한다. 또한 이 시나리오는 수십 년간 자료를 수집해왔고 이러한 작업으로 널리 알려진 과학자와 연구자들이 말한 개연성 높은 결과에도 토대를 두고 있다. 나는 그런 학자 중 다수를 인터뷰했다. 글래스톤은 "다르게 설계된 무기라면 폭발력이 같더라도 실제로 내는 효과는 현저히 다를 수 있다"라고 분명히 밝힌다. 핵무기에 관한 숫자가 얼마나 부정확했으며 지금까지도 그런지에 관한 현대적 사례를 보여주는 사람이 세계의 첫 열핵폭탄 장치(일명 슈퍼)를 설계한 미국의 물리학자 리처드 L. 가원이다. 가원은 내가 이 책을 쓰기 위해 여러 차례 인터뷰한 인물이기도 하다. 아이비 마이크라 불리는 '슈퍼'는 10.4메가톤의 폭발력을 가진 것으로 알려졌다. 그러나 가원은 폭탄의 폭발력이 11메가톤이라고 말한다. 그는 내게 (녹화된 줌 인터뷰를 통해) 이 말을 여러 번 했다. 미국 물리학회(AIP)의 물리학사 센터를 위해 데이비드 자일러에게 2020년 구두로 역사를 알려줄 때도

마찬가지였다. 이 녹취록은 온라인으로 볼 수 있다. 나는 이 책에서 10.4메가톤이라는 숫자를 사용했는데, 그 까닭은 가윈의 말이 맞는지 아닌지 "증명"될 수 있다거나 그럴 필요가 있어서가 아니라 이 책에서 폭발력을 11메가톤이라고 쓰면 거의 확실하게 교정이 필요하다는 응답이 돌아올 것이기 때문이다. 이 말을 하는 건 호기심 많은 구글 검색자들의 노력을 폄훼하려는 게 아니라, 핵무기와 그 효과를 확실히 평가하는 것이 본질적으로 어렵다는 점을 강조하기 위해서다. 핵무기 역사학자 알렉스 윌러스틴이 말하듯 "숫자는 관심을 환기하는 것으로 간주해야지 결정적인 것으로 보아서는 안 된다." 핵무기가 각자의 도시나 마을에서 폭발했을 때의 가능한 결과를 상상해 보려는 독자에게는 윌러스틴이 *Effects*에서 기밀 해제된 자료와 맵 박스 API를 활용해 설계하고 프로그래밍한 반응성 지도인 NUKEMAP(alexwellerstein.com)에 접속해 보기를 추천한다. 윌러스틴에 따르면, "이 사이트는 논쟁적인 기술에 관해 다른 의견을 가진 사람들이 최소한 해당 문제의 기초적인 기술적 차원에 대해 합의하게 해준 21세기의 드문 도구다." 핵무기 효과에 관해 더 알아보려면 다음의 책을 참조하라: Harold L. Brode, "Fireball Phenomenology," RAND Corporation, 1964; Office of Technology Assessment, *The Effects of Nuclear War*, May 1979; Theodore Postol, "Striving for Armageddon: The U.S. Nuclear Forces Modernization Program, Rising Tensions with Russia, and the Increasing Danger of a World Nuclear Catastrophe Symposium: The Dynamics of Possible Nuclear Extinction," New York Academy of Medicine, February 28 – March 1, 2015, 저자 소장본; Lynn Eden, *Whole World on Fire: Organizations, Knowledge, and Nuclear Weapons Devastation* (Ithaca, NY: Cornell University Press, 2004), ch. 1: "Complete Ruin"; Steven Starr, Lynn Eden, Theodore A. Postol, "What Would Happen If an 800-Kiloton Nuclear Warhead Detonated above Midtown Manhattan?" Bulletin of the Atomic Scientists, February 25, 2015.

2   Theodore A. Postol, "Possible Fatalities from Superfires Following Nuclear Attacks in or Near Urban Areas," in *The Medical Implications of Nuclear War*, eds. F. Solomon and R. Q. Marston (Washington, D.C.: National Academies Press, 1986), 15.

3   Glasstone and Dolan, *The Effects of Nuclear Weapons*, 276.

4   Glasstone and Dolan, *The Effects of Nuclear Weapons*, 38; Theodore Postol, "Striving for Armageddon: The U.S. Nuclear Forces Modernization Program, Rising Tensions with Russia, and the Increasing Danger of a World Nuclear Catastrophe Symposium: The Dynamics of Possible

Nuclear Extinction," New York Academy of Medicine, February 28 – March 1, 2015, slide 12, 저자 소장본; 테드 포스톨과의 인터뷰.

5   Glasstone and Dolan, *The Effects of Nuclear Weapons*, "Characteristics of the Blast Wave in Air," 80 – 91.

6   "Nuclear Weapons Blast Effects: Thermal Effects: Ignition Thresholds," LANL, July 9, 2020; Glasstone and Dolan, *The Effects of Nuclear Weapons*, 277.

7   Eden, *Whole World on Fire*, 25 – 36.

8   NUKEMAPS, 1메가톤급 공중 폭발이 일어날 경우 펜타곤에서는 약 50만 명의 사망자와 약 100만 명의 부상자가 발생할 것으로 추산한다. 이 시나리오에서 폭발 지점으로부터 직경 40킬로미터 내(1psi)에는 약 260만 명이 있으며, 그중 절반은 사지 절단이 필요한 3도 화상을 입게 될 것이다. 이 시나리오에서 죽거나 죽어가는 사람의 수는 100만에서 200만 명에 이를 것으로 보인다. Lincoln and Jefferson memorials: Eden, *Whole World on Fire*, 17.

9   Toni Sandys, "Photos from the Washington Nationals' 2023 Opening Day," *Washington Post*, March 31, 2023.

10   "1메가톤급 폭발은 최대 8킬로미터에 이르는 거리에서 3도 화상(피부 조직을 파괴하는)을 일으킬 수 있다. 전신의 24퍼센트를 넘는 부위에 3도 화상을 입거나 30퍼센트를 넘는 부위에 2도 화상을 입으면 심각한 쇼크가 일어나며, 신속하고 전문적인 의학적 치료가 불가능하다면 사망에 이를 가능성이 높다." 추정치가 달라지는 양상을 확인하고 싶다면 다음을 보라: "Nuclear Weapon Blast Effects," (참조: *Thermal Effects: Ignition Thresholds*) LANL, July 9, 2020, 12 – 14. Third-degree burns, 1 megaton, 12 kilometers (7.45 miles).

11   R. D. Kearns et al., "Actionable, Revised (v.3), and Amplified American Burn Association Triage Tables for Mass Casualties: A Civilian Defense Guideline," *Journal of Burn Care & Research* 41, no. 4 (July 3, 2020): 770 – 79.

12   Office of Technology Assessment, *The Effects of Nuclear War*, table. 2: "Summary of Effects, Immediate Deaths." 민간 과학자들에 관해서는 다음을 참조하라: William Daugherty, Barbara Levi, and Frank von Hippel, "Casualties Due to the Blast, Heat, and Radioactive Fallout from Various Hypothetical Nuclear Attacks on the United States," National Academy of Sciences, 1986.

13   "Mortuary Services in Civil Defense," Technical Manual: TM-11-12, United States Civil Defense, 1956.

14   아나스코시아-볼링 합동 본부에 대한 저자의 견학.

15   Glasstone and Dolan, *The Effects of Nuclear Weapons*, 277. 펄스 나비는 폭 탄의 규모에 따라 달라진다.

16   기록 보관 담당자는 원자력 문서보관소 디지털 컬렉션의 크리스 그리피스다.

17   테드 포스톨과의 인터뷰. 또한 다음을 참조하라: Steven Starr, Lynn Eden, Theodore A. Postol, "What Would Happen If an 800-Kiloton Nuclear Warhead Detonated above Midtown Manhattan?" Bulletin of the Atomic Scientists, February 25, 2015.

18   Glasstone and Dolan, *The Effects of Nuclear Weapons*, 38.

19   "Sandy Storm Surge & Wind Summary," National Climate Report, NOAA, October 2012. 시속 407킬로미터의 풍속은 오스트레일리아 배로 섬에서 1996 년 4월 10일에 측정된 것이다.

20   Glasstone and Dolan, *The Effects of Nuclear Weapons*, 27.

21   테드 포스톨과의 인터뷰; Glasstone and Dolan, *The Effects of Nuclear Weapons*, 29, 82, 85.

22   Glasstone and Dolan, *The Effects of Nuclear Weapons* 28 – 33, table 2.12.

23   Ehrlich et al., *The Cold and the Dark*, 9.

24   Eden, *Whole World on Fire*, 25.

25   Office of Technology Assessment, *The Effects of Nuclear War*, 21.

26   핵 실험 당시 이를 목격한 앨 오도넬과의 인터뷰.

27   크레이그 퍼게이트와의 인터뷰.

1부: 빌드업 (우리는 어쩌다 이렇게 되었는가)

1   "History of the Joint Strategic Target Planning Staff: Background and Preparation of SIOP-62," History & Research Division, Headquarters Strategic Air Command. (Top Secret Restricted Data, Declassified Feb 13, 2007), 1.

2   Ellsberg, *The Doomsday Machine*, 3.

3   Rubel, *Doomsday Delayed*, 23 – 24.

4   같은 책, 24 – 30.

5   같은 책, 27.

6   같은 책, 24.

7   같은 책, 25.

8   같은 책.

9   대중이 SIOP-62에 대해 알게 된 경위에 관해서는 다음을 참조하라: William
    Burr, ed., "The Creation of SIOP-62: More Evidence on the Origins of
    Overkill," Electronic Briefing Book No. 130, NSA-GWU, July 13, 2004:
    Kaplan, *The Wizards of Armageddon*, 262-72; Ellsberg, *The Doomsday
    Machine*, 2-3.

10 George V. LeRoy, "The Medical Sequelae of the Atomic Bomb Explosion,"
    Journal of the American Medical Association 134, no. 14 (August 1947):
    1143-48. 맥더프는 다른 수치를 인용한다: "히로시마에서는 11월 중반까지
    64,500명이 살해당했고, 나가사키에서는 11월 말까지 39,214명이 살해당했다."
    A. W. Oughterson et al., "Medical Effects of Atomic Bombs: The Report of
    the Joint Commission for the Investigation of Effects of the Atomic Bomb
    in Japan," vol. 1, Army Institute of Pathology, April 19, 1951, 12.

11 Sekimori, *Hibakusha: Survivors of Hiroshima and Nagasaki*, 20-39.

12 John Malik, "The Yields of the Hiroshima and Nagasaki Explosions,"
    LA-8819,UC-34, LANL, September 1985. to kill the most people: As a
    member of the target selection committee, von Neumann decided which
    Japanese cities were chosen as atomic targets. The president's Medal for
    Merit given to him cited "devotion to duty," and "sustained enthusiasm."

13 Setsuko Thurlow, "Vienna Conference on the Humanitarian Impact of
    Nuclear Weapons," Federal Ministry, Republic of Austria, December 8,
    2014: Testimony of Setsuko Thurlow, "Disarmament and Non-
    Proliferation: Historical Perspectives and Future Objectives," Royal Irish
    Academy, Dublin, March 28, 2014.

14 표적지 선정 위원회의 일원으로서 폰 노이만은 일본의 어떤 도시가 원자폭탄의
    표적지로 선정될지 결정했다. 그에게 주어진 대통령의 공로 훈장에는 "임무에
    대한 헌신"과 "지속적인 열정"이 언급되어 있다.

15 Setsuko Thurlow, "Setsuko Thurlow Remembers the Hiroshima
    Bombing," Arms Control Association, July/August 2020 (here and after).

16 ohn Malik, "The Yields of the Hiroshima and Nagasaki Nuclear
    Explosions," LA-8819, UC-34, LANL, September 1985, 1. 나가사키는 21킬
    로톤으로 등재되어 있다.

17 Setsuko Thurlow, "Setsuko Thurlow Remembers the Hiroshima
    Bombing," Arms Control Association, July/August 2020.

18 Hachiya, *Hiroshima Diary*, 2.

19 같은 책.

20 William Burr, ed., "The Creation of SIOP-62: More Evidence on the Origins of Overkill," Electronic Briefing Book No. 130, NSA-GWU, July 13, 2004.

21 William Burr, ed., "The Atomic Bomb and the End of World War II," Document 87, Telephone transcript of General Hull and General Seaman—1325—13 Aug 45, Electronic Briefing Book No. 716, NSA-GWU, August 7, 2017.

22 글렌 맥더프와의 인터뷰(이하 동일).

23 앨 오도넬과의 인터뷰. 오도넬은 EG&G의 공학자로서 폭탄 배선을 도왔다.

24 "Enclosure 'A.' The Evaluation of the Atomic Bomb as a Military Weapon: The Final Report of the Joint Chiefs of Staff Evaluation Board for Operation Crossroads," Joint Chiefs of Staff, NA-T, June 30, 1947, 10 – 14.

25 같은 책, 10.

26 같은 책, 13. "미국에는 핵무기를 이런 수량으로, 이런 속도로 제조하고 비축하는 것 외에 대안이 없다. 이 방법이 미국에 잠재적 적을 누구나 신속하게 압도할 능력을 줄 것이기 때문이다."

27 Glen McDuff and Alan Carr, "The Cold War, the Daily News, the Nuclear Stockpile and Bert the Turtle," LAUR-15-28771, LANL.

28 같은 글, slide 100.

29 "Enclosure 'A': The Evaluation of the Atomic Bomb as a Military Weapon: The Final Report of the Joint Chiefs of Staff Evaluation Board for Operation Crossroads," Joint Chiefs of Staff, NA-T, June 30, 1947, 10.

30 "What Happens If Nuclear Weapons Are Used?" ICAN.

31 리처드 가윈과의 인터뷰(별도 명시가 없을 경우 이하 동일).

32 Enrico Fermi and I. I. Rabi, "The General Advisory Committee Report of October 30, 1949, Minority Annex: An Opinion on the Development of the 'Super,'" DSOH, October 30, 1949.

33 가윈에게 슈퍼를 설계하지 말걸 그랬다는 생각이 드느냐고 묻자 그는 이렇게 대답했다. "슈퍼가 만들어질 수 없는 존재였길 바라죠. 나는 슈퍼가 위험하다는 걸 알았습니다. 이런 것들이 어떻게 사용될지에 관해서는 사실 걱정하지 않았습니다."

34 "Operation Ivy: 1952," United States Atmospheric Nuclear Weapons Tests, Nuclear Test Personnel Review, Defense Nuclear Agency, DoD, OSTI, December 1, 1982, 1.

35 같은 글, 188.

36 글렌 맥더프와의 인터뷰; Glen McDuff and Alan Carr, "The Cold War, the Daily News, the Nuclear Stockpile and Bert the Turtle," LAUR-15-28771, LANL, slides 19, 31, 60.

37 "Size of the U.S. Nuclear Stockpile and Annual Dismantlements (U)," Classification Bulletin WNP-128, U.S. Department of Energy, May 6, 2010.

38 U.S. Strategic Command, History, Fact Sheet, STRATCOM.

39 "History of the Joint Strategic Target Planning Staff: Background and Preparation of SIOP-62," History & Research Division, Headquarters Strategic Air Command. (Top Secret Restricted Data, Declassified Feb 13, 2007), Document 1, 28.

40 Rubel, *Doomsday Delayed*, 24–27, 62; Ellsberg, *The Doomsday Machine*, 2–3, 6–8.

41 "Atomic Weapons Requirements Study for 1959 (SM 129-56)," Strategic Air Command, June 15, 1956 (Top Secret Restricted Data, Declassified 2014), LANL-L.

42 테드 포스톨과의 인터뷰.

43 Rubel, *Doomsday Delayed*, 26.

44 같은 책, 27. 루벨은 뒷줄의 "누군가"가 끼어들어 이렇게 물었다고 적었다. "이게 중국의 전쟁이 아니라면요? 이게 그냥 소련과의 전쟁이라면요? 계획을 바꿀 수 있습니까?" 장군은 대답했다. "바꿀 수 있습니다만, 아무도 그런 생각은 하지 않기를 바랍니다. 그랬다가는 계획이 정말로 망가질 겁니다." 프레드 캐플런은 이 질문을 쇼프가 한 것이라고 말한다. Kaplan, *The Wizards of Armageddon*, 270.

45 프레드 캐플런과의 인터뷰.

46 "Coordinating the Destruction of an Entire People: The Wannsee Conference," National WWII Museum, January 19, 2021, 저자 소장본.

47 Rubel, *Doomsday Delayed*, 27.

48 Ellsberg, *The Doomsday Machine*, 3.

49 Hans M. Kristensen and Matt Korda, "Nuclear Notebook: United States Nuclear Weapons, 2023," *Bulletin of the Atomic Scientists* 79, no. 1 (January 2023): 33. From the original document: with partial classification downgrade executed by Daniel L. Karbler, Major General, U.S. Army, Chief of Staff, U.S. Strategic Command, "USSTRATCOM OPLAN 8010-12 Strategic Deterrence and Force Employment (U)," July 30, 2012.

50 같은 글, 28–52. 배치된 1,770기에 더해 미국은 1,938기의 핵탄두를 보유하고

있으며, 1,536기의 핵탄두는 퇴역하여 해체를 기다리고 있다.

51 Hans M. Kristensen, Matt Korda, and Eliana Reynolds, "Nuclear Notebook: Russian Nuclear Weapons, 2023," *Bulletin of the Atomic Scientists* 79, no. 3 (May 2023): 174–99. 배치된 1,674기의 핵무기 외에도 러시아는 전략적/비전략적 탄두 2,815기를 보유하고 있으며 1,400기의 핵탄두가 (대체로 온전한 상태로) 퇴역하여 해체를 기다리고 있다. 한스 크리스텐슨과의 인터뷰에서, 그는 이런 숫자가 유동적일 뿐 아니라 러시아에서 경계 태세로 보유하고 있는 핵무기의 수를 확실히 알 방법은 없다고 밝혔다.

52 Katie Rogers and David E. Sanger, "Biden Calls the 'Prospect of Armageddon' the Highest Since the Cuban Missile Crisis," *New York Times*, October 6, 2022.

2부: 첫 24분

1 Josh Smith, "Factbox: North Korea's New Hwasong-17 'Monster Missile,'" Reuters, November 19, 2022.

2 James Hodgman, "SLD 45 to Support SBIRS GEO-6 Launch, Last Satellite for Infrared Constellation," Space Force, August 3, 2022.

3 "National Reconnaissance Office, Mission Ground Station Declassification, 'Questions and Answers,'" NRO, October 15, 2008, 1.

4 USAF나 우주군 사령부, 혹은 둘 모두에 속해 있던 장교 중 나와 이 시설에 관해 논의하려는 사람은 없었다. 대부분의 공개 출처 정보는 기밀 해제된 문서와 대중에게 공개된 정보를 모은 230페이지짜리 도서인 전직 CIA 소속 과학자 앨런 톰슨의 "Aerospace Data Facility-Colorado/Denver Security Operations Center Buckley AFB, Colorado," version of 2011-11-28, FAS에서 발췌했다. 책임 출처: "National Reconnaissance Office, Mission Ground Station Declassification, 'Questions and Answers,'" NRO, October 15, 2008, 2.

5 더그 비슨과의 인터뷰.

6 리처드 가윈과의 인터뷰.

7 "FactSheet: Defense Support Program Satellites," USSF.

8 "United States Space Command, Presentation to the Senate Armed Services Committee, U.S. Senate," Statement of General James H. Dickinson, Commander, United States Space Command, March 9, 2023. "올해 기준, 저궤도 위성 8,225기와 지구정지궤도 (GEO) 위성 1,000기가 있다."

다른 수치도 많다. 2022년 4월, the Outer Space Objects Index, United Nations Office for Outer Space Affairs에 따르면 그 수치는 8,261기로—이 가운데 4,582기의 위성이 활성화되어 있다—전년에 비해 11.84퍼센트 증가했다.

9   Sandra Erwin, "Space Force tries to Turn Over a New Leaf in Satellite Procurement," *Space News*, October 20, 2022.

10   "Russia to Keep Notifying U.S. of Ballistic Missile Launches," Reuters, March 30, 2023.

11   Mari Yamaguchi and Hyung-Jin Kim, "North Korea Notifies Neighboring Japan It Plans to Launch Satellite in Coming Days," Associated Press, May 29, 2023.

12   조지프 베르무데스 주니어와의 인터뷰. "북한은 군사적 발사 실험을 예고하지 않습니다."

13   벙커는 사진에 찍히는 일이 거의 없으며 입에 오르는 일도 드물다. 전직 대통령 트럼프는 예외였다. 2019년에 방문한 당시의 현직 대통령은 절차를 깨고 자신의 방문에 대해 이야기하며 펜타곤의 핵 지휘 본부를 영화 세트장에 비유했고 그곳에서 일하는 장군들이 "톰 크루즈보다 잘생겼고 힘도 더 세다"라고 말했다. 트럼프는 자신이 장군들에게 "여기는 내가 본 가장 훌륭한 방이다"라고 말했다고 전했다.

14   Michael Behar, "The Secret World of NORAD," *Air & Space*, September 2018.

15   "National Military Command Center (NMCC)," Federal Emergency Management Agency, Emergency Management Institute, FEMA.

16   하이튼 장군: "화면에 보이는 그림은 미사일의 고도와 속도, 예상 충격 지점 등 미사일 위치를 정확하게 알려줄 겁니다. 그런 모든 문제는 몇 분이라는 짧은 시간 안에 일어납니다." Said in conversation with Barbara Starr (reported with Jamie Crawford), "Exclusive: Inside the Base That Would Oversee a US Nuclear Strike," CNN, March 27, 2018.

17   Rachel Martinez, "Daedalians Receive First-Hand Account of National Military Command Center on 9/11," Joint Base McGuire-Dix-Lakehurst, *News*, April 9, 2007.

18   "Fact Sheet: Defense Support Program Satellites," MDA.

19   NORAD는 항공우주 관련 경보, 통제, 북미 대륙의 보호 임무를 맡고 있는 미국과 캐나다의 2국 조직이다. NORTHCOM은 육해공 접근로는 물론 미국(푸에르토리코, 캐나다, 멕시코, 바하마 포함)의 영토와 이해관계를 보호하는 임무를 맡고 있다. 전시에 NORTHCOM은 미국에 대한 침략을 막는 주된 방어자 역할을

맡는다. STRATCOM은 전략적 핵 억지, 핵 작전, 핵 지휘 통제 통신(NC3) 운영 작전, 합동 전자기 스펙트럼 작전, 국제 공격, 분석, 표적 설정, 미사일 위험 평가를 맡는다.

20 "Fact Sheet: Long Range Discrimination Radar (LRDR), Clear Space Force Station (CSFS), Alaska," MDA, August 23, 2022.

21 Zachariah Hughes, "Cutting-Edge Space Force Radar Installed at Clear Base," *Anchorage Daily News*, December 6, 2021. 조기 경보에 초점을 맞춘 다른 레이더도 배치되고 있다.

22 테드 포스톨과의 인터뷰.

23 Michael Behar, "The Secret World of NORAD," *Air & Space*, September 2018; "Fact Sheet: Cheyenne Mountain Complex," DoD.

24 윌리엄 페리와의 인터뷰(별도 명시가 없는 경우 이하 동일).

25 Randy Roughton, "Beyond the Blast Doors," *Airman*, April 22, 2016.

26 보고된 숫자는 다양하다는 점에 주의하라. 1메가톤이 흔하다. 이 단지에 대한 공식 견해를 근거로 한 베허의 2018년 기사에 따르면, 이곳은 "30킬로톤급 핵폭발을 견딜 수 있는 벙커"로 묘사된다.

27 "US Strategic Command's New $1.3B Facility Opening Soon at Offutt Air Force Base," Associated Press, January 28, 2019.

28 Jamie Crawford and Barbara Starr, "Exclusive: Inside the Base That Would Oversee a US Nuclear Strike," CNN, March 27, 2018.

29 Statement of Charles A. Richard, Commander, United States Strategic Command, before the House Armed Services Committee, March 1, 2022. 또한 다음을 참조하라: "Nuclear Matters Handbook 2020," OSD.

30 Senate Armed Services Committee, Advance Policy Questions for General Anthony J. Cotton, U.S. Air Force Nominee for Appointment to the Position of Commander, U.S. Strategic Command, September 15, 2022, 3. "미국 연방 법전 제10편 162(b)에 따르면 지휘 계통은 대통령에서 국방부 장관으로, 국방부 장관에서 전투 사령부로 이어진다. 제10편 163(a)는 나아가 대통령이 합동참모본부 의장을 통해 전투 사령관에게 지시를 전달할 수 있도록 규정하고 있다." 내가 지적했듯, 합동참모본부 의장이 거의 확실히 사망 직전일 경우 이 지휘 계통은 불안정해질 수 있다.

31 "Reflections and Musings by General Lee Butler," *General Lee Speaking* blog, August 17, 2023.

32 General Hyten with Barbara Starr, "Exclusive: Inside the Base That Would Oversee a US Nuclear Strike," CNN, March 27, 2018, 3:30(CNN 녹취록이 아

닌 하이튼의 녹취 음성에서 인용).

33 "U.S. Strategic Command's New $1.3B Facility Opening Soon at Offutt Air Force Base," Associated Press, January 28, 2019.

34 Michael Behar, "The Secret World of NORAD," *Air & Space*, September 2018.

35 "Nuclear Matters Handbook 2020," OSD, 21. 25년 이상 사용된 MILSTAR 시스템을 대체한 최근의 AEHF 위성단은 "EMP와 핵 섬광이 있는 상황에서도 작동하도록 설계되었으며, 전파 방해에 강하다". 그 외의 시스템으로는 첨단 전방선 통신 단말기(FAB-T), 글로벌 승무원 전략 네트워크 단말기(Global ASNT), 미니트맨 필수 비상 통신 네트워크 프로그램 업그레이드(MMPU), 대통령 및 국가 음성 회의(PNVC) 등이 있다.

36 저자의 펜타곤 방문.

37 "The Evolution of U.S. Strategic Command and Control and Warning, 1945–1972: Executive Summary (Report)," Vol. Study S-467, IDA, June 1, 1975, 117–19.

38 제이슨 그룹 공동 창립자 마빈 "머프" 골드버거와의 인터뷰.

39 ODR&E Report, "Assessment of Ballistic Missile Defense Program," PPD 61–33, 1961, York Papers, Geisel Library.

40 같은 책.

41 테드 포스톨과의 인터뷰. "종말 단계는 고도 약 80~100킬로미터 지점에서, 지구의 희박한 대기권 상층에 의해 탄두의 움직임이 변화하기 시작하면서 시작됩니다. 종말 단계는 탄두가 표적지에서 폭발하며 종료됩니다."

42 조지프 베르무데스와의 인터뷰.

43 각 핵보유국의 핵무기 보유량에 관한 통계를 보려면 다음을 참조하라: "Nuclear Weapons Worldwide: Nuclear Weapons Are Still Here—and They're Still an Existential Risk," Union of Concerned Scientists, n.d.

44 Zachary Cohen and Barbara Starr, "Air Force 'Doomsday' Planes Damaged in Tornado," CNN, June 23, 2017; Jamie Kwong, "How Climate Change Challenges the U.S. Nuclear Deterrent," Carnegie Endowment for International Peace, July 10, 2023.

45 Stephen Losey, "After Massive Flood, Offutt Looks to Build a Better Base," *Air Force Times*, August 7, 2020.

46 Rachel S. Cohen, "Does America Need Its 'Doomsday Plane'?" *Air Force Times*, May 10, 2022.

47 "Nuclear Matters Handbook 2020 [original not "Revised"]," OSD, 22–24;

"Nuclear Command, Control, and Communications: Update on Air Force Oversight Effort and Selected Acquisition Programs," GAO, August 15, 2017. 주의: 이 책은 최초에 374페이지 문서로 발행되었다가 282페이지 서류로 "개정"되었다.

48 테드 포스톨과의 인터뷰.

49 William Burr, ed., "The 'Launch on Warning' Nuclear Strategy and Its Insider Critics," Electronic Briefing Book No. 674, NSA-GWU, June 11, 2019. 윌리엄 버는 "백악관의 과학 자문위원과 펜타곤 계획가들은 소련의 첫 공격을 흡수한 뒤의 보복 발사에 근거한 전략을 별로 반기지 않았다"라고 말한다.

50 윌리엄 페리와의 인터뷰.

51 William Burr, ed., "The 'Launch on Warning' Nuclear Strategy and Its Insider Critics," Electronic Briefing Book No. 674, NSA-GWU, June 11, 2019.

52 같은 글.

53 "Leaders Urge Taking Weapons Off Hair-Trigger Alert," Union of Concerned Scientists, January 15, 2015.

54 프랭크 폰히펠과의 인터뷰.

55 Frank N. von Hippel, "Biden Should End the Launch-on-Warning Option," Bulletin of the Atomic Scientists, June 22, 2021.

56 국방부 장관이라는 지위는 미국의 군 지휘 계통에 있는 두 명의 민간인 중 하나라는 점에서 독특하다(미국 연방 법전 113조).

57 "Authority to Order the Use of Nuclear Weapons," Hearing before the Committee on Foreign Relations, United States Senate, November 14, 2017, 45.

58 윌리엄 페리와의 인터뷰. 페리는 카터와 클린턴 대통령을 직접 보좌했다.

59 William Burr, ed., "The 'Launch on Warning' Nuclear Strategy and Its Insider Critics," Electronic Briefing Book No. 43, Document 03, June 22, 1960, NSA-GWU, June 11, 2019. (기밀 해제된) 최고 기밀 보고서에서는 나토의 미사일이 "경보 후 2-5분 내에 반응할 준비를 갖춰야" 한다고 주장했다.

60 Reagan, *An American Life*, 257.

61 윌리엄 페리와의 인터뷰.

62 루이스 멀레티와의 인터뷰. 멀레티는 클린턴 대통령의 경호를 맡았던 전직 특수요원일 뿐 아니라 미국 비밀경호국장으로도 일했다. 그는 카터 정부 때에 경력을 쌓기 시작했으며 비밀경호국의 준군사 조직인 대응타격부대의 창립 구성원 중 하나다(No. 007).

63 존 울프스탈과의 인터뷰; Jon Wolfsthal, "We Never Learned the Key Lesson from the Cuban Missile Crisis," *New Republic*, October 11, 2022.

64 윌리엄 페리와의 인터뷰.

65 "O the Record; Reagan on Missiles," *New York Times*, October 17, 1984. 기자회견은 1982년 5월 13일에 있었다.

66 윌리엄 페리와의 인터뷰.

67 Rubel, *Doomsday Delayed*, 27. For another take: Ellsberg, *The Doomsday Machine*, 102 – 3.

68 피터 프라이와의 인터뷰. 또한 다음을 참조하라: Vann H. Van Diepen, "March 16 HS-17 ICBM Launch Highlights Deployment and Political Messages," 38 North, March 20, 2023. 이 수치는 기록된 군 실험이 아닌 "위기 상황"에서의 발사를 고려한다.

69 Hyonhee Shin, "North Korea's Kim Oversees ICBM Test, Vows More Nuclear Weapons," Reuters, November 2022.

70 포스톨의 설명에 따르면 "SBIRS 위성은 로켓 배기의 강도 및 그 강도의 변화로 미사일을 식별한다. 미사일의 가속과 전복 또한 미사일 유형을 식별하는 데 이용된다." 이는 2023년 당시에 일상적으로 여겨진 능력이다.

71 Theodore A. Postol, "The North Korean Ballistic Missile Program and U.S. Missile Defense," MIT Science, Technology, and Global Security Working Group, Forum on Physics and Society, Annual Meeting of the American Physical Society, April 14, 2018, 100-page slide presentation, 저자 소장본.

72 테드 포스톨과의 인터뷰; 리처드 가원과의 인터뷰.

73 리처드 가원과의 인터뷰; Joel N. Shurkin, *True Genius*, 57. 아이비 마이크를 설계한 공이 텔러가 아니라 리처드 가원의 것임은 최근에야 확립되었다. 가원은 텔러의 이론을 물리적으로 작동하게 하는 방법을 알아냈다. 셔킨의 글에 따르면, "이 폭탄의 확실한 역사에 관한 글을 쓴 리처드 로즈가 이 사실을 놓친 이유는 가원을 포함한 누구도 그에게 말해주지 않았기 때문이다". 이 일화는 비밀이 작동하는 방식을 시사한다.

74 테드 포스톨과의 인터뷰. 또한 다음을 참조하라: Richard L. Garwin and Theodore A. Postol, "Airborne Patrol to Destroy DPRK ICBMs in Powered Flight," Science, Technology, and National Security Working Group, MIT, Washington, D.C., November 27 – 29, 2017, 26-page slide presentation, 저자 소장본.

75 같은 책, 23.

76 리처드 가원과의 인터뷰.

77   Tim McLaughlin, "Defense Agency Stopped Delivery on Raytheon Warheads," *Boston Business Journal*, March 25, 2011.

78   "GMD Intercept Sequence," Missile Threat, Missile Defense Project, CSIS, 저자 소장본. GMD 요격 과정은 다음과 같다: 1) 적이 공격 미사일을 발사한다. 2) 적외선 위성이 발사를 탐지한다. 3) 전진 배치된 미국의 조기 경보 레이더가 공격 미사일을 추적한다. 4) 공격 미사일이 탄두와 미끼(위협적 구름)를 방출해 레이더를 교란한다. 5) 미국의 지상 기반 레이더가 탄두와 미끼를 추적한다. 6) 요격기가 반덴버그나 포트그릴리에서 발사된다. 7) 외기권 파괴 미사일이 요격기에서 분리된다. 8) SBX가 탄두와 미끼를 추적해 탄두를 판별하고자 노력한다. 9) 외기권 파괴 미사일이 탄두와 미끼를 본다. 10) 요격한다(희망 사항이다).

79   "Raytheon Fact Sheet: Exoatmospheric Kill Vehicle," RTX. EKV는 다색 센서라는 탑재된 컴퓨터 시스템 및 우주에서의 조향을 돕는 로켓 모터를 이용해 표적을 찾는다.

80   "A Brief History of the Sea-Based X-Band Radar-1 (SBX-1)," MDA, May 1, 2008.

81   "$10 Billion Flushed by Pentagon in Missile Defense," *Columbus Dispatch*, April 8, 2015.

82   2007년, MDA 국장 헨리 오버링이 의회에 이 진술을 했다. 참조: "Shielded from Oversight: The Disastrous US Approach to Strategic Missile Defense, Appendix 2: The Sea Based X-band Radar," Union of Concerned Scientists, July 2016, 4.

83   David Willman, "The Pentagon's 10-Billion-Dollar Radar Gone Bad," *Los Angeles Times*, April 5, 2015.

84   같은 글; Ronald O'Rourke, "Sea-Based Ballistic Missile Defense— Background and Issues for Congress," CRS, December 22, 2009.

85   "Costs of Implementing Recommendations of the 2019 Missile Defense Review," Congressional Budget Office, January 2021, fig. 1.

86   Carla Babb, "VOA Exclusive: Inside U.S. Military's Missile Defense Base in Alaska," *Voice of America*, June 24, 2022, video at 4:14; Ronald Bailey, "Quality of Life Key Priority for SMDC's Missile Defenders and MPs in Remote Alaska," U.S. Army Space and Missile Defense Command, February 8, 2023.

87   Hans M. Kristensen et al., "Status of World Nuclear Forces," FAS, March 31, 2023. 2023년 더 늦은 때에 DoD는 중국의 핵무기 보유고 추정치를 상향했다.

88   "Fact Sheet: U.S. Ballistic Missile Defense," Center for Arms Control and

Proliferation, updated May 10, 2023. 질문: "이런 시스템이 작동합니까?" 답: "MDA 관료들이야 안심시키려 하지만 현재 이런 방어 체계의 시험 기록은 고르지 않습니다. 미국 회계감사원은 MDA가 2019 회계연도에 계획된 실험 목표를 충족하지 못했음을 발견했습니다."

89   Aaron Mehta, "US Successfully Tests New Homeland Missile Defense Capability," Breaking Defense, September 13, 2021.

90   Julie Avey, "Long-Range Discrimination Radar Initially Fielded in Alaska," U.S. Space Command, 168th Wing Public Affairs, December 9, 2021.

91   Carla Babb, "VOA Exclusive: Inside U.S. Military's Missile Defense Base in Alaska," *Voice of America*, June 24, 2022, video at 4:14.

92   "Strategic Warning System False Alerts," Committee on Armed Services, House of Representatives, U.S. Congress, June 24, 1980.

93   윌리엄 페리와의 인터뷰.

94   "Ex-Defense Chief William Perry on False Missile Warnings," NPR, January 16, 2018.

95   리처드 가윈과의 인터뷰. 또한 다음을 참조하라: Richard L. Garwin, "Technical Aspects of Ballistic Missile Defense," presented at Arms Control and National Security Session, APS, Atlanta, March 1999.

96   "National Missile Defense: Defense Theology with Unproven Technology," Center for Arms Control and Proliferation, April 4, 2023. "미사일 방어국(MDA)이 GMD를 실험할 때는 최상의 기상 및 조명 조건을 상정한다. 또한 실험 상황이기에 MDA는 어떤 적도 제공하지 않을 타이밍 등의 정보를 알고 있다."

97   Jen Judson, "Pentagon Terminates Program for Redesigned Kill Vehicle, Preps for New Competition," *Defense News*, August 21, 2019.

98   테드 포스톨과의 인터뷰. "요격기가 약 600킬로미터 거리에서 '눈을 뜨면' 수십 개의 밝은 빛 점을 보게 될 겁니다. 그중 하나만이 실제 탄두죠. 요격기에는 어떤 빛 점이 진짜이고 어떤 빛 점이 미끼인지 알 방법이 없고 15초 안에 판단을 내려야 하므로, 그냥 수십 개의 잠재적 표적 가운데 하나를 선택합니다."

99   Philip Coyle, *Nukes of Hazard podcast*, May 31, 2017.

100 James Mann, "The World Dick Cheney Built," *Atlantic*, January 2, 2020.

101 로버트 켈러와의 인터뷰.

102 "Defense Primer: Command and Control of Nuclear Forces," CRS, November 19, 2021. 또한 다음을 참조하라: "Statement of General C. Robert Kehler," U.S. Air Force (Ret.), before the Senate Foreign Relations

Committee, November 14, 2017, 3.

103 Bruce Blair, "Strengthening Checks on Presidential Nuclear Launch Authority," Arms Control Association, January/February 2018; David E. Hoffman, "Four Minutes to Armageddon: Richard Nixon, Barack Obama, and the Nuclear Alert," *Foreign Policy*, April 2, 2010.

104 루이스 멀레티와의 인터뷰.

105 "Presential Emergency Action Documents," Brennan Center for Justice, May 6, 2020.

106 Harold Agnew and Glen McDuff, "How the President Got His 'Football,'" LAUR-23-29737, LANL, n.d., 저자 소장본.

107 같은 책.

108 "Letter to Major General A. D. Starbird, Director, Divisions of Military Application, U.S. Atomic Energy Commission, 'Subject: NATO Weapons' from Harold M. Agnew," January 5, 1961, LAUR-23-29737, LANL.

109 같은 글. 또한 다음을 참조하라: "Attachment 1: The NATO Custody Control problem," 5-7, LAUR-23-29737, LANL.

110 글렌 맥더프와의 인터뷰.

111 Memorandum for the Chief of Staff, U.S. Air Force, Subject: Joint Staff Briefing of the Single Integrated Operational Plan (SIOP), NSC/Joint Chiefs of Staff, LANL-L, January 27, 1969, 7.

112 글렌 맥더프와의 인터뷰; "Authority to Order the Use of Nuclear Weapons," Hearing before the Committee on Foreign Relations, United States Senate, November 14, 2017; Michael Dobbs, "The Real Story of the 'Football' That Follows the President Everywhere," *Smithsonian*, October 2014.

113 Bruce G. Blair, Harold A. Feiveson, and Frank N. von Hippel, "Taking Nuclear Weapons off Hair-Trigger Alert," *Scientific American*, November 1997.

114 Hans M. Kristensen and Matt Korda, "Nuclear Notebook: United States Nuclear Weapons, 2023," *Bulletin of the Atomic Scientists* 79, no. 1 (January 2023): 28-52.

115 "America's Nuclear Triad," Defense Department Fact Sheet, DoD. 주의: 나토 기지의 탄두 100기는 "추산치"다. 참조: Hans M. Kristensen and Matt Korda, "Increasing Evidence That the US Air Force's Nuclear Mission May Be Returning to UK Soil," FAS, August 23, 2023.

116 Nancy Benac, "Nuclear 'Halfbacks' Carry the Ball for the President," Associated Press, May 7, 2005.

117 글렌 맥더프와의 인터뷰.

118 폴 코젬차크와의 인터뷰. 또한 다음을 참조하라: "The Cuban Missile Crisis, October 1962," DSOH.

119 Bruce Blair, "Strengthening Checks on Presidential Nuclear Launch Authority," *Arms Control Today*, January/February 2018.

120 "U.S. Strategic Command's New $1.3B Facility Opening Soon at Offutt Air Force Base," Associated Press, January 28, 2019.

121 Jamie Crawford and Barbara Starr, "Exclusive: Inside the Base That Would Oversee a US Nuclear Strike," CNN, March 27, 2018.

122 같은 글.

123 David Martin, "The New Cold War," *60 Minutes*, September 18, 2016.

124 같은 방송.

125 Rubel, *Doomsday Delayed*, 26.

126 Memorandum for the Chief of Staff, U.S. Air Force, Subject: Joint Staff Briefing of the Single Integrated Operational Plan (SIOP), NSC/Joint Chiefs of Staff, LANL-L, January 27, 1969, 3.

127 U.S. Strategic Command 2023 Posture Statement, Priorities, STRATCOM.

128 Bruce Blair, "Strengthening Checks on Presidential Nuclear Launch Authority," Arms Control Association, January/February 2018. "북한과 관련된 시나리오에서는 잠수함과 폭격기가 주요 공격 무기가 될 것이다. 태평양에서 통상 두 척의 배가 발사 준비 태세로 순찰하고 있으므로 잠수함은 대통령이 명령을 내린 뒤 약 15분 후에 빠르게 200기의 탄두를 발사할 수 있을 것이다. 그러나 미리 경보를 통해 준비 태세를 갖추지 않고 명령이 떨어진다면 잠수함은 그 유효성을 확인하기 위해 수면으로 올라올 것이다." 블레어에 관해 더 알고 싶다면 다음을 참조하라: Andrew Cockburn, "How to Start a Nuclear War," *Harper's*, August 2018, 18-27.

129 A Satellite View of North Korea's Nuclear Sites," *Nikkei Asia*, n.d.

130 "Development of Russian Armed Forces in the Vicinity of Japan," Japan Ministry of Defense, July 2022.

131 "Transcript: Secretary of Defense Lloyd J. Austin III and Army General Mark A. Milley, Chairman, Joint Chiefs of Staff, Hold a Press Briefing Following Ukrainian Defense Contact Group Meeting," DoD, November 16, 2022.

132 Nancy A. Youssef, "U.S., Russia Establish Hotline to Avoid Accidental Conflict," *Wall Street Journal*, March 4, 2022; Phil Stewart and Idrees Ali, "Exclusive: U.S., Russia Have Used Their Military Hotline Once So Far during Ukraine War," Reuters, November 29, 2020.

133 데이비드 센시오티와의 인터뷰.

134 한스 크리스텐슨과의 인터뷰.

135 Kris Osborn, "The Air Force Has Plans for the B61-12 Nuclear Bomb," *National Interest*, October 7, 2021.

136 크레이그 퍼게이트와의 인터뷰.

137 Lee Lacy, "Dwight D. Eisenhower and the Birth of the Interstate Highway System," U.S. Army, February 20, 2018. To note: DOT has published guest essays saying this is "myth"; according to the U.S. Army it is fact.

138 Frances Townsend, "National Continuity Policy Implementation Plan," Homeland Security Council, August 2007. 102쪽 분량의 이 서류에는 대량 대피와 백악관을 포함한 정부 기관의 재배치를 위한 전략 등 기밀 해제된 정보가 들어 있다.

139 크레이그 퍼게이트와의 인터뷰.

140 크레이그 퍼게이트와의 인터뷰.

141 크레이그 퍼게이트와의 인터뷰. "매우 제한적인 능력만을 가지고 있으며 이런 상황에서도 생존할 수 있도록 고안된 기밀 프로그램이 몇 있습니다. 하지만 이는 주로 국방을 위한 것입니다."

142 윌리엄 페리와의 인터뷰.

143 "Letter from Jacqueline Kennedy to Chairman Khrushchev," DSOH, December 1, 1963. 재클린은 이렇게 썼다: "그는 연설에 당신의 말을 포함하곤 했습니다—'다음 전쟁에서는 생존자들이 죽은 자들을 부러워하게 될 것이다' 라고."

144 윌리엄 페리와의 인터뷰. 나와 논의하며 페리는 이 시설을 대용 군사 지휘 본부라고 부르곤 했는데, 이 본부는 기밀 해제된 존재로서 냉전 당시에는 "공식적으로" R 사이트 남서쪽 메릴랜드주 포트리치에 있었다. 지하 심부의 지휘 본부에 관한 역사를 더 알고 싶다면 다음을 참조하라: "Memorandum from the Joint Chiefs of Staff to Secretary of Defense McNamara," DSOH, September 17, 1964.

145 윌리엄 페리와의 인터뷰.

146 Josh Smith and Hyunsu Yi, "North Korea Launches Missiles from Submarine as U.S.–South Korean Drills Begin," Reuters, March 13, 2023.

147 Clarke, *Against All Enemies*, 18.

148 Charles Mohr, "Preserving U.S. Command after a Nuclear Attack," *New York Times*, June 29, 1982.

149 윌리엄 페리와의 인터뷰. 또한 다음을 참조하라: "Bill Perry's D.C. Nuclear Nightmare," an animated video created for *At the Brink: A William J. Perry Project*. 이 영상은 워싱턴DC에서 15킬로톤의 폭발이 일어나는 시나리오를 묘사한다. 대통령과 부통령, 하원 의장, 하원 의원 320명을 포함한 8만 명이 즉사한다.

150 윌리엄 페리와의 인터뷰.

151 윌리엄 페리와의 인터뷰.

152 "Air Force Doctrine Publication 3-72, Nuclear Operations," U.S. Air Force, DoD, December 18, 2020, 14, 16–18. Officially: the Nuclear Command and Control System (NCCS) and/or the Nuclear Command, Control, and Communications (NC3) system.

153 "Who's in Charge? The 25th Amendment and the Attempted Assassination of President Reagan," NAR-R.

154 마이클 J. 코너와의 인터뷰.

155 Hans M. Kristensen and Matt Korda, "Nuclear Notebook: United States Nuclear Weapons, 2023," *Bulletin of the Atomic Scientists* 79, no. 1 (January 2023): 28–52; "United States Submarine Capabilities," Nuclear Threat Initiative, March 6, 2023; Sebastien Roblin, "Armed to the Teeth, America's Ohio-Class Submarines Can Kill Anything," *National Interest*, August 31, 2021.

156 "Ballistic Missile Submarines (SSBNs)," SUBPAC Commands: Commander, Submarine Force Atlantic, NAVY, 2023. 과거에는 각 잠수함에 24개의 SLBM(다수의 독립적 표적 설정이 가능한 재돌입 수송체를 탑재한 미사일)이 실려 있었으나, 신전략무기감축협정의 규정에 따라 각 잠수함의 4개 미사일 발사관이 영구적으로 비활성화되었다.

157 "Ballistic Missile Submarines (SSBNs)," SUBPAC Commands: Commander, Submarine Force Atlantic, NAVY, 2023.

158 테드 포스톨과의 인터뷰.

159 "Multiple Independently-targetable Reentry Vehicle (MIRV)," Fact Sheet, Center for Arms Control and Non-Proliferation, n.d.

160 테드 포스톨과의 인터뷰.

161 리처드 가윈과의 인터뷰.

162 Ted Postol, "CNO Brief Showing Closely Spaced Basing was Incapable of Launch," 22-page slide presentation, 1982. 그림은 slide 8. 포스톨 프리젠테이션의 효과에 관해서는 다음을 참조하라: "3 of 5 Joint Chiefs Asked Delay on MX," *New York Times*, December 9, 1982.

163 Sebastien Roblin, "Ohio-Class: How the U.S. Navy Could Start a Nuclear War," *19FortyFive*, December 3, 2021.

164 리처드 가윈과의 인터뷰.

165 Rosa Park, ed., "Kim Family Regime Portraits," HRNK Insider, Committee for Human Rights in North Korea, 2018.

166 "The Joe Rogan Experience #1691, Yeonmi Park," *The Joe Rogan Experience* podcast, August 2021.

167 Ifang Bremer, "3 Years into Pandemic, Fears Mount That North Korea Is Teetering toward Famine," *NK News*, February 15, 2023.

168 Andreas Illmer, "North Korean Defector Found to Have 'Enormous Parasites,'" BBC News, November 17, 2017.

169 "Korean Peninsula Seen from Space Station," NASA, February 24, 2014. 주의: 국제 우주기지는 궤도상의 가장 큰 위성이다.

170 CNN Editorial Research, "North Korea Nuclear Timeline Fast Facts," CNN, March 22, 2023.

171 "North Korea Submarine Capabilities," Fact Sheet, Nuclear Threat Initiative, October 14, 2022.

172 "North Korea Fires Suspected Submarine-Launched Missile into Waters off Japan," BBC News, October 2021.

173 H. I. 서튼과의 인터뷰; H.I. Sutton, "New North Korean Submarine: ROMEO-Mod," Covert Shores Defense Analysis, July 23, 2019; "North Korea – Navy," Janes, March 21, 2018.

174 북한의 핵무기에 관한 보다 고루한 설명을 보고 싶다면 다음을 참조하라: "DPRK Strategic Capabilities and Security on the Korean Peninsula: Looking Ahead," International Institute for Strategic Studies and Center for Energy and Security Studies, July 1, 2019; Pablo Robles and Choe Sang-Hun, "Why North Korea's Latest Nuclear Claims Are Raising Alarms," *New York Times*, June 2, 2023; Ankit Panda, "North Korea's New Silo-Based Missile Raises Risk of Prompt Preemptive Strikes," NK News, March 21, 2023.

175 테드 포스톨과의 인터뷰.

176 Masao Dahlgren, "North Korea Tests Submarine-Launched Ballistic Missile," Missile Threat, CSIS, October 22, 2021.

177 "KN-23 at a Glance," Missile Threat, CSIS Missile Defense Project, CSIS, July 1, 2019; Jeff Jeong, "North Korea's New Weapons Take Aim at the South's F-35 Stealth Fighters," *Defense News*, August 1, 2019.

178 "KN-23 at a Glance," Missile Threat, CSIS Missile Defense Project, CSIS, July 1, 2019.

179 "President of State Affairs Kim Jong Un Watches Test-Firing of New-Type Tactical Guided Weapon," *Voice of Korea*, March 17, 2022; "Assessing Threats to U.S. Vital Interests, North Korea," Heritage Foundation, October 18, 2022.

180 "2018 Nuclear Decommissioning Cost Triennial Proceeding, Prepared Testimony," Pacific Gas and Electric Company, table IV.2.1: "Security Posts and Staffing Forecast," 30.

181 "Aegis the Shield (and the Spear) of the Fleet: The World's Most Advanced Combat System," LM; "U.S. and Allied Ballistic Missile Defenses in the Asia-Pacific Region, Fact Sheets & Briefs," Arms Control Association, n.d.

182 "Navy Aegis Ballistic Missile Defense (BMD) Program: Background and Issues for Congress," CRS, August 28, 2023.

183 Testimony of Vice Admiral Jon A. Hill, USN Director, Missile Defense Agency before the Senate Armed Services Committee Strategic Forces Subcommittee, May 18, 2022, 5.

184 Mike Stone, "Pentagon Evaluating U.S. West Coast Missile Defense Sites: Officials," Reuters, December 2, 2017; "Navy Aegis Ballistic Missile Defense (BMD) Program: Background and Issues for Congress," CRS, April 20, 2023.

185 D. Moser, "Physics/Global Studies 280: Session 14, Module 5: Nuclear Weapons Delivery Systems, Trajectories and Phases of Flight of Missiles with Various Ranges," 110-page slide presentation, slide 47, 저자 소장본.

186 "Rule 42. Work and Installations Containing Dangerous Forces," International Committee of the Red Cross, International Humanitarian Law Databases; George M. Moore, "How International Law Applies to Attacks on Nuclear and Associated Facilities in Ukraine," Bulletin of the Atomic Scientists, March 6, 2022.

187 글렌 맥더프와의 인터뷰.

188 "Cabinet Kept Alarming Nuke Report Secret," *Japan Times*, January 22, 2012.

189 "Lessons Learned from the Fukushima Nuclear Accident for Improving Safety and Security of U.S. Nuclear Plants," National Research Council, National Academies Press, 2014, 40; "Cabinet Kept Alarming Nuke Report Secret," *Japan Times*, January 22, 2012.

190 Declan Butler, "Prevailing Winds Protected Most Residents from Fukushima Fallout," *Nature*, February 28, 2013.

191 "Reflections on Fukushima NRC Senior Leadership Visit to Japan, 2014," NRC, December 2014, 18.

192 "Spent Nuclear Fuel, Options Exist to Further Enhance Security," Report to the Chairman, Subcommittee on Energy and Air Quality, Committee on Energy and Commerce, U.S. House of Representatives, GAO, July 2003, 319. The GAO called spent nuclear fuel "one of the most hazardous materials made by man. The fuel's intense radioactivity can kill a person exposed directly to it within minutes."

193 Amanda Matos, "Thousands of Half-Lives to Go: Weighing the Risks of Spent Nuclear Fuel Storage," *Journal of Law and Policy* 23, no. 1 (2014): 316.

194 "Backgrounder on Force-on-Force Security Inspections," NRC, March 2019.

195 테드 포스톨의 계산.

196 Richard Stone, "Spent Fuel Fire on U.S. Soil Could Dwarf Impact of Fukushima: New Study Warns of Millions Relocated and Trillion-Dollar Consequences," *Science*, May 24, 2016.

197 Peter Gwynne, "Scientists Warn of 'Trillion-Dollar' Spent-Fuel Risk," *Physics World* 29, no. 7 (July 2016); Richard Stone, "Spent Fuel Fire on U.S. Soil Could Dwarf Impact of Fukushima: New Study Warns of Millions Relocated and Trillion-Dollar Consequences," *Science*, May 24, 2016.

198 Ralph E. Lapp, "Thoughts on Nuclear Plumbing," *New York Times*, December 12, 1971.

199 "Report of Advisory Task Force on Power Reactor Emergency Cooling," U.S. Atomic Energy Commission, 1968 ("Ergen Report").

200 테드 포스톨과의 인터뷰. 비교가 도움이 된다. "체르노빌 용융 사고로 약 1억 퀴

리의 방사능이 방출되었다. 이 시나리오에서 폭발로 인한 원자로 노심의 용융과 증발은 체르노빌에서 방출된 것의 50~60배 넘는 방사능을 방출하게 되며, 최초의 300킬로톤 폭발 자체에서 방출된 방사능은 그보다도 많아 체르노빌에서 방출된 방사능의 300~400배에 이를 것이다."

201 윌리엄 페리와의 인터뷰.

202 "Nuclear Command, Control, and Communications: Update on Air Force Oversight Effort and Selected Acquisition Programs," GAO-17-641R, GAO, August 15, 2017; "Nuclear Matters Handbook 2020," OSD, 18-21.

203 "Nuclear Triad: DOD and DOE Face Challenges Mitigating Risks to U.S. Deterrence Efforts," GAO, Report to Congressional Committees, May 2021, 1.

204 루이스 멀레티와의 인터뷰; "Nuclear Briefcases," Nuclear Issues Today, Atomic Heritage Foundation, June 12, 2018.

205 주의: 이 시나리오는 브루스 블레어가 추산한 북한 내 표적지(조준점) 80곳을 (유사하게) 따른다. Bruce G. Blair with Jessica Sleight and Emma Claire Foley, "The End of Nuclear Warfighting: Moving to a Deterrence-Only Posture. An Alternative U.S. Nuclear Posture Review," Program on Science and Global Security, Princeton University Global Zero, Washington, D.C., September 2018, 38-39.

206 "Donald Trump's Flying Beast: 7 Things about the World's Most Powerful Helicopter," *Economic Times*, February 21, 2020.

207 Dave Merrill, Nafeesa Syeed, and Brittany Harris, "To Launch a Nuclear Strike, President Trump Would Take These Steps," Bloomberg, January 20, 2017.

208 Aaron M. U. Church, "Nuke Field Vigilance," *Air & Space Forces*, August 1, 2012.

209 이 시나리오의 발사 시설은 위의 책에서 묘사된 내용을 따른다.

210 Hans M. Kristensen and Matt Korda, "Nuclear Notebook: United States Nuclear Weapons, 2023," *Bulletin of the Atomic Scientists* 79, no. 1 (January 2023): 28-52. 또한 SIPRI의 추산치를 참조해 어떤 미사일에 330킬로톤 탄두가 들어 있을 가능성이 있는지 확인하라.

211 조지프 베르무데스와의 인터뷰.

212 Bruce Blair, "Minuteman Missile National Historic Site," interview transcript, U.S. National Park Service.

213 Hans M. Kristensen and Matt Korda, "Nuclear Notebook: United States

Nuclear Weapons, 2023," *Bulletin of the Atomic Scientists* 79, no. 1 (January 2023): 35. 현재의 ICBM 병력은 와이오밍주 F. E. 워런 제90미사일단, 몬태나주 말름스트롬 공군기지에 위치한 제341미사일단, 노스다코타주 마이놋 공군기지에 위치한 제91미사일단, 몬태나주와 노스다코타주, 와이오밍주, 네브래스카주와 콜로라도주 전역의 지하 저장고에 배치된 400기의 미니트맨 III 미사일로 구성되어 있다. 400기의 ICBM은 각기 1기의 탄두를 싣고 있으나 이론상 각 2-3기의 탄두를 실을 수 있다. "필요시 저장된 미사일을 탑재할 수 있도록 50곳의 저장고는 '예열'된 상태로 유지된다."

214 "Missiles and the F. E. Warren Air Force Base," Wyoming Historical Society, 2023.

215 Aaron M. U. Church, "Nuke Field Vigilance," *Air & Space Forces*, August 1, 2012.

216 Dave Merrill, Nafeesa Syeed, and Brittany Harris, "To Launch a Nuclear Strike, President Trump Would Take These Steps," Bloomberg, January 20, 2017.

217 Daniella Cheslow, "U.S. Has Made 'Dramatic Change' in Technology Used for Nuclear Code System," *Wall Street Journal*, October 14, 2022.

218 Mary B. DeRosa and Ashley Nicolas, "The President and Nuclear Weapons: Authority, Limits, and Process," Nuclear Threat Initiative, 2019, 2.

219 Eli Saslow, "The Nuclear Missile Next Door," *Washington Post*, April 17, 2022.

220 테드 포스톨과의 인터뷰.

221 CIA 과학기술국 초대 국장 앨버트 "버드" 휠론과의 인터뷰(2010년 2월).

3부: 이후의 24분

1 Glasstone and Dolan, *The Effects of Nuclear Weapons*, 92. "특히 강조해야 할 점은, 큰 언덕 뒤에 있을 때 폭발 효과로부터 보호받는지 여부가 시야와는 무관하다는 것이다. (중략) 폭발파는 명백한 장애물을 쉽게 돌아서(회절하여) 지나갈 수 있다."; 글렌 맥더프와의 인터뷰.

2 "Duck and Cover, Bert the Turtle," Archer Productions, Federal Civil Defense Administration, 1951.

3 피터 프라이와의 인터뷰.

4 그레고리 투힐과의 인터뷰.

5 SLBMs are called the "First Leg of the Future Triad," with the Regulus SSM-N-8, in service from 1954–1963. Glen McDuff, "Navy Nukes," LAUR-16-25435, LANL, Navy Systems 101, August 9, 2016, 저자 소장본.

6 C. V. Chester & R. O. Chester, "Civil Defense Implications of a Pressurized Water Reactor in a Thermonuclear Target Area," *Nuclear Applications and Technology* 9, no. 6 (1970): 786–95.

7 "History of SNL Containment Integrity Research," SNL, June 18, 2019, 24.

8 Eden, *Whole World on Fire*, 16.

9 "JCAT Counterterrorism Guide for Public Safety Personnel," Bomb Threat Standoff Distances, DNI, n.d., 1, 저자 소장본.

10 Eden, *Whole World on Fire*, 17.

11 Carl Sagan, "Nuclear War and Climatic Catastrophe: Some Policy Implications," *Foreign Affairs*, Winter 1983/84.

12 테드 포스톨과의 인터뷰.

13 Glasstone and Dolan, *The Effects of Nuclear Weapons*, 37.

14 "PG&E Letter DIL-18-019," director, Division of Spent Fuel Management, NRC, December 17, 2018; 글렌 맥더프와의 인터뷰.

15 Diablo Canyon Decommissioning Engagement Panel Spent Fuel Workshop." Embassy Suites Hotel, San Luis Obispo, February 23, 2019, 116-page slide presentation, slide 3.

16 Frank N. von Hippel and Michael Schoeppner, "Reducing the Danger from Fires in Spent Fuel Pools," *Science & Global Security* 24, no. 3 (2016): 152.

17 "Diablo Canyon Decommissioning Engagement Panel Spent Fuel Workshop," Embassy Suites Hotel, San Luis Obispo, February 23, 2019, 116-page slide presentation.

18 "Nuclear Power Provided about 10% of California's Total Electricity Supply in 2021," U.S. Energy Information Administration, September 19, 2022 (eia.gov). 캘리포니아주 인구는 2023년 5월 1일 캘리포니아 재무부의 보도자료에서 인용했다.

19 테드 포스톨과의 인터뷰.

20 Glen Martin, "Diablo Canyon Power Plant a Prime Terror Target/Attack on Spent Fuel Rods Could Lead to Huge Radiation Release," *San Francisco Chronicle*, March 17, 2003.

21 프랭크 폰히펠과의 인터뷰. 이 재구성은 단순한 대형 화재가 아닌, 핵미사일이 원자력발전소를 타격하는 시나리오를 고려한 후에 이루어졌다. 폰히펠의 원래 발언은 크로니클에 한 것이다. 또한 다음을 참조하라: Robert Alvarez et al., "Reducing the Hazards from Stored Spent Power-Reactor Fuel in the United States," *Science and Global Security* 1, no. 1 (January 2003): 1-51.

22 글렌 맥더프와의 인터뷰.

23 Alexis A. Blanc et al., "The Russian General Staff: Understanding the Military's Decision Making Role in a 'Besieged Fortress,'" RAND Corporation, 2023; Andrei Kartapolov, "The Higher the Combat Capabilities of Russian Troops, the Stronger the CSTO," Parliamentary Assembly of the Collective Security Treaty Organization (RU), December 22, 2022.

24 리언 패네타와의 인터뷰.

25 "A New Supercomputer Has Been Developed in Russia," Fact Sheet, Ministry of Science and Education of the Republic of Azerbaijan, June 14, 2017.

26 "Potential of Russian Defense Ministry's supercomputer colossal— Shoigu," TASS Russian News Agency, December 30, 2016. For more on this, see: "Focus on the Center," Rossiya 24 TV channel, 2016.

27 Bart Hendrickx, "EKS: Russia's Space-Based Missile Early Warning System," *The Space Review*, February 8, 2021; "Tundra, Kupol, or EKS (Edinaya Kosmicheskaya Sistema)," Gunter's Space Page (space. skyrocket.de).

28 Anthony M. Barrett, "False Alarms, True Dangers: Current and Future Risks of Inadvertent U.S.-Russian Nuclear War," RAND Corporation, 2016.

29 파벨 포드비크와의 인터뷰. "But Russia has an early-warning system that works differently than in the United States."

30 테드 포스톨과의 인터뷰.

31 테드 포스톨과의 인터뷰. 또한 다음을 참조하라: Theodore A. Postol, "Why Advances in Nuclear Weapons Technologies are Increasing the Danger of an Accidental Nuclear War between Russia and the United States," Hart Senate Office Building, Washington, D.C., March 26, 2015.

32 Theodore A. Postol, "Why Advances in Nuclear Weapons Technologies are Increasing the Danger of an Accidental Nuclear War between Russia and the United States," Hart Senate Office Building, Washington, D.C.,

March 26, 2015,

33   테드 포스톨과의 인터뷰. 또한 다음을 참조하라: David K. Shipper, "Russia's Antiquated Nuclear Warning System Jeopardizes Us All," *Washington Monthly*, April 29, 2022.

34   로버트 켈러와의 인터뷰.

35   Dan Parsons, "VH-92 Closer to Being 'Marine One' but Comms System Could Still Cause Delays," The War Zone, May 2, 2022.

36   제프리 야고와의 인터뷰.

37   피터 프라이와의 인터뷰. 프라이는 2022년 사망했다. Dr. Peter Vincent Pry, "Russia: EMP Threat: The Russian Federation's Military Doctrine, Plans, and Capabilities for Electromagnetic Pulse (EMP) Attack," EMP Task Force on National and Homeland Security, January 2021, 5. 프라이는 소련 184호 실험에 관한 제리 에마누엘슨의 연구(1962년 10월 22일)를 인용한다.

38   Georg Rickhey, "Condensed Statement of My Education and Activities," NARA, Record Group 330, March 4, 1948; Bundesarchiv Ludwigsburg, Georg Rickhey file, B162/25299, 저자 소장본. For more on Rickhey, see Jacobsen, *Operation Paperclip*, 79 – 80, 251 – 260.

39   Bruce G. Blair, Sebastien Philippe, Sharon K. Weiner, "Right of Launch: Command and Control Vulnerabilities after a Limited Nuclear Strike," War on the Rocks, November 20, 2020.

40   Fred Kaplan, "How Close Did the Capitol Rioters Get to the Nuclear 'Football'?" *Slate*, February 11, 2021. 이 사실은 2021년 트럼프의 탄핵 재판 도중에 조명되었다.

41   글렌 맥더프와의 인터뷰.

42   Elizabeth Shim, "CIA Thinks North Korean Missiles Could Reach U.S. Targets, Analyst Says," United Press International, November 18, 2020; Bruce Klingner, "Analyzing Threats to U.S. Vital Interests, North Korea," Heritage Foundation, October 18, 2022.

43   "Defense Information Systems Agency Operations and Maintenance, Defense-Wide Fiscal Year (FY) 2021 Budget Estimates," DoD, 3, 저자 소장본.

44   같은 글.

45   "CV-22 Osprey," U.S. Air Force Fact Sheet, 2020; "Bell Boeing V-22 Osprey Fleet Surpasses 500,000 Flight Hours," press release, Boeing Media, October 7, 2019.

46 크리스텐슨과의 인터뷰.

47 리언 패네타와의 인터뷰.

48 Secretary of Defense Lloyd J. Austin III and Secretary of State Antony Blinken press conference, transcript, DoD, March 18, 2021.

49 줄리언 체스넛과의 인터뷰.

50 Jon Herskovitz, "These Are the Nuclear Weapons North Korea Has as Fears Mount of Atomic Test," Bloomberg, November 14, 2022. "전문가들은 북한이 40~50기의 핵탄두를 조립했다고 추정한다. 이는 핵무기를 가진 9개국 중 가장 낮은 수치다. 그러나 RAND 연구소와 아산정책연구원이 2021년에 실시한 연구에서는 그 숫자를 최대 116기로 추정했다." 또한 다음을 참조하라: Bruce G. Blair with Jessica Sleight and Emma Claire Foley. "The End of Nuclear Warfighting: Moving to a Deterrence-Only Posture. An Alternative U.S. Nuclear Posture Review," Program on Science and Global Security, Princeton University Global Zero, Washington, D.C., September 2018, 38.

51 "Greater Seoul Population Exceeds 50% of S. Korea for First Time," *Hankyoreh*, January 7, 2020.

52 David Choi, "South Korean Presidential Candidates Spar over Need for More THAAD Missile Defense," *Stars and Stripes*, February 4, 2022.

53 라이드 커비와의 인터뷰; Reid Kirby, "Sea of Sarin: North Korea's Chemical Deterrent," *Bulletin of the Atomic Scientists*, June 21, 2017.

54 Office of Technology Assessment, *The Effects of Nuclear War*, 15 – 21.

55 Glasstone and Dolan, *The Effects of Nuclear Weapons*, "The Fireball," 2.03 – 2.14, 27.

56 Office of Technology Assessment, *The Effects of Nuclear War*, 21.

57 Glasstone and Dolan, *The Effects of Nuclear Weapons*, "The Fireball," 2.03 – 2.14, 27 – 29.

58 Glasstone and Dolan, *The Effects of Nuclear Weapons*, "The Blast Wave," 2.32 – 2.37, 38 – 40.

59 Also see Wellerstein.com, NUKEMAPS. 펜타곤을 표적으로 한 1메가톤급 공중 폭발이 일어날 경우 화구는 반지름 1킬로미터, 지름 2킬로미터다("화구 안의 모든 것은 사실상 증발한다"). 링1("대부분의 주택이 붕괴하고 부상자가 만연한다")은 반지름 7.2킬로미터, 지름 14.4킬로미터다. 링2("열복사 반지름, 3천도의 연소")는 반지름 12킬로미터, 지름 24킬로미터다. 링3("유리창이 깨질 것을 예상할 수 있다")은 반지름 20킬로미터, 지름 40킬로미터다.

60   "Planning Guidance for Response to a Nuclear Detonation, Second Edition," Federal Interagency Committee, Executive Office of the President, Washington, D.C. Interagency Policy Coordinating Subcommittee for Preparedness & Response to Radiological and Nuclear Threats, June 2010, 14 – 29. 주의: 이러한 결과는 10킬로톤 급 핵폭발에 근거한다. 이 시나리오에서 터진 것은 1메가톤급 핵무기다(참조: Office of Technology Assessment, *The Effects of Nuclear War*, with 1-megaton comp).

61   Glasstone and Dolan, *The Effects of Nuclear Weapons*, table 2.12, "Rate of Rise of Radioactive Cloud from a 1-Megaton Air Burst," 31 – 32.

62   Office of Technology Assessment, *The Effects of Nuclear War*, 27.

63   로버트 켈러와의 인터뷰.

64   2021년, 러시아 국방부에서는 세르푸호프-15의 발사대원들이 핵미사일 발사에 대응하는 모의 영상을 공개했다(YouTube: Минобороны России). 러시아 과학 학술원의 드미트리 스테파노비치는 이 과정이 와이오밍주의 F. E. 워런 공군 기지와 연관된 미사일 발사장에서 단 한 기의 ICBM이 발사되었을 경우에 근거를 둔다고 설명했다. 또한 다음을 참조하라: Thomas Newdick, "Take a Rare Look Inside Russia's Doomsday Ballistic Missile Warning System," The War Zone, February 16, 2021.

65   파벨 포드비크와의 인터뷰. 작전참모부에 관한 자세한 내용은 다음을 참조하라: Alexis A. Blanc et al., "The Russian General Staff: Understanding the Military's Decision Making Role in a 'Besieged Fortress,'" RAND Corporation, 2023.

66   Peter Anthony, dir., *The Man Who Saved the World*, Statement Films, 2013.

67   David Hoffman, "I Had a Funny Feeling in My Gut,'" Washington Post Foreign Service, February 10, 1999; "Person: Stanislav Petrov," Minuteman Missile National Historic Site, National Park Service, 2007.

68   테드 포스톨과의 인터뷰. 나는 파벨 포드비크와도 이 문제를 논의했다. 1983년에 툰드라는 아직 존재하지 않았다. 오코(눈)이라 알려진 옛 시스템은 결함이 많은 것으로 알려져 있다.

69   2018년 1월 13일, 비상경보 시스템이 하와이 전역의 휴대전화에 "비상경보: 하와이로 향하는 탄도미사일 위협. 즉시 대피하시오. 이는 훈련이 아닙니다."라는 메시지를 잘못 전송했고 이는 결국 오경보로 판명되었다. 저자 소장본. (현장에 있었던 루카스 모블리의 핸드폰 스크린샷).

70   "Early Warning System Sirens, Fact Sheet," San Louis Obispo County

Prepare, n.d.

71   Jack McCurdy, "Diablo Nuclear Plant: Disaster Waiting to Happen?" Cal Coast News, April 7, 2011. 디아블로 원전에는 약 2,642개의 사용 후 핵연료 집합체(묶음)와 1,136미터톤의 우라늄이 보관되어 있다.

72   Robert S. Norris and Hans M. Kristensen, "Nuclear Weapon States, 1945 – 2006," *Bulletin of the Atomic Scientists* 62, no. 4 (July/August 2006): 66; 미국의 보유량 23,305기는 ""Size of the U.S. Nuclear Stockpile and Annual Dismantlements (U)," Classification Bulletin WNP-128, U.S. Department of Energy, May 6, 2010에서 인용. 이 수치는 양대 초강대국의 보유량만을 나타내는 것으로 이후 더 증가했다; 1986년까지 러시아는 추가로 1만 기의 탄두를 생산하여 총 약 7만 기의 탄두를 보유하게 되었다.

73   "Proud Prophet-83, After Action Report," Joint Exercise Division, J-3 Directorate, Organization of the Joint Chiefs of Staff, OSD, January 13, 1984.

74   제이 W. 포레스터와의 인터뷰. 그는 시스템 다이내믹스 분야의 창시자이자 최초의 컴퓨터 애니메이션 제작자이며 자기 코어 메모리의 발명가다.

75   "War and Peace in the Nuclear Age, Interview with Thomas Schelling," *At the Brink*, WGBH Radio, March 4, 1986.

76   Schelling, *Arms and Influence*, 2.

77   Bracken, *The Second Nuclear Age*, 88.

78   Paul Bracken, "Exploring Alternative Futures," *Yale Insights*, September 15, 2021. 브래컨과의 인터뷰는 테드 오캘런이 진행, 편집했다.

79   Alex McLoon, "Inside Look at Offutt Air Force Base's Airborne 'Survivable' Command Center," transcript, KETV, ABC-7, April 27, 2022.

80   Rachel S. Cohen, "Does America Need Its 'Doomsday Plane'?" *Air Force Times*, May 10, 2022.

81   Jamie Crawford and Barbara Starr, "Exclusive: On Board the 'Doomsday' Plane That Can Wage Nuclear War," CNN, March 31, 2018.

82   에드 로빅과의 인터뷰.

83   통신 및 데이터 처리 능력의 세부 사항은 일반적으로 기밀이다. 또한, 많은 구형 통신 시스템이 생존 가능 초고주파(SSHF)로 업그레이드되고 있다.

84   허비 스톡먼과의 인터뷰.

85   패트릭 빌트겐과의 인터뷰.

86   "Enclosure 'A': The Evaluation of the Atomic Bomb as a Military Weapon: The Final Report of the Joint Chiefs of Staff Evaluation Board for

Operation Crossroads," Joint Chiefs of Staff, NA-T, June 30, 1947, 10-14.

87 "Salt Life: Go on Patrol with an Ohio-Class Submarine That's Ready to Launch Nuclear Warheads at a Moment's Notice," *National Security Science* podcast, LA-UR-20-24937, DoD, August 14, 2020.

88 Greg Copeland, "Navy's Most Powerful Weapons Are Submarines Based in Puget Sound," King 5 News, February 27, 2019.

89 Reed, *At the Abyss*, 332.

90 "Nuclear Matters Handbook 2020," 34-35, 41, 99; Dave Merrill, Nafeesa Syeed, and Brittany Harris, "To Launch a Nuclear Strike President Trump Would Take These Steps," Bloomberg, January 20, 2017.

91 Bruce Blair, "Strengthening Checks on Presidential Nuclear Launch Authority," *Arms Control Today*, January/February 2018; Jeffrey G. Lewis and Bruno Tertrais, "Finger on the Button: The Authority to Use Nuclear Weapons in Nuclear-Armed States," Middlebury Institute of International Studies at Monterey, 2019; David Martin, "The New Cold War," *60 Minutes*, September 18, 2016.

92 Hans M. Kristensen and Matt Korda, "Nuclear Notebook: United States Nuclear Weapons, 2023," *Bulletin of the Atomic Scientists* 79, no. 1 (January 2023): 29, 38. 455킬로톤에 관한 논의에서(종종 475킬로톤으로 보고된다) 크리스텐슨은 "우리의 수치는 신뢰할 수 있는 데이터에 기반한 것이지 소문이나 이전 보도에 근거한 것이 아니다"라고 명확히 밝혔다. 또한, "각 트라이던트는 최대 8기의 탄두를 탑재할 수 있으나 보통 평균적으로 4~5기만을 싣는다. 그러므로 잠수함 한 척 당 평균적으로 약 90기의 탄두를 싣는 셈이다." DoD에서는 폭발력을 논하지 않는다. 트라이던트에 관해 더 알고 싶다면 다음을 참조하라: America's Navy, Resources, Fact Files, Trident II (D5) Missile, updated: September 22, 2021, NAVY.

93 "Nuclear Matters Handbook 2020," 35.

94 테드 포스톨과의 인터뷰. 미국 잠수함은 15초마다 트라이던트 미사일을 발사한다. 러시아 잠수함은 더 빠르게, 대략 5초마다 SLBM을 발사한다.

95 Dave Merrill, Nafeesa Syeed, and Brittany Harris, "To Launch a Nuclear Strike President Trump Would Take These Steps," Bloomberg, January 20, 2017.

96 테드 포스톨의 계산.

97 "Defense Information Systems Agency Operations and Maintenance, Defense-Wide Fiscal Year (FY) 2021 Budge Estimates," DoD, 18, 저자 소

장본. (comptroller.defense.gov).

98 Nathan Van Schaik, "A Community Member's Guide to Understanding FPCON," U.S. Army Office of Public Affairs, July 1, 2022.

99 로버트 보너와의 인터뷰.

100 글렌 맥더프와의 인터뷰.

101 Harry Alan Scarlett, "Nuclear Weapon Blast Effects," LA-UR-20-25058, LANL, July 9, 2020, 14.

102 Glasstone and Dolan, *The Effects of Nuclear Weapons*, 285.

103 Lynn Eden, *Whole World on Fire*, 25 – 30; 린 에덴과의 인터뷰.

104 테드 포스톨과의 인터뷰.

105 Theodore Postol, "Striving for Armageddon: The U.S. Nuclear Forces Modernization Program, Rising Tensions with Russia, and the Increasing Danger of a World Nuclear Catastrophe Symposium: The Dynamics of Possible Nuclear Extinction," New York Academy of Medicine, February 28 – March 1, 2015, slide10 – 14, with diagrams, 저자 소장본.

106 Office of Technology Assessment, *The Effects of Nuclear War*, 27 – 28.

107 글렌 맥더프와의 인터뷰.

108 "'Underground Pentagon' Near Gettysburg Keeps Town Buzzing," *Pittsburgh Press*, November 18, 1991.

109 "NATO's Nuclear Sharing Arrangements," North Atlantic Treaty Organization, Public Diplomacy Division (PDD), Press & Media Section, February 2022.

110 파벨 포드비크와의 인터뷰. "Soviets Planned Nuclear First Strike to Preempt West, Documents Show," Electronic Briefing Book No. 154, NSA-GWU, May 13, 2005.

111 Jaroslaw Adamowski, "Russia Overhauls Military Doctrine," *Defense News*, January 10, 2015.

112 파벨 포드비크와의 인터뷰. 카즈베크 통신 시스템에 관해서는 다음을 참조하라: *Russian Strategic Nuclear Forces*, 61 – 62.

113 "Plan A: How a Nuclear War Could Progress," Arms Control Association, July/August 2020. 이러한 상황이 어떻게 발생할 수 있는지를 보여주기 위해, 프린스턴대학교 과학 및 글로벌 안보 프로그램의 알렉스 웰러스틴, 타마라 패튼, 모리츠 쿳, 알렉스 글레이저 팀은 (브루스 블레어, 샤론 와이너, 지아 미안의 도움을 받아) 실제 군사 태세, 목표, 사망자 수 추정을 바탕으로 한 비디오 시뮬레이션을 개발했다. 다음에서 확인할 수 있다: YouTube, Alex Glaser, "Plan A,"

4:18 minutes.

114 "The North Korean Nuclear Challenge: Military Options and Issues for Congress," CRS Report 7-5700, CRS, November 6, 2017, 31. 위험의 정도에 관하여: "[무력화] 공격이 의심되면 (중략) 북한은 부대를 분산하고 숨기려 들 수 있다. 그 경우 공격이 더 어려워진다. 북한이 이런 작전의 목표가 체제를 무력화시키는 것이라고 믿는 경우 이러한 대규모 공격은 (중략) 점점 강도를 높인 끝에 전면전으로 이어질 수 있다."

115 "Report on the Nuclear Employment Strategy of the United States—2020," Executive Services Directorate, OSD, 8. 전문: "이를 이루기 위한 한 가지 방법은 핵 억지의 복구를 의도하는 형태로 응답하는 것이다. 이런 목표를 위해 미국의 핵전력 요소는 제한적이고 유연하며 단계적인 대응 옵션을 제공하도록 되어 있다. 이런 옵션은 적의 확전 결정에 관한 계산법을 변경하는 데 꼭 필요한 결의와 절제를 보여준다."

116 "Speech, Adm. Charles Richard, Commander of U.S. Strategic Command," 2022 Space and Missile Defense Symposium, August 11, 2022.

117 Kim Gamel, "Training Tunnel Will Keep US Soldiers Returning to Front Lines in S. Korea," Stars and Stripes, June 21, 2017.

118 Testimony of the Honorable Daniel Coats, Hearing before the Committee on Armed Services, U.S. Senate, May 23, 2017. 또한 다음을 참조하라: Ken Dilanian and Courtney Kube, "Why It's So Hard for U.S. Spies to Figure Out North Korea," NBC News, August 29, 2017. 이들에 따르면, "북한은 정보 수집 대상으로서 악몽과 같다. 북한은 비밀 터널이 곳곳에 있는 산악지대의 국가로서 인터넷 사용조차 제한적인 잔혹한 경찰국가이기 때문이다".

119 Bruce G. Blair with Jessica Sleight and Emma Claire Foley, "The End of Nuclear Warfighting: Moving to a Deterrence-Only Posture. An Alternative U.S. Nuclear Posture Review," Program on Science and Global Security, Princeton University Global Zero, Washington, D.C., September 2018, 38.

120 마이클 매튼과의 인터뷰.

121 "Counterforce Targeting," in "Nuclear Matters Handbook 2020," OSD, 21. "대항 세력 표적 계획은 적군의 군사적 능력을 파괴하기 위한 것이다. 일반적인 대항 세력 표적에는 폭격기 기지, 탄도미사일 잠수함 기지, 대륙간탄도미사일 저장고, 방공 시설, 지휘 통제 센터, 대량 살상 무기 저장 시설 등이 포함된다. 이러한 표적은 강화, 매장, 위장, 이동 가능하다. 이런 전략을 실행하는 데 필요한 힘은 다양하고 숫자가 많고 정확해야 한다."

122 "A Satellite View of North Korea's Nuclear Sites," Nikkei Asia, n.d.; "North Korea's Space Launch Program and Long-Range Missile Projects," Reuters, August 21, 2023; David Brunnstrom and Hyonhee Shin, "Movement at North Korea ICBM Plant Viewed as Missile-Related, South Says," Reuters, March 6, 2020.

123 Mary B. DeRosa and Ashley Nicolas, "The President and Nuclear Weapons: Authority, Limits, and Process," Nuclear Threat Initiative, 2019, 12.

124 조지프 베르무데스와의 인터뷰. 또한 다음을 참조하라: Joseph S. Bermudez Jr., Victor Cha, and Jennifer Jun, "Undeclared North Korea: Hoejung-ni Missile Operating Base," CSIS, February 7, 2022.

125 조지프 베르무데스와의 인터뷰.

126 David E. Sanger and William J. Broad, "In North Korea, Missile Bases Suggest a Great Deception," *New York Times*, November 12, 2018.

127 "Be Prepared for a Nuclear Explosion," pictogram, FEMA.

128 "Be Informed, Nuclear Blast," California Department of Public Health, n.d.

129 짐 프리드먼과의 인터뷰. 그는 EG&G를 위해 이런 열핵폭탄 폭발 사진을 여러 장 촬영했다.

130 "Be Prepared for a Nuclear Explosion," pictogram, FEMA. 다른 형태로는 다음이 있다: "Get In. Stay In. Tune In.," Shelter-in-Place, pictogram, FEMA.

131 "Planning Guidance for Response to a Nuclear Detonation, Second Edition," Federal Interagency Committee, Executive Office of the President, Washington, D.C. Interagency Policy Coordinating Subcommittee for Preparedness & Response to Radiological and Nuclear Threats, June 2010, 14-96. 여기에 이어지는 내용은 이 지침서에서 발췌한 것이다(3판에서는 화재 폭풍의 결과가 더 설명되어 있다).

132 같은 책, 11-13.

133 같은 책, 87.

134 "Planning Guidance for Response to a Nuclear Detonation, Third Edition," Federal Emergency Management Agency (FEMA), Office of Emerging Threats (OET), with the U.S. Department of Homeland Security (DHS), Science and Technology Directorate (S&T), the Department of Energy (DOE), the Department of Health and Human Services (HHS), the Department of Defense (DoD), and the Environmental Protection Agency (EPA), May 2022, 16.

135 "Nuclear Power Preparedness Program," California Office of Emergency Services, 2022.

136 NOAA 기상 라디오와 DHS는 테러 공격, 원자력 사고, 유해 화학물질 누출 등을 포함하는 모든 재난 메시지를 함께 전송한다. 이 시스템은 오래되었다. 일부 구리선 기술은 19세기 중반까지 거슬러올라간다. 다음을 참조하라: Max Fenton, "The Radio System That Keeps Us Safe from Extreme Weather Is Under Threat: NOAA Weather Radio Needs Some Serious Upgrades," *Slate*, August 4, 2022.

137 Richard Gonsalez, "PG&E Announces $13.5 Billion Settlement of Claims Linked to California Wildfires," NPR, December 6, 2019.

138 제프리 야고와의 인터뷰.

139 테드 포스톨과의 인터뷰.

140 "Q&A with Steven J. DiTullio, VP, Strategic Systems," *Seapower*, October 2020.

141 Sebastien Roblin, "Ohio-Class: How the U.S. Navy Could Start a Nuclear War," *19FortyFive*, December 3, 2021. 크리스텐슨과 코르다는 평균적인 잠수함당 탑재 탄두 수를 약 90기로 추정한다.

142 Jesse Beckett, "The Russian Woodpecker: The Story of the Mysterious Duga Radar," War History Online, August 12, 2021.

143 Dave Finley, "Radio Hams Do Battle with 'Russian Woodpecker,'" *Miami Herald*, July 7, 1982. 현대적 요약을 보고 싶다면 다음을 참조하라: Alexander Nazaryan, "The Massive Russian Radar Site in the Chernobyl Exclusion Zone," Newsweek, April 18, 2014. 다음은 이에 관한 훌륭한 다큐멘터리다: Chad Gracia, dir., *The Russian Woodpecker*, Roast Beef Productions, 2015.

144 토머스 휘팅턴과의 인터뷰.

145 테드 포스톨과의 인터뷰; George N. Lewis and Theodore A. Postol, "The European Missile Defense Folly," Bulletin of the Atomic Scientists 64, no. 2 (May/June 2008): 39.

146 "Presidential Succession: Perspectives and Contemporary Issues for Congress," R46450, CRS, July 14, 2020.

147 같은 글.

148 크레이그 퍼게이트와의 인터뷰; 윌리엄 페리와의 인터뷰.

149 Haruka Sakaguchi and Lily Rothman, "After the Bomb," *Time*, n.d.

150 L. H. Hempelmann and Hermann Lisco, "The Acute Radiation Syndrome: A Study of Ten Cases and a Review of the Problem," vol. 2, Los Alamos

Scientific Laboratory, March 17, 1950; 슬로틴은 세번째 사례다. 1945년 8월 이전에는 자료가 없어 방사능 중독의 영향이 알려지지 않았다. 히로시마와 나가사키의 의사들은 이를 신비로운 새 질병인 "질병 X"라고 불렀다.

151 "Official Letter Reporting on the Louis Slotin Accident," from Phil Morrison to Bernie Feld, June 4, 1946, Los Alamos Historical Society Photo Archives, 저자 소장본.

152 "Second and the Last of the Bulletins," from Phil Morrison to Bernie Feld, June 3, 1946, Los Alamos Historical Society Photo Archives, 저자 소장본.

153 같은 글. 더 읽어보려면 다음을 참조하라: Alex Wellerstein, "The Demon Core and the Strange Death of Louis Slotin," *New Yorker*, May 21, 2016. 윌러스틴은 뉴욕 공립 도서관에서 관련 문서를 찾았다. 그는 이렇게 썼다: "사진은, 뭐랄까, 끔찍했다. 일부는 벌거벗은 채 부상을 드러내고 있는 슬로틴을 보여주었다. 그의 표정은 참고 있는 듯했다. 슬로틴의 손을 찍은 사진이 몇 장 더 있었고, 그다음에는 시간을 건너뛰어 부검을 위해 제거된 내부 장기 사진이 나왔다. 심장, 폐, 소장이 각기 깨끗하게 임상적으로 배열되어 있었다. 아프지만 살아 있는 그가 침대에 누워 있는 사진을 본 뒤 다음 사진에서 깔끔하게 준비된 그의 심장을 보는 것은 충격적이었다."

154 William Burr, ed., "77th Anniversary of Hiroshima and Nagasaki Bombings: Revisiting the Record," Electronic Briefing Book No. 800, NSA-GWU, August 8, 2022.

155 러시아의 핵 벙커에 관해 더 알고 싶다면 다음을 참조하라: Jess Thomson, "Would Putin's Nuclear Bunker in Ural Mountains Save Him from Armageddon?" *Newsweek*, November 10, 2022; Michael R. Gordon, "Despite Cold War's End, Russia Keeps Building a Secret Complex, *New York Times*, April 16, 1996.

156 "General Gerasimov, Russia's Top Soldier, Appears for First Time Since Wagner Mutiny," Reuters, July 12, 2023.

157 "Meeting with Heads of Defence Ministry, Federal Agencies and Defence Companies," President of Russia/Events, November 11, 2020, 저자 소장본. 요약 및 추가적인 맥락에 관해 알고 싶다면 다음을 참조하라: Joseph Trevithick, "Putin Reveals Existence of New Nuclear Command Bunker," Drive, January 26, 2021.

158 "Revealed: Putin's Luxury Anti-Nuclear Bunker for His Family's Refuge," Marca, March 3, 2022.

159 Amanda Macias et al., "Biden Requests $33 Billion for Ukraine War; Putin

Threatens 'Lightning Fast' Retaliation to Nations That Intervene," CNBC, April 28, 2022.

160 Hans M. Kristensen, Matt Korda, and Eliana Reynolds, "Nuclear Notebook: Russian Nuclear Weapons, 2023," *Bulletin of the Atomic Scientists* 79, no. 3 (May 8, 2023): 174.

161 Paul Kirby, "Ukraine Conflict: Who's in Putin's Inner Circle and Running the War?" BBC News, June 24, 2023.

162 Bruce G. Blair, Harold A. Feiveson, and Frank N. von Hippel, "Taking Nuclear Weapons off Hair-Trigger Alert," *Scientific American*, November 1997. "경보에서 결정, 행동으로 이어지는 이 과정이 본질적으로 성급하게 이루어지기에 재앙에 가까운 실수가 일어날 수 있다는 점은 명백하다. 자연 현상이나 평화로운 우주 탐사와 진짜 미사일 공격을 신뢰도 높게 구분하지 못하는 러시아의 능력 저하 때문에 위험은 더욱 심해진다. 러시아의 현대적 조기 경보 레이더는 3분의 1만이 작동하며, 러시아 미사일 경보 위성단 9개의 슬롯 중 최소 2개가 비어 있다."

163 파벨 포드비크와의 인터뷰. 또한 다음을 참조하라: Pavel Podvig, "Does Russia Have a Launch-on-Warning Posture? The Soviet Union Didn't," *Russian Strategic Nuclear Forces* (blog), April 29, 2019. 소련 군수산업위원회의 겐나디 호로모프로부터 받은 포드비크의 러시아 전략 무기 핵 사본에는 이런 내용이 명시된 호르모프의 자필 메모가 들어 있다.

164 Vladimir Solovyov, dir., *The World Order 2018*, Masterskaya, 2018, 1:19:00; translation from the Russian by Julia Grinberg. 푸틴에 관한 솔로브요프의 영상을 유튜브에서 볼 수 있다. 또한 다음을 참조하라: Bill Bostock, "In 2018, Putin Said He Would Unleash Nuclear Weapons on the World If Russia Was Attacked," *Business Insider*, April 26, 2022.

165 Hoffman, *The Dead Hand*, 23–24, 421–23.

166 Terry Gross and David Hoffman, "'Dead Hand' Re-Examines the Cold War Arms Race," *Fresh Air*, NPR, October 12, 2009.

167 "Factbox: The Chain of Command for Potential Russian Nuclear Strikes," Reuters, March 2, 2022.

168 Lateshia Beachum, Mary Ilyushina, and Karoun Demirjian, "Russia's 'Satan 2' Missile Changes Little for U.S., Scholars Say," *Washington Post*, April 20, 2022.

169 Hans M. Kristensen, Matt Korda, and Eliana Reynolds, "Nuclear Notebook: Russian Nuclear Weapons, 2023," *Bulletin of the Atomic*

Scientists 79, no. 3 (May 2023): 174–99, table 1.

170   같은 글, 180.

171   Robert S. Norris and Hans M. Kristensen, "Nuclear Weapon States, 1945–2006," *Bulletin of the Atomic Scientists* 62, no. 4 (July/August 2006): 66.

172   Hans M. Kristensen, Matt Korda, and Eliana Reynolds, "Nuclear Notebook: Russian Nuclear Weapons, 2023," *Bulletin of the Atomic Scientists* 79, no. 3 (May 2023): 179.

173   같은 글, 174.

174   J. Robert Oppenheimer, "Atomic Weapons and American Policy," *Foreign Affairs*, July 1, 1953.

175   러시아는 장거리의 이른바 "전략 핵무기" 외에도 이스칸데르-M과 같은 단거리 미사일에 약 70기의 "비전략적" 핵탄두(일명 "전술핵")를 장착하고 있다. 이런 단거리 미사일은 10에서 100킬로톤의 탄두를 탑재하며, 사거리는 약 300마일(500킬로미터)에 이른다.

176   마이클 J. 코너와의 인터뷰.

4부: 이후의 (마지막) 24분

1   "Defense Primer: Command and Control of Nuclear Forces," CRS, November 19, 2021, 1.

2   "Three Russian Submarines Surface and Break Arctic Ice during Drills," Reuters, March 26, 2021. 이후에 알려진 바에 따르면 세 척의 잠수함 중 한 척은 특수 임무를 띤 스파이 잠수함이었다. 다음을 참조하라: H. I. Sutton, "Spy Sub among Russian Navy Submarines Which Surfaced in Artic," Covert Shores, March 27, 2021.

3   "Russia Submarine Capabilities," Fact Sheet, Nuclear Threat Initiative, March 6, 2023.

4   테드 포스톨과의 인터뷰. 트라이던트 잠수함은 15초 간격으로 미사일을 발사한다.

5   "Defense Budget Overview," Fiscal Year 2021 Budget Request, DoD, May 13, 2020, 9–12; map, fig. 9.1.

6   William Burr, ed., "Long-Classified U.S. Estimates of Nuclear War Casualties during the Cold War Regularly Underestimated Deaths and Destruction," Electronic Briefing Book No. 798, NSA-GWU, July 14, 2022.

"수년에 걸친 핵심적인 내부 분석 결과에 따르면, 핵무기는 소련을 항복하게 할 수 없고 핵전쟁은 절대 '승자'를 만들어낼 수 없다."

7 리언. 패네타와의 인터뷰.

8 Statement of Commander Charles A. Richard, U.S. Strategic Command, before the Senate Committee on Armed Services, February 13, 2020, 21.

9 한스 크리스텐슨과의 인터뷰. 나토의 핵폭탄 공유 절차에 관해서는 알리기 어렵다. 크리스텐슨은 탑재 과정에만 몇 시간이 걸릴 수 있다고 말한다.

10 Schelling, Arms and Influence, 219–33; Hans J Morgenthau, "The Four Paradoxes of Nuclear Strategy," *American Political Science Review* 58, no. 1 (1964): 23–35.

11 Rachel S. Cohen, "Strategic Command's No. 2 Picked to Run Air Force Nuclear Enterprise," *Air Force Times*, October 12, 2022.

12 Frank N. von Hippel, "Biden Should End the Launch-on-Warning Option," Bulletin of the Atomic Scientists, June 22, 2021.

13 프랭크 폰히펠과의 인터뷰.

14 Bruce G. Blair with Jessica Sleight and Emma Claire Foley, "The End of Nuclear Warfighting: Moving to a Deterrence-Only Posture. An Alternative U.S. Nuclear Posture Review," Program on Science and Global Security, Princeton University Global Zero, Washington, D.C., September 2018, 35. 블레어는 "모든 추산치는 저자에 의한 것"이라고 밝힌다.

15 이는 하이튼 장군이 CNN에 공유한 일대일(최소한의 계산) 방식을 따른다. General Hyten with Barbara Starr, "Exclusive: Inside the Base That Would Oversee a US Nuclear Strike," CNN, March 27, 2018, 3:30.

16 Bruce G. Blair with Jessica Sleight and Emma Claire Foley, "The End of Nuclear Warfighting: Moving to a Deterrence-Only Posture. An Alternative U.S. Nuclear Posture Review," Program on Science and Global Security, Princeton University Global Zero, Washington, D.C., September 2018, 35.

17 "LGM-30G Minuteman III Fact Sheet," U.S. Air Force, February 2019.

18 Hans M. Kristensen and Matt Korda, "Nuclear Notebook: Russian Nuclear Weapons, 2022," *Bulletin of the Atomic Scientists* 78, no. 2 (February 2022): 171.

19 줄리언 체스넛과의 인터뷰.

20 한스 크리스텐슨과 한 인터뷰에 따르면 이런 행위에 수 시간이 걸리는 것도 가능성 있는 일이다.

21   데이비드 센시오티와의 인터뷰.

22   나토의 비행사들은 폭발력을 조율할 수 있는 핵탄두를 장착한 B61 중력 폭탄을 수송한다. "B61-12: New U.S. Nuclear Warheads Coming to Europe in December," ICAN, December 22, 2022. "이런 폭탄은 지표면 아래에서 폭발하며, 지하 표적물에 대한 폭발력을 (중략) 히로시마 폭탄 83기와 동등한 수준으로 끌어올릴 수 있다."

23   "W88 Warhead Program Performs Successful Tests," Phys.org, October 28, 2014.

24   Michael Baker, "With Redesigned 'Brains,' W88 Nuclear Warhead Reaches Milestone," *Lab News*, SNL, August 13, 2021.

25   John Malik, "The Yields of the Hiroshima and Nagasaki Nuclear Explosions," LA-8819, LANL, September 1985, 1.

26   William Burr, ed., "Studies by Once Top Secret Government Entity Portrayed Terrible Costs of Nuclear War," Electronic Briefing Book No. 480, NSA-GWU, July 22, 2014.

27   Carla Pampe, "Malmstrom Air Force Base Completes Final MMIII Reconfiguration," Air Force Global Strike Command Public Affairs, June 18, 2014. 또한 다음을 참조하라: Adam J. Hebert, "The Rise and Semi-Fall of MIRV," *Air & Space Forces*, June 1, 2010.

28   "Kim Jong Il, Where He Sleeps and Where He Works," Daily NK, March 15, 2005; 마이클 매든과의 인터뷰.

29   Steven Starr, Lynn Eden, Theodore A. Postol, "What Would Happen If an 800-Kiloton Nuclear Warhead Detonated above Midtown Manhattan?" *Bulletin of the Atomic Scientists*, February 25, 2015.

30   Glasstone and Dolan, *The Effects of Nuclear Weapons*, 549.

31   Olli Heinonen, Peter Makowsky, and Jack Liu, "North Korea's Yongbyon Nuclear Center: In Full Swing," 38 North, March 3, 2022.

32   "North Korea Military Power: A Growing Regional and Global Threat," Defense Intelligence Agency, 2021, 30, DIA.

33   같은 글.

34   마이클 매든과의 인터뷰.

35   Blair, *The Logic of Accidental Nuclear War*, 138.

36   윌리엄 페리와의 인터뷰.

37   마이클 매든과의 인터뷰.

38   Elizabeth Jensen, "LOL at EMPs? Science Report Tackles Likelihood of a

North Korea Nuclear Capability," NPR, May 30, 2017.

39 그레이엄 박사와 피터 프라이의 증언. "Empty Threat or Serious Danger? Assessing North Korea's Risk to the Homeland," U.S. House of Representatives, Committee on Homeland Security, October 12, 2017.

40 피터 프라이와의 인터뷰. 프라이의 글에 자주 나타나는 표현.

41 Anton Sokolin, "North Korean Satellite to Fall toward Earth after 7 Years in Space, Experts Say," *NK News*, June 30, 2023. Popular satellite apps include Heavens-Above, N2YO, and Pass Predictions API by Re CAE.

42 Jim Oberg, "It's Vital to Verify the Harmlessness of North Korea's Next Satellite," *The Space Review*, February 6, 2017. "반 톤짜리 그 꾸러미 안에 무엇이 있을지는 그야말로 아무도 모른다. 이 위성이 사람들의 복지를 위해 작동하는 응용 위성일 수 있다고는 점점 더 믿기 어려워진다. 반면 이 위성이 해로운 것일지 모른다는 생각—이 위성이 우주에서 작동하도록 설계된 것이라면 열 차폐막이 필요했으리라는 생각—은 점점 더 무섭게 다가온다."

43 David Brunnstrom, "North Korea Satellite Not Transmitting, but Rocket Payload a Concern: U.S.," Reuters, February 10, 2016. Space-Track.org website shows the satellite's orbit.

44 Kim Song-won, "The EMP Might of Nuclear Weapons," *Rodong Sinmun* (Pyongyang), September 4, 2017. 북한의 공식 성명: "수십 킬로톤에서 수백 킬로톤까지 폭발력을 조정할 수 있는 수소폭탄은 강력한 폭발력을 지닌 다기능 열핵무기로, 전략적 목표에 따라 고고도에서도 폭발시켜 초강력 EMP 공격을 할 수 있다."

45 *The Space Review*에서 오버그는 이렇게 썼다: "이는 확실히 평화롭고 무해한 우주 프로그램의 특징을 나타내지 않는 것으로 보이며, 훨씬 더 불길한 것을 시사할 수 있다. (중략) 이 궤도에는 또 한 가지 특징이 있다. 우연한 것일 수도 있고, 아닐 수도 있다. 이는 궤도 운동이라는 불변의 법칙에 따라 결정되며, 궤도 운동은 내가 20년 넘게 미션 컨트롤에서 전문적으로 다뤄온 것이다. 위성이 지구를 한 바퀴 돌 때는 남극 부근을 지나 남아메리카 서해안을 따라 북상하며 카리브해를 거쳐 미국 동부 해안까지 간다. 발사 후 65분이 지나면, 위성은 워싱턴DC 서쪽 수백 킬로미터 지점을 지나게 된다. 발사중에 약간만 조정하면 위성이 워싱턴DC 상공을 지날 수도 있다."

46 "Assessing the Threat from Electromagnetic Pulse (EMP), Volume I: Executive Report," Report of the Commission to Assess the Threat to the United States from Electromagnetic Pulse (EMP) Attack, July 2017, 5.

47 헨리 F. 쿠퍼 대사의 증언. "The Threat Posted by Electromagnetic Pulse and

Policy Options to Protect Energy Infrastructure and to Improve Capabilities for Adequate System Restoration," May 4, 2017, 23.

48   Dr. Peter Pry, "North Korea EMP Attack: An Existential Threat Today," Cipher Brief, August 22, 2019. 또한 다음을 참조하라: Dr. Peter Pry, "Russia: EMP Threat: The Russian Federation's Military Doctrine, Plans, and Capabilities for Electromagnetic Pulse Attack," EMP Task Force on National and Homeland Security, January 2021.

49   피터 프라이와의 인터뷰. 러시아 장군들에 관한 정보는 다음에서 볼 수 있다: "Threat Posted by Electromagnetic Pulse (EMP) Attack," Committee on Armed Services, House of Representatives, July 10, 2008. 질문: "제가 이해한 대로라면, 러시아 장군들과 인터뷰할 때 그들이 당신에게 소련이 중심부에서 미터당 200킬로볼트의 출력을 낼 수 있는 강화된 무기인 '슈퍼-EMP'를 개발했다고 말한 건가요? (중략) EMP 강화 측면에서는 우리가 만들거나 실험한 그 어떤 폭탄보다도 4배는 높은 출력 아닌지요?" EMP 위원회의 의장인 윌리엄 그레이엄 박사는 "그렇습니다"라고 대답했다.

50   "Empty Threat or Serious Danger? Assessing North Korea's Risk to the Homeland," Statement for the Record, Dr. William R. Graham, Chairman, Commission to Assess the Threat to the United States from Electromagnetic (EMP) Attack, to U.S. House of Representatives, Committee of Homeland Security, October 12, 2017, 5. 그레이엄은 그 전해에 쿠퍼가 한 증언을 읽었다.

51   Statement of Charles A. Richard, Commander, United States Strategic Command, before the House Appropriations Subcommittee on Defense, April 5, 2022.

52   아직 기밀로 유지되고 있는 보고서의 한 사례는 다음과 같다: "Volume III: Assessment of the 2014 JAEIC Report on High-altitude Electromagnetic Pulse (HEMP) Threats, SECRET//RD-CNWDI//NOFORN, 2017."

53   리처드 가윈과의 인터뷰.

54   그레고리 투힐과 시나리오의 이 부분을 논의할 때 그는 이 상황이 얼마나 나빠질 수 있는지 논평했다: "아무도 지금이 1799년인 것처럼 파티를 하고 싶어하지는 않습니다."

55   줄리언 체스넛과의 인터뷰.

56   "North Korea Military Power: A Growing Regional and Global Threat," Defense Intelligence Agency, 2021, 28-29, DIA.

57   같은 글, 29.

58 Vann H. Van Diepen, "It's the Launcher, Not the Missile: Initial Evaluation of North Korea's Rail-Mobile Missile Launches," 38 North, September 17, 2021.

59 "North Korea Military Power: A Growing Regional and Global Threat," Defense Intelligence Agency, 2021, 28, DIA. 또한 다음을 참조하라: U.S. Central Intelligence Agency, "Unclassified Report to Congress on the Acquisition of Technology Relating to Weapons of Mass Destruction and Advanced Conventional Munitions, 1 July through to 31 December 2006," n.d.

60 라이드 커비와의 인터뷰.

61 라이드 커비와의 인터뷰.

62 Reid Kirby, "Sea of Sarin: North Korea's Chemical Deterrent," Bulletin of the Atomic Scientists, June 21, 2017. 앞서 다룬 커비의 계산은 그래프 형태로 제시되었으며, 사린 신경독의 높은 치사량 대 낮은 치사량 추정치를 고려했다.

63 리처드 "립" 제이콥스와의 인터뷰. 그는 베트남에서 구조되었다. 이 놀랍고도 불가능해 보이는 구조에 관해서는 다음을 참조하라: Jacobsen, *The Pentagon's Brain*, 197-202.

64 존 F. 케네디는 핵전쟁의 위협에 관해 UN에서 연설할 때 이 표현을 썼다. "남녀 노소를 가릴 것 없이 모두가 핵이라는, 아주 가느다란 실에 매달린 다모클레스의 장검 아래에서 살고 있습니다."

65 "Burst Height Impacts EMP Coverage," *Dispatch* 5, no. 3, June 2016. 왁스는 현재 펜타곤에서 과학기술 담당 국방부 차관보로 재직중이다.

66 그레고리 투힐과의 인터뷰. 투힐에 관해 더 알고 싶다면 다음을 참조하라: Robert Hackett, "Meet the U.S.'s First Ever Cyber Chief," *Fortune*, September 8, 2016.

67 "Electromagnetic Pulse: Effects on the U.S. Power Grid," U.S. Federal Energy Regulatory Commission, Interagency Report, 2010, ii-iii.

68 주의: 슈퍼-EMP가 실제 세계에서 끼칠 영향에 대해서는 분석가마다 의견이 갈린다. 단, 가장 중요한 진실은 종종 무시당한다. 그 진실이란 네트워크로 연결된 기간 시설 체계가 실제로 어떤 영향을 받게 될지에 관한 정보를 정부가 기밀로 유지하고 있다는 것이다. 예컨대 2023년 3월의 보고서 "High-Altitude Electromagnetic Pulse Waveform Application Guide"에서 DOE는 다음과 같이 썼다: "HEMP[고고도 EMP]는 전력망을 비롯한 중요 기간 시설 부문을 위협할 것이 확실하다고 간주된다." 이어 이 보고서에서는 다음과 같이 썼다: "DOE는 자산 소유자, 운영자, 이해관계자 들에게 핵무기 영향에 관한 전문가가

되는 대신 관리중인 자산과 체계를 모의 가동, 실험, 평가, 보호하는 데 집중할 것을 권고한다. 핵무기 전문가가 되는 데에는 여러 해의 세월과 공개적으로 이용할 수 없는 자료가 필요하다." 그 말은, 정부에서 기밀 자료를 자산 소유자들에게 공유하지 않겠다는 뜻이다. 행운에 기대는 수밖에 없다.

69 "Electric Power Sector Basics," U.S. Environmental Protection Agency (epa.gov), 저자 소장본.

70 "TRAC Program Brings the Next Generation of Grid Hardware," U.S. Department of Energy (energy.gov), 저자 소장본.

71 윌리엄 그레이엄 박사의 증언. "Threat Posed by Electromagnetic Pulse (EMP) Attack," Committee on Armed Services, July 10, 2008, 22.

72 리처드 가윈과의 인터뷰. 가윈은 EMP에 관한 첫 논문을 1954년에 작성했으며, 수십 년간 EMP 효과를 연구해왔다. 그는 2001년의 제이슨 그룹 보고서 "Impacts of Severe Space Weather on the Electrical Grid"의 저자다. 나와의 인터뷰에서 그는 고고도 EMP의 재앙적 효과를 상쇄할 여러 방법이 있으나 2023년까지는 어떤 조치도 이루어지지 않았다고 주장했다. 또한 다음을 참조하라: Richard L. Garwin, "Prepared Testimony for the Hearing, 'Protecting the Electric Grid from the Potential Threats of Solar Storms and Electromagnetic Pulse,'" July 17, 2015.

73 야고와의 인터뷰; 프라이와의 인터뷰. 또한 다음을 참조하라: Yago, *ABCs of EMP*, 118.

74 Yago, *ABCs of EMP*, 118; 프라이와의 인터뷰.

75 "U.S. nuclear industry explained" (eia.gov), 저자 소장본. "2023년 8월 1일 현재 미국에는 28개 주에서 가동중인 54개 원자력발전소의 93개 상업용 원자로가 있다."

76 제프리 야고와의 인터뷰; Yago, *ABCs of EMP*, 116.

77 야고와의 인터뷰. "많은 사람들이 이를 믿지 않으려 합니다." 여러 잡지에서는 쓰레기통이나 페인트 통 같은 상업적으로 이용가능한 제품이 EMP를 막을 수 있다고 보도한다. "슈퍼-EMP가 터진 이후에도 작동할 전자제품은 봉인된 금속 상자 안에 들어 있던 물건들뿐일 겁니다." 다음을 참조하라: James Conca, "How to Defend against the Electromagnetic Pulse Threat by Literally Painting over It," *Forbes*, September 27, 2021.

78 Paul C. Warnke, "Apes on a Treadmill," *Foreign Policy* 18 (Spring 1975): 12–29.

79 Michael D. Sockol, David A. Raichlen, and Herman Pontzer, "Chimpanzee Locomotor Energetics and the Origin of Human Bipedalism," *Proceedings*

of the National Academies of Science 104, no. 30 (July 24, 2007).

80   Will Dunham, "Chimps on Treadmill Offer Human Evolution Insight," Reuters, July 16, 2007.

81   "Site R Civil Defense Site," FOIA documents, Ref 00-F-0019, February 18, 2000.

82   Clark, *Beaches of O'ahu*, 148.

83   Tyler Rogoway, "Here's Why an E-6B Doomsday Plane Was Flying Tight Circles off the Jersey Shore Today," The War Zone, December 13, 2019.

84   크레이그 퍼게이트와의 인터뷰

85   Ed Zuckerman, "Hiding from the Bomb—Again," *Harper's*, August 1979. 러시아에서는 이것이 니콜라이 추코프스키의 *Treasure Island*에서 따온 말로 알려져 있다. "너희 중 아직 살아 있는 자들은 죽은 자들을 부러워할 것이다."

5부: 이후의 24개월과 그 너머 (핵 교환 이후 우리는 어디로 가는가)

1   이는 다음 책의 제목을 변형한 것이다: Paul Ehrlich, Carl Sagan, Donald Kennedy, and Walter Orr Robert, *The Cold and the Dark: The World after Nuclear War*. 이 책은 1983년 워싱턴DC에서 200명의 과학자들이 회합해 "핵 전쟁 이후 세계에 관한 회의"를 연 뒤에 쓰였다.

2   Ehrlich et al., *The Cold and the Dark*, 25.

3   브라이언 툰과의 인터뷰.

4   "Sources and Effects of Ionizing Radiation," United Nations Scientific Committee on the Effects of Atomic Radiation, UNSCEAR 1996 Report to the General Assembly with Scientific Annex, United Nations, New York, 1996, 21. 체르노빌을 보면, 일부 나무는 놀랍도록 회복력이 강한 반면 소나무 등은 녹이 슨 듯한 다홍색으로 변해 죽는다. 또한 다음을 참조하라: Jane Braxton Little, "Forest Fires are Setting Chernobyl's Radiation Free," Atlantic, August 10, 2020.

5   Henry Fountain, "As Peat Bogs Burn, a Climate Threat Rises," *New York Times*, August 8, 2016.

6   Li Cohen, "Nuclear War between the U.S. and Russia Would Kill More Than 5 Billion People—Just from Starvation, Study Finds," CBS News, August 16, 2022.

7   Owen B. Toon, Alan Robock, and Richard P. Turco, "Environmental

Consequences of Nuclear War," *Physics Today* 61, no. 12 (December 2008): 37 – 40.

8 앨런 로복과의 인터뷰. 주의: 로복과 그의 동료들은 핵겨울 효과를 모델링하면서 논문에 거의 항상 섭씨온도를 사용했다. 일부 언론 매체에서 실수로 이 숫자를 변환해 부정확하게 보도했다.

9 R. P. Turco et al., "Nuclear Winter: Global Consequences of Multiple Nuclear Explosions," *Science* 222, no. 4630 (1983): 1283 – 92.

10 핵겨울에 관한 최초 보도를 둘러싼 극적 상황들을 간략히 요약한 글을 보고 싶다면 다음을 참조하라: Matthew R. Francis, "When Carl Sagan Warned the World about Nuclear Winter," *Smithsonian*, November 15, 2017.

11 R. P. Turco et al., "Nuclear Winter: Global Consequences of Multiple Nuclear Explosions," *Science* 222, no. 4630 (1983): 1283 – 92.

12 Stephen H. Schneider and Starley L. Thompson, "Nuclear Winter Reappraised," *Foreign Affairs*, 981 – 1005.

13 브라이언 툰과의 인터뷰.

14 William Burr, ed., "Nuclear Winter: U.S. Government Thinking during the 1980s," Electronic Briefing Book No. 795, NSA-GWU, June 2, 2022.

15 Peter Lunn, "Global Effects of Nuclear War," Defense Nuclear Agency, February 1984, 13 – 14.

16 프랭크 폰히펠과의 인터뷰.

17 Owen B. Toon, Alan Robock, and Richard P. Turco, "Environmental Consequences of Nuclear War," *Physics Today* 61, no. 12 (December 2008): 37-40.

18 브라이언 툰과의 인터뷰.

19 L. Xia et al., "Global Food Insecurity and Famine from Reduced Crop, Marine Fishery and Livestock Production Due to Climate Disruption from Nuclear War Soot Injection," Nature Food 3 (2022): 586-96. 간략한 내용을 보고 싶다면 다음을 참조하라: "Rutgers Scientist Helps Produce World's First Large-Scale Study on How Nuclear War Would Affect Marine Ecosystems," *Rutgers Today*, July 7, 2022.

20 Paul Jozef Crutzen and John W. Birks, "The Atmosphere after a Nuclear War: Twilight at Noon," *Ambio*, June 1982; Ehrlich et al., *The Cold and the Dark*, 134.

21 "Earth's Atmosphere: A Multi-layered Cake," NASA, October 2, 2019.

22 C. V. Chester, A. M. Perry, B. F. Hobbs, "Nuclear Winter, Implications for

Civil Defense," Oak Ridge National Laboratory, U.S. Department of Energy, May 1988, ix. "Nuclear Winter, Implications for Civil Defense,"에 관한 논문에서는 국방부조차 "북반구 온대 지역에서 평균 기온이 약 섭씨 15도 낮아지고 (중략) 대륙 내부에서는 최대 25도까지 떨어질 것으로 예측된다"라고 인정했다.

23 브라이언 툰과의 인터뷰.

24 Alan Robock, Luke Oman, and Georgiy L. Stenchikov, "Nuclear Winter Revisited with a Modern Climate Model and Current Nuclear Arsenals: Still Catastrophic Consequences," *Journal of Geophysical Research Atmospheres* 112, no. D13 (July 2007), fig. 4 (pages 6-7 of 14, 저자 소장본 of Robock's pdf).

25 Harrison et al., "A New Ocean State After Nuclear War," AGU Advancing Earth and Space Sciences, July 7, 2022.

26 Glasstone and Dolan, *The Effects of Nuclear Weapons*, ch. 7 and 9; Paul Craig and John Jungerman, "The Nuclear Arms Race: Technology and Society," glossary, "Effects of Levels of Radiation on the Human Body."

27 Per Oftedal, Ph.D., "Genetic Consequences of Nuclear War," in *The Medical Implications of Nuclear War*, eds. F. Solomon and R. Q Marston (Washington, D.C.: National Academies Press, 1986), 343-45.

28 "Sources and Effects of Ionizing Radiation," United Nations Scientific Committee on the Effects of Atomic Radiation, UNSCEAR 1996 Report to the General Assembly with Scientific Annex, United Nations, New York, 1996, 35.

29 C. V. Chester, A. M. Perry, B. F. Hobbs, "Nuclear Winter, Implications for Civil Defense," Oak Ridge National Laboratory, U.S. Department of Energy, May 1988, x-xi.

30 Matt Bivens, MD. "Nuclear Famine," International Physicians for the Prevention of Nuclear War, August 2022.

31 Ehrlich et al., The Cold and the Dark, 53, 63; L. Xia et al., "Global Food Insecurity and Famine from Reduced Crop, Marine Fishery and Livestock Production Due to Climate Disruption from Nuclear War Soot Injection," *Nature Food* 3 (2022): 586-96.

32 Alexander Leaf, "Food and Nutrition in the Aftermath of Nuclear War," in *The Medical Implications of Nuclear War*, eds. F. Solomon and R. Q. Marston (Washington, D.C.: National Academies Press, 1986), 286-87.

33 브라이언 툰과의 인터뷰.

34 L. Xia et al., "Global Food Insecurity and Famine from Reduced Crop, Marine Fishery and Livestock Production Due to Climate Disruption from Nuclear War Soot Injection," *Nature Food* 3 (2022): 586-96; 브라이언 툰과의 인터뷰; 앨런 로복과의 인터뷰.

35 Alexander Leaf, "Food and Nutrition in the Aftermath of Nuclear War," in *The Medical Implications of Nuclear War*, eds. F. Solomon and R. Q. Marston (Washington, D.C.: National Academies Press, 1986), 287; Ehrlich et al., *The Cold and the Dark*, 113.

36 Ehrlich et al., *The Cold and the Dark*, caption to fig. 3, center insert, n.p.

37 "Sources and Effects of Ionizing Radiation," United Nations Scientific Committee on the Effects of Atomic Radiation, UNSCEAR 1996 Report to the General Assembly with Scientific Annex, United Nations, New York, 1996, 16.

38 Ehrlich et al., *The Cold and the Dark*, 112. "식물성 플랑크톤, 동물성 플랑크톤, 물고기로 구성된 먹이사슬은 빛의 소멸로 큰 고통을 받을 가능성이 높다. 늦봄이나 여름의 온대 지역에서는 약 두 달 이내에, 겨울의 온대 지역에서는 약 3~6개월 이내에 수중 동물 개체수가 급격히 감소할 것이다. 많은 종에게는 이러한 감소가 되돌릴 수 없는 수준일 수 있다."

39 월터 멍크와의 인터뷰.

40 "나는 핵전쟁을 35년간 연구해왔습니다. 여러분은 걱정해야 합니다." transcript of Brian Toon, TEDxMileHigh, November 2017.

41 브라이언 툰과의 인터뷰; *Nature Food* 논문에 대한 논의, 툰의 발표 슬라이드, 저자 소장본.

42 L. Xia et al., "Global Food Insecurity and Famine from Reduced Crop, Marine Fishery and Livestock Production Due to Climate Disruption from Nuclear War Soot Injection," *Nature Food* 3 (2022): 586-96.

43 브라이언 툰과의 인터뷰; 앨런 로복과의 인터뷰.

44 Ehrlich et al., *The Cold and the Dark*, 24.

45 Charles G. Bardeen et al., "Extreme Ozone Loss Following Nuclear War Results in Enhanced Surface Ultraviolet Radiation," *JGR Atmospheres* 126, no. 18 (September 27, 2021), pages 10-18 of 22. 또한 다음을 참조하라: Ehrlich et al., *The Cold and the Dark*, 50.

46 "Sources and Effects of Ionizing Radiation," United Nations Scientific Committee on the Effects of Atomic Radiation, UNSCEAR 1996 Report to

the General Assembly with Scientific Annex, United Nations, New York, 1996, 38.

47 Ehrlich et al., *The Cold and the Dark*, 24-25, 123-24.

48 같은 책, 35. 칼 세이건은 "예언은 사라진 기술이다"라고 썼다.

49 Alan Robock, Luke Oman, and Georgiy L. Stenchikov, "Nuclear Winter Revisited with a Modern Climate Model and Current Nuclear Arsenals: Still Catastrophic Consequences," *Journal of Geophysical Research Atmospheres* 112, no. D13 (July 2007), fig. 10., page 11 of 14; Ehrlich et al., *The Cold and the Dark*, 113.

50 찰스 H. 타운스와의 인터뷰 (이중 용도 기술에 관하여).

51 Schmidt, *Göbekli Tepe*, 12.

52 모르슈에 따르면, "이 나무는 성인으로 여겨지는 세 명의 결백한 사람의 무덤에 바쳐진 것이다. 그러므로 이곳은 지역민들의 순례 장소가 되었다. 이들은 나무에 천조각을 묶고 소원을 빌거나 맹세한다. 이슬람 이전 시대까지 거슬러올라가는, 터키에 널리 퍼진 관습이다".

53 "수백 제곱킬로미터": 미하엘 모르슈와의 인터뷰.

54 Schmidt, *Göbekli Tepe*, 15. 미하엘 모르슈와의 인터뷰.

55 Schmidt, *Göbekli Tepe*, 89-92.

56 미하엘 모르슈와의 인터뷰.

57 Ehrlich et al., *The Cold and the Dark*, 160. 주의: 현재 어떤 정부 기관에도 핵겨울의 영향을 평가하는 기밀 해제된 프로그램은 없다.

58 Ehrlich et al., 129. "핵무기 자체"가 진짜 적이라는 이 생각은 40년 전에 제시되었다. 그러나 우리는 지금도 이 상태다.

참고문헌

도서

Blair, Bruce. *The Logic of Accidental Nuclear War*. Washington, DC: Brookings Institution Press, 1993.

Bracken, Paul. *The Second Nuclear Age: Strateg y, Danger, and the New Power Politics*. New York: Macmillan, 2012.

Clark, John R. K. *Beaches of O'ahu*. Honolulu: University of Hawaii Press, 2004.

Clarke, Richard. *Against All Enemies: Inside America's War on Terror*. New York: Free Press, 2004.

Eden, Lynn. *Whole World on Fire: Organizations, Knowledge, and Nuclear Weapons Devastation*. Ithaca, NY: Cornell University Press, 2004.

Ehrlich, Paul R., et al. T*he Cold and the Dark: The World after Nuclear War*. London: Sidgwick & Jackson, 1985.

Ellsberg, Daniel. *The Doomsday Machine: Confessions of a Nuclear War Planner*. New York: Bloomsbury, 2017.

Glasstone, Samuel, and Philip J. Dolan, eds. *The Effects of Nuclear Weapons*, 3rd ed. Washington, DC: Department of Defense and Department of Energy [formerly the Atomic Energy Commission]), 1977.

Graff, Garrett M. *Raven Rock: The Story of the U.S. Government's Secret Plan to Save Itself—While the Rest of Us Die*. New York: Simon & Schuster, 2017.

Hachiya, Michihiko. *Hiroshima Diary: The Journal of a Japanese Physician, August 6–September 30, 1945*. Chapel Hill: University of North Carolina Press, 1995.

Harwell, Mark A. *Nuclear Winter: The Human and Environmental Consequences of Nuclear War*. New York: Springer–Verlag, 1984.

Hershey, John. *Hiroshima*. New York: Alfred A. Knopf, 1946.

Hoffman, David E. *The Dead Hand: The Untold Story of the Cold War Arms Race and Its Dangerous Legacy*. New York: Doubleday, 2009.

Jacobsen, Annie. *Operation Paperclip: The Secret Intelligence Program That Brought Nazi Scientists to America*. New York: Little, Brown, 2014.

Jacobsen, Annie. *The Pentagon's Brain: An Uncensored History of DARPA, America's Top Secret Military Research Agency*. New York: Little, Brown, 2015.

Jones, Nate. *Able Archer 83: The Secret History of the NATO Exercise That Almost Triggered Nuclear War*. New York: New Press, 2016.

Kaplan, Fred. *The Wizards of Armageddon*. New York: Simon & Schuster, 1983.

Kearny, Cresson H. *Nuclear War Survival Skills: Lifesaving Nuclear Facts and Self-Help Instructions*. Updated and expanded 1987 edition, with foreword by Dr. Edward Teller and introduction by Don Mann. Washington, DC: U.S. Department of Energy, 1979.

Otterbein, Keith F. *How War Began*. College Station: Texas A&M University Press, 2004.

Perry, William J., and Tom Z. Collina. *The Button: The New Nuclear Arms Race and Presidential Power from Truman to Trump*. Dallas: BenBella Books, 2020.

Podvig, Pavel, ed. *Russian Strategic Nuclear Forces*. Cambridge, MA: MIT Press, 2001. Reagan, Ronald. *An American Life: Ronald Reagan*. New York: Simon & Schuster, 1990.

Reed, Thomas. *At the Abyss: An Insider's History of the Cold War*. New York: Presidio Press, 2005.

Rubel, John H. *Doomsday Delayed: USAF Strategic Weapons Doctrine and SIOP-62, 1959–1962: Two Cautionary Tales*. Lanham, MD: Hamilton Books, 2008.

Sagan, Carl, and Richard Turco. *A Path Where No Man Thought: Nuclear Winter and the End of the Arms Race*. New York: Random House, 1990.

Sakharov, Andrei. *Memoirs*. New York: Alfred A. Knopf, 1990.

Schelling, Thomas C. *Arms and Influence*. New Haven, CT: Yale University Press, 1966.

Schlosser, Eric. *Command and Control: Nuclear Weapons, the Damascus*

Accident, and the Illusion of Safety. New York: Penguin Press, 2013.

Schmidt, Klaus. *Göbekli Tepe: A Stone Age Sanctuary in South-Eastern Anatolia*. München: C. H. Beck, 2006.

Schwartz, Stephen I., ed. *Atomic Audit: The Costs and Consequences of U.S. Nuclear Weapons Since 1940*. Washington, DC: Brookings Institution Press, 1998.

Sekimori, Gaynor. *Hibakusha: Survivors of Hiroshima and Nagasaki*. Tokyo: Kosei, 1989.

Shurkin, Joel N. *True Genius: The Life and War of Richard Garwin*. New York: Prometheus Books, 2017.

Yago, Jeffrey. *The ABCs of EMP: A Practical Guide to Both Understanding and Surviving an EMP*. Virginia Beach, VA: Dunimis Technology, 2020.

논문

Agnew, Harold, and Glen McDuff. "How the President Got His 'Football.'" Los Alamos National Laboratory, LAUR-23-29737, n.d.

"Air Force Doctrine Publication 3-72, Nuclear Operations." U.S. Air Force, Department of Defense, December 18, 2020.

Alvarez, Robert, et al. "Reducing the Hazards from Stored Spent Power-Reactor Fuel in the United States." *Science and Global Security* 11 (2003): 1–51.

"Assessing the Threat from Electromagnetic Pulse (EMP), Volume I: Executive Report." Report of the Commission to Assess the Threat to the United States from Electromagnetic Pulse (EMP) Attack, July 2017.

"Atomic Weapons Requirements Study for 1959 (SM 129-56)." Strategic Air Command, June 15, 1956. Top Secret Restricted Data, Declassified August 26, 2014.

Blair, Bruce G., with Jessica Sleight and Emma Claire Foley. "The End of Nuclear Warfighting: Moving to a Deterrence-Only Posture. An Alternative U.S. Nuclear Posture Review." Program on Science and Global Security, Princeton University Global Zero, Washington, D.C., September 2018.

"A Brief History of the Sea-Based X-Band Radar-1 (SBX-1)." Missile Defense Agency History Office, May 1, 2008.

Brode, Harold L. "Fireball Phenomenology." Santa Monica, CA: RAND Corporation, 1964.

Chester, C. V., and R. O. Chester. "Civil Defense Implications of a Pressurized Water Reactor in a Thermonuclear Target Area." *Nuclear Applications and Technology* 9, no. 6 (1970).

Chester, C. V., A. M. Perry, B. F. Hobbs. "Nuclear Winter, Implications for Civil Defense." Oak Ridge National Laboratory, U.S. Department of Energy, May 1988.

Chester, C. V., F. C. Kornegay, and A. M. Perry. "A Preliminary Review of the TTAPS Nuclear Winter Scenario." Emergency Technology Program Division, Federal Emergency Management Agency, July 1984.

"Defense Budget Overview." Fiscal Year 2021 Budget Request, U.S. Department of Defense, May 13, 2020.

"Defense Primer: Command and Control of Nuclear Forces." Congressional Research Service, November 19, 2021.

"Defense Primer: Command and Control of Nuclear Forces." Congressional Research Service, December 15, 2022.

Office of Technology Assessment. *The Effects of Nuclear War.* Senate Committee on Foreign Relations, United States Congress, Washington, D.C., May 1979.

"Enclosure 'A.' The Evaluation of the Atomic Bomb as a Military Weapon: The Final Report of the Joint Chiefs of Staff Evaluation Board for Operation Crossroads." Evaluation Board Part III—Conclusions and Recommendations, Joint Chiefs of Staff, June 30, 1947.

"Ensuring Electricity Infrastructure Resilience against Deliberate Electromagnetic Threats." Congressional Research Service, December 14, 2022.

"The Evolution of U.S. Strategic Command and Control and Warning, 1945 – 1972: Executive Summary (Report)." Vol. Study S-467. Institute for Defense Analyses, June 1, 1975.

Garwin, Richard L. "Technical Aspects of Ballistic Missile Defense." Presented at Arms Control and National Security Session, APS, Atlanta, March 1999.

Hempelmann, L. W., and Hermann Lisco. "The Acute Radiation Syndrome: A Study of Ten Cases and a Review of the Problem." Los Alamos Scientific Laboratory, March 17, 1950.

"History of the Joint Strategic Target Planning Staff: Background and Preparation of SIOP-62." History & Research Division, Headquarters Strategic Air Command. (Top Secret Restricted Data, Declassified Feb 13, 2007).

"History of the Joint Strategic Target Planning Staff SIOP—4 J/K, July 1971 – June 1972." (Top Secret Restricted Data, Declassified 2001)

Leaf, Alexander. "Food and Nutrition in the Aftermath of Nuclear War." Institute of Medicine (U.S.) Steering Committee for the Symposium on the Medical Implications of Nuclear War. In *The Medical Implications of Nuclear War.* Edited by F. Solomon and R. Q. Marston. Washington, D.C.: National Academies Press, 1986.

"Lessons Learned from the Fukushima Nuclear Accident for Improving Safety and Security of U.S. Nuclear Plants." National Research Council, National Academies Press, 2014.

Lunn, Peter. "Global Effects of Nuclear War." Defense Nuclear Agency, February 1984. Malik, John. "The Yields of the Hiroshima and Nagasaki Explosions." LA-8819, UC-34. Los Alamos National Laboratory, September 1985.

"Mortuary Services in Civil Defense." Technical Manual: TM-11-12, United States Civil Defense, 1956.

"North Korea Military Power: A Growing Regional and Global Threat." Defense Intelligence Agency, U.S. Government Publishing Office, Washington, D.C., 2021.

"The North Korean Nuclear Challenge: Military Options and Issues for Congress." CRS Report 7-5700, Congressional Research Service, November 6, 2017.

"Nuclear Command, Control, and Communications: Update on Air Force Oversight Effort and Selected Acquisition Programs." U.S. Government Accountability Office, August 15, 2017.

"Nuclear Matters Handbook 2020." Deputy Assistant to the Secretary of Defense for Nuclear Matters, Department of Defense, 2020.

"Nuclear Matters Handbook 2020 [Revised]." Deputy Assistant to the Secretary of Defense for Nuclear Matters, Department of Defense, 2020.

ODR&E Report. "Assessment of Ballistic Missile Defense Program." PPD 61-33, 1961. York Papers, Geisel Library.

Oftedal, Per Ph.D., "Genetic Consequences of Nuclear War." Institute of Medicine (U.S.) Steering Committee for the Symposium on the Medical Implications of Nuclear War. In *The Medical Implications of Nuclear War*. Edited by F. Solomon and R. Q. Marston. Washington, D.C.: National Academies Press, 1986.

"Operation Ivy: 1952." United States Atmospheric Nuclear Weapons Tests, Nuclear Test Personnel Review, Defense Nuclear Agency, Department of Defense, December 1, 1982.

Oughterson, W., et al. "Medical Effects of Atomic Bombs: The Report of the Joint Commission for the Investigation of Effects of the Atomic Bomb in Japan," vol. 1. Army Institute of Pathology, April 19, 1951.

"Planning Guidance for Response to a Nuclear Detonation, First Edition." Homeland Security Council Interagency Policy Coordination Subcommittee for Preparedness & Response to Radiological and Nuclear Threats, January 16, 2009.

"Planning Guidance for Response to a Nuclear Detonation, Second Edition." Federal Interagency Committee, Executive Office of the President, Washington, D.C. Interagency Policy Coordinating Subcommittee for Preparedness & Response to Radiological and Nuclear Threats, June 2010.

"Planning Guidance for Response to a Nuclear Detonation, Third Edition." Federal Emergency Management Agency (FEMA), Office of Emerging Threats (OET), with the U.S. Department of Homeland Security (DHS), Science and Technology Directorate (S&T), the Department of Energy (DOE), the Department of Health and Human Services (HHS), the Department of Defense (DoD), and the Environmental Protection Agency (EPA), May 2022.

"Presidential Succession: Perspectives and Contemporary Issues for Congress." Congressional Research Service, July 14, 2020.

"Proud Prophet-83, After Action Report." Joint Exercise Division, J-3 Directorate, Organization of the Joint Chiefs of Staff, Pentagon, Room 2B857, Washington, D.C., January 13, 1984.

Pry, Peter Vincent, Dr. "Russia: EMP Threat: The Russian Federation's Military Doctrine, Plans, and Capabilities for Electromagnetic Pulse (EMP) Attack." EMP Task Force on National and Homeland Security, January 2021.

_____. "Surprise Attack: ICBMs and the Real Nuclear Threat." Task Force on National and Homeland Security, October 31, 2020.

"Report of Advisory Task Force on Power Reactor Emergency Cooling." U.S. Atomic Energy Commission, 1968.

"Report on the Nuclear Employment Strategy of the United States—2020." Executive Services Directorate, Office of the Secretary of Defense, n.d.

"Russia's Nuclear Weapons: Doctrine, Forces, and Modernization." Congressional Research Service, April 21, 2022.

"SIOP Briefing for Nixon Administration." XPDRB-4236-69. National Security Council, Joint Chiefs of Staff, January 27, 1969.

"Sources and Effects of Ionizing Radiation." United Nations Scientific Committee on the Effects of Atomic Radiation, UNSCEAR 1996 Report to the General Assembly with Scientific Annex, United Nations, New York, 1996.

"Threat Posted by Electromagnetic Pulse (EMP) Attack." Committee on Armed Services, House of Representatives, 110th Congress, July 10, 2008.

Townsend, Frances. "National Continuity Policy Implementation Plan." Homeland Security Council, August 2007.

U.S. Central Intelligence Agency. "Unclassified Report to Congress on the Acquisition of Technology Relating to Weapons of Mass Destruction and Advanced Conventional Munitions, 1 July through to 31 December 2006." Office of the Director of National Intelligence, n.d.

"Who's in Charge? The 25th Amendment and the Attempted Assassination of President Reagan." National Archives, Ronald Reagan Presidential Library, n.d.

기사

"$10 Billion Flushed by Pentagon in Missile Defense." *Columbus Dispatch*, April 8, 2015.

Adamowski, Jaroslaw. "Russia Overhauls Military Doctrine." *Defense News*, January 10, 2015.

"A New Supercomputer Has Been Developed in Russia." Fact Sheet, Ministry of

Science and Education of the Republic of Azerbaijan, June 14, 2017.

Aggarwal, Deepali. "North Korea Claims Its Leader Kim Jong-Un Does Not Pee, Poop." *Hindustan Times*, September 7, 2017.

"Assessing Threats to U.S. Vital Interests, North Korea." Heritage Foundation, October 18, 2022.

Avey, Julie, Senior Master Sgt. "Long-Range Discrimination Radar Initially Fielded in Alaska." U.S. Space Command, 168th Wing Public Affairs, December 9, 2021.

"B61-12: New US Nuclear Warheads Coming to Europe in December." International Campaign to Abolish Nuclear Weapons, December 22, 2022.

Babb, Carla. "VOA Exclusive: Inside US Military's Missile Defense Base in Alaska." *Voice of America*, June 24, 2022.

Bailey, Ronald. "Quality of Life Key Priority for SMDC's Missile Defenders and MPs in Remote Alaska." U.S. Army Space and Missile Defense Command, February 8, 2023.

Baker, Michael. "With Redesigned 'Brains,' W88 Nuclear Warhead Reaches Milestone." *Lab News*, Sandia National Laboratories, August 13, 2021.

Bardeen, Charles G., et al. "Extreme Ozone Loss Following Nuclear War Results in Enhanced Surface Ultraviolet Radiation." *JGR Atmospheres* 126, no. 18, September 27, 2021.

Barrett, Anthony M. "False Alarms, True Dangers: Current and Future Risks of Inadvertent U.S.-Russian Nuclear War." RAND Corporation, 2016.

Beachum, Lateshia, Mary Ilyushina, and Karoun Demirjian. "Russia's 'Satan 2' Missile Changes Little for U.S., Scholars Say." *Washington Post*, April 20, 2022.

Beckett, Jesse. "The Russian Woodpecker: The Story of the Mysterious Duga Radar." War History Online, August 12, 2021.

Behar, Michael. "The Secret World of NORAD." *Air&Space*, September 2018.

Bermudez, Joseph S., Jr., Victor Cha, and Jennifer Jun. "Undeclared North Korea: Hoejung-ni Missile Operating Base." Center for Strategic and International Studies, February 7, 2022.

Bivens, Matt, MD. "Nuclear Famine." International Physicians for the Prevention of Nuclear War, August 2022.

Blair, Bruce. "Strengthening Checks on Presidential Nuclear Launch Authority."

Arms Control Association, January/February 2018.

Blair, Bruce G., Harold A. Feiveson, and Frank N. von Hippel. "Taking Nuclear Weapons off Hair-Trigger Alert." *Scientific American*, November 1997.

Blair, Bruce G., Sebastien Philippe, and Sharon K. Weiner. "Right of Launch: Command and Control Vulnerabilities after a Limited Nuclear Strike." War on the Rocks, November 20, 2020.

Blanc, Alexis A., et al. "The Russian General Staff: Understanding the Military's Decision Making Role in a 'Besieged Fortress.'" RAND Corporation, 2023.

Bostock, Bill. "In 2018, Putin Said He Would Unleash Nuclear Weapons on the World If Russia Was Attacked." *Business Insider*, April 26, 2022.

Bremer, Ifang. "3 Years into Pandemic, Fears Mount That North Korea Is Teetering toward Famine." *NK News*, February 15, 2023.

Brunnstrom, David. "North Korea Satellite Not Transmitting, but Rocket Payload a Concern: U.S." Reuters, February 10, 2016.

Brunnstrom, David, and Hyonhee Shin. "Movement at North Korea ICBM Plant Viewed as Missile-Related, South Says." Reuters, March 6, 2020.

"Cabinet Kept Alarming Nuke Report Secret." *Japan Times*, January 22, 2012.

Carroll, Rory. "Ireland Condemns Russian TV for Nuclear Attack Simulation." *Guardian*, May 3, 2022.

Cheslow, Daniella. "U.S. Has Made 'Dramatic Change' in Technology Used for Nuclear Code System." *Wall Street Journal*, October 14, 2022.

Choi, David. "South Korean Presidential Candidates Spar over Need for More THAAD Missile Defense." *Stars and Stripes*, February 4, 2022.

Church, Aaron M. U. "Nuke Field Vigilance." *Air & Space Forces*, August 1, 2012.

Clark, Carol A. "LANL: Top-Secret Super-Secure Vault Declassified." *Los Alamos Daily Post*, July 23, 2013.

CNN Editorial Research. "North Korea Nuclear Timeline Fast Facts." CNN, March 22, 2023.

Cockburn, Andrew. "How to Start a Nuclear War." *Harper's*, August 2018.

Cohen, Li. "Nuclear War between the U.S. and Russia Would Kill More Than 5 Billion People—Just from Starvation, Study Finds." CBS News, August 16, 2022.

Cohen, Rachel S. "Does America Need Its 'Doomsday Plane'?" *Air Force Times*, May 10, 2022.

      . "Strategic Command's No. 2 Picked to Run Air Force Nuclear Enterprise." *Air Force Times*, October 12, 2022.

Cohen, Zachary, and Barbara Starr. "Air Force 'Doomsday' Planes Damaged in Tornado." CNN, June 23, 2017.

Conca, James. "How to Defend against the Electromagnetic Pulse Threat by Literally Painting Over It." *Forbes*, September 27, 2021.

"Coordinating the Destruction of an Entire People: The Wannsee Conference." National WWII Museum, January 19, 2021.

Copeland, Greg. "Navy's Most Powerful Weapons Are Submarines Based in Puget Sound." KING 5 News, February 27, 2019.

Crawford, Jamie, and Barbara Starr. "Exclusive: Inside the Base That Would Oversee a US Nuclear Strike." CNN, March 27, 2018.

Crutzen, Paul Jozef, and John W. Birks. "The Atmosphere after a Nuclear War: Twilight at Noon." *Ambio*, June 1982.

Dahlgren, Masao. "North Korea Tests Submarine-Launched Ballistic Missile." Missile Threat, Center for Strategic and International Studies, October 22, 2021.

Daugherty, William, Barbara Levi, and Frank von Hippel. "Casualties Due to the Blast, Heat, and Radioactive Fallout from Various Hypothetical Nuclear Attacks on the United States." National Academy of Sciences, 1986.

DeRosa, Mary B., and Ashley Nicolas. "The President and Nuclear Weapons: Authority, Limits, and Process." Nuclear Threat Initiative, 2019.

Dilanian, Ken, and Courtney Kube. "Why It's So Hard for U.S. Spies to Figure Out North Korea." NBC News, August 29, 2017.

"Donald Trump's Flying Beast: 7 Things about the World's Most Powerful Helicopter." *Economic Times*, February 21, 2020.

"DPRK Strategic Capabilities and Security on the Korean Peninsula: Looking Ahead." International Institute for Strategic Studies and Center for Energy and Security Studies, July 1, 2019.

Dunham, Will. "Chimps on Treadmill Offer Human Evolution Insight." Reuters, July 16, 2007.

"Ex-Defense Chief William Perry on False Missile Warnings." NPR, January 16, 2018.

"Factbox: The Chain of Command for Potential Russian Nuclear Strikes."

Reuters, March 2, 2022.

Fenton, Max. "The Radio System That Keeps Us Safe from Extreme Weather Is Under Threat: NOAA Weather Radio Needs Some Serious Upgrades." *Slate*, August 4, 2022.

Finley, Dave. "Radio Hams Do Battle with 'Russian Woodpecker.'" *Miami Herald*, July 7, 1982.

Fountain, Henry. "As Peat Bogs Burn, a Climate Threat Rises." *New York Times*, August 8, 2016.

Francis, Matthew R. "When Carl Sagan Warned the World about Nuclear Winter." *Smithsonian*, November 15, 2017.

Gamel, Kim. "Training Tunnel Will Keep US Soldiers Returning to Front Lines in S. Korea." *Stars and Stripes*, June 21, 2017.

"General Gerasimov, Russia's Top Soldier, Appears for First Time Since Wagner Mutiny." Reuters, July 12, 2023.

Gordon, Michael R. "Despite Cold War's End, Russia Keeps Building a Secret Complex." *New York Times*, April 16, 1996.

"Greater Seoul Population Exceeds 50% of S. Korea for First Time." *Hankyoreh*, January 7, 2020.

Gwynne, Peter. "Scientists Warn of 'Trillion-Dollar' Spent-Fuel Risk." *Physics World* 29, no. 7, July 2016.

Harrison, C. S., et al. "A New Ocean State after Nuclear War." AGU: Advancing Earth and Space Sciences, July 7, 2022.

Hendrickx, Bart. "EKS: Russia's Space-Based Missile Early Warning System." *The Space Review*, February 8, 2021.

Hebert, Adam J. "The Rise and Semi-Fall of MIRV." *Air & Space Forces*, June 1, 2010.

Heinonen, Olli, Peter Makowsky, and Jack Liu. "North Korea's Yongbyon Nuclear Center: In Full Swing." 38 North, March 3, 2022.

Hodgman, James. "SLD 45 to Support SBIRS GEO-6 Launch, Last Satellite for Infrared Constellation." Space Force, August 3, 2022.

Hoffman, David E. "Four Minutes to Armageddon: Richard Nixon, Barack Obama, and the Nuclear Alert." *Foreign Policy*, April 2, 2010.

Jeong, Jeff. "North Korea's New Weapons Take Aim at the South's F-35 Stealth Fighters." *Defense News*, August 1, 2019.

461

Judson, Jen. "Pentagon Terminates Program for Redesigned Kill Vehicle, Preps for New Competition." *Defense News*, August 21, 2019.

Kaplan, Fred. "How Close Did the Capitol Rioters Get to the Nuclear 'Football'?" *Slate*, February 11, 2021.

Kartapolov, Andrei. "The Higher the Combat Capabilities of Russian Troops, the Stronger the CSTO." Parliamentary Assembly of the Collective Security Treaty Organization (RU), December 22, 2022.

Kearns, R. D., et al. "Actionable, Revised (v.3), and Amplified American Burn Association Triage Tables for Mass Casualties: A Civilian Defense Guideline." *Journal of Burn Care & Research* 41, no. 4 (July 3, 2020): 770 – 79.

"Kim Jong Il, Where He Sleeps and Where He Works." *Daily NK*, March 15, 2005.

Kirby, Paul. "Ukraine Conflict: Who's in Putin's Inner Circle and Running the War?" BBC News, June 24, 2023.

Kirby, Reid. "Sea of Sarin: North Korea's Chemical Deterrent." Bulletin of the Atomic Scientists, June 21, 2017.

Klingner, Bruce. "Analyzing Threats to U.S. Vital Interests, North Korea." Heritage Foundation, October 18, 2022.

Kristensen, Hans M. "Russian ICBM Upgrade at Kozelsk." Federation of American Scientists, September 5, 2018.

Kristensen, Hans M., and Matt Korda. "Nuclear Notebook: Russian Nuclear Weapons, 2022." *Bulletin of the Atomic Scientists* 78, no. 2 (February 2022): 98 – 121.

———. "Nuclear Notebook: United States Nuclear Weapons, 2022." *Bulletin of the Atomic Scientists* 78, no. 3 (May 2022): 162 – 84.

———. "Nuclear Notebook: United States Nuclear Weapons, 2023." *Bulletin of the Atomic Scientists* 79, no. 1 (January 2023): 28 – 52.

Kristensen, Hans M., Matt Korda, and Eliana Reynolds. "Nuclear Notebook: Russian Nuclear Weapons, 2023." *Bulletin of the Atomic Scientists* 79, no. 3 (May 2023): 174 – 99.

Kwong, Jamie. "How Climate Change Challenges the U.S. Nuclear Deterrent." Carnegie Endowment for International Peace, July 10, 2023.

Lapp, Ralph E. "Thoughts on Nuclear Plumbing." *New York Times*, December 12,

1971.

"Leaders Urge Taking Weapons off Hair-Trigger Alert." Union of Concerned Scientists, January 15, 2015.

LeRoy, George V. "The Medical Sequelae of the Atomic Bomb Explosion." *Journal of the American Medical Association* 134, no. 14 (August 1947): 1143–48.

Lewis, George N., and Theodore A. Postol. "The European Missile Defense Folly." *Bulletin of the Atomic Scientists* 64, no. 2 (May/June 2008): 39.

Lewis, Jeffrey G., and Bruno Tertrais. "Finger on the Button: The Authority to Use Nuclear Weapons in Nuclear-Armed States." Middlebury Institute of International Studies at Monterey, 2019.

Little, Jane Braxton. "Forest Fires Are Setting Chernobyl's Radiation Free." *Atlantic*, August 10, 2020.

Losey, Stephen. "After Massive Flood, Offutt Looks to Build a Better Base." *Air Force Times*, August 7, 2020.

Macias, Amanda, et al. "Biden Requests $33 Billion for Ukraine War; Putin Threatens 'Lightning Fast' Retaliation to Nations That Intervene." CNBC, April 28, 2022.

Mann, James. "The World Dick Cheney Built." *Atlantic*, January 2, 2020.

Martin, David. "The New Cold War." *60 Minutes*, September 18, 2016.

Martin, Glen. "Diablo Canyon Power Plant a Prime Terror Target/Attack on Spent Fuel Rods Could Lead to Huge Radiation Release." *San Francisco Chronicle*, March 17, 2003.

Martinez, Rachel, Senior Airman. "Daedalians Receive First-Hand Account of National Military Command Center on 9/11." Joint Base McGuire-Dix-Lakehurst News, April 9, 2007.

Matos, Amanda. "Thousands of Half-Lives to Go: Weighing the Risks of Spent Nuclear Fuel Storage." *Journal of Law and Policy* 23, no. 1 (2014): 305–49.

McCurdy, Jack. "Diablo Nuclear Plant: Disaster Waiting to Happen?" Cal Coast News, April 7, 2011.

McLaughlin, Tim. "Defense Agency Stopped Delivery on Raytheon Warheads." *Boston Business Journal*, March 25, 2011.

McLoon, Alex. "Inside Look at Offutt Air Force Base's Airborne 'Survivable' Command Center." Transcript. KETV, ABC-7, April 27, 2022.

Mehta, Aaron. "US Successfully Tests New Homeland Missile Defense Capability." Breaking Defense, September 13, 2021.

Merrill, Dave, Nafeesa Syeed, and Brittany Harris. "To Launch a Nuclear Strike, President Trump Would Take These Steps." Bloomberg, January 20, 2017.

Mohr, Charles. "Preserving U.S. Command after a Nuclear Attack." *New York Times*, June 29, 1982.

Moore, George M. "How International Law Applies to Attacks on Nuclear and Associated Facilities in Ukraine." Bulletin of the Atomic Scientists, March 6, 2022.

"Navy Aegis Ballistic Missile Defense (BMD) Program: Background and Issues for Congress." Congressional Research Service, April 20, 2023.

Nazaryan, Alexander. "The Massive Russian Radar Site in the Chernobyl Exclusion Zone." *Newsweek*, April 18, 2014.

Norris, Robert S., and Hans M. Kristensen. "Nuclear Notebook: U.S. Nuclear Warheads, 1945–2009." *Bulletin of the Atomic Scientists* 65, no. 4 (July 2009): 72–81.

"North Korea—Navy." Janes, March 21, 2018.

"North Korea Submarine Capabilities." Fact Sheet, Nuclear Threat Initiative, October 14, 2022.

"Nuclear Briefcases." Nuclear Issues Today, Atomic Heritage Foundation, June 12, 2018.

Oberg, Jim. "It's Vital to Verify the Harmlessness of North Korea's Next Satellite." *The Space Review*, February 6, 2017.

"On the Record; Reagan on Missiles." *New York Times*, October 17, 1984.

Oppenheimer, J. Robert. "Atomic Weapons and American Policy." *Foreign Affairs*, July 1, 1953.

O'Rourke, Ronald. "Sea–Based Ballistic Missile Defense—Background and Issues for Congress." Congressional Research Service for Congress, December 22, 2009.

Osborn, Kris. "The Air Force Has Plans for the B61–12 Nuclear Bomb." *National Interest*, October 7, 2021.

Panda, Ankit. "North Korea's New Silo–Based Missile Raises Risk of Prompt Preemptive Strikes." *NK News*, March 21, 2023.

Park, Rosa, ed. "Kim Family Regime Portraits." HRNK Insider, Committee for

Human Rights in North Korea, 2018.

Parsons, Dan. "VH-92 Closer to Being 'Marine One' but Comms System Could Still Cause Delays." The War Zone, May 2, 2022.

Podvig, Pavel. "Does Russia Have a Launch-on-Warning Posture? The Soviet Union Didn't." *Russian Strategic Nuclear Forces* (blog), April 29, 2019.

Postol, Theodore A. "North Korean Ballistic Missiles and US Missile Defense." *Newsletter of the Forum on Physics and Society*, March 3, 2018.

———. "Possible Fatalities from Superfires Following Nuclear Attacks in or Near Urban Areas." Institute of Medicine (U.S.) Steering Committee for the Symposium on the Medical Implications of Nuclear War. In *The Medical Implications of Nuclear War*. Edited by F. Solomon and R. Q. Marston. Washington, D.C.: National Academies Press, 1986.

"President of State Affairs Kim Jong Un Watches Test-Firing of New-Type Tactical Guided Weapon." Voice of Korea, March 17, 2022.

"Q&A with Steven J. DiTullio, VP, Strategic Systems." *Seapower*, October 2020.

"Revealed: Putin's Luxury Anti-Nuclear Bunker for His Family's Refuge." *Marca*, March 3, 2022.

Robles, Pablo, and Choe Sang-Hun. "Why North Korea's Latest Nuclear Claims Are Raising Alarms." *New York Times*, June 2, 2023.

Roblin, Sebastien. "Armed to the Teeth, America's Ohio-Class Submarines Can Kill Anything." *National Interest*, August 31, 2021.

———. "Ohio-Class: How the US Navy Could Start a Nuclear War." *19FortyFive*, December 3, 2021.

Robock, Alan, Luke Oman, and Georgiy L. Stenchikov. "Nuclear Winter Revisited with a Modern Climate Model and Current Nuclear Arsenals: Still Catastrophic Consequences." *Journal of Geophysical Research Atmospheres* 112, no. D13 (July 2007).

Rogers, Katie, and David E. Sanger. "Biden Calls the 'Prospect of Armageddon' the Highest Since the Cuban Missile Crisis." *New York Times*, October 6, 2022.

Rogoway, Tyler. "Here's Why an E-6B Doomsday Plane Was Flying Tight Circles off the Jersey Shore Today." The War Zone, December 13, 2019.

———. "Trump Said He Found the Greatest Room He'd Ever Seen Deep in the Pentagon, Here's What He Meant." The War Zone, December 1, 2019.

Roughton, Randy. "Beyond the Blast Doors." *Airman*, April 22, 2016.

"Rule 42. Work and Installations Containing Dangerous Forces." International Committee of the Red Cross. In *Customary International Humanitarian Law, Volume 1: Rules.* Edited by Jean-Marie Henckaerts and Louise Doswald-Beck. Cambridge, UK: Cambridge University Press, 2005.

"Russia Submarine Capabilities." Fact Sheet, Nuclear Threat Initiative, March 6, 2023.

"Russia to Keep Notifying US of Ballistic Missile Launches." Reuters, March 30, 2023.

Sagan, Carl. "Nuclear War and Climatic Catastrophe: Some Policy Implications." *Foreign Affairs*, Winter 1983/84.

Sanger, David E., and William J. Broad. "In North Korea, Missile Bases Suggest a Great Deception." *New York Times*, November 12, 2018.

Saslow, Eli. "The Nuclear Missile Next Door." *Washington Post*, April 17, 2022.

Schneider, Stephen H., and Starley L. Thompson. "Nuclear Winter Reappraised." *Foreign Affairs*, 981 – 1005.

Shim, Elizabeth. "CIA Thinks North Korean Missiles Could Reach U.S. Targets, Analyst Says." United Press International, November 18, 2020.

Shin, Hyonhee. "North Korea's Kim Oversees ICBM Test, Vows More Nuclear Weapons." Reuters, November 19, 2022.

Shipper, David K. "Russia's Antiquated Nuclear Warning System Jeopardizes Us All." *Washington Monthly*, April 29, 2022.

Smith, Josh. "Factbox: North Korea's New Hwasong-17 'Monster Missile.'" Reuters, November 19, 2022.

Smith, Josh, and Hyunsu Yi. "North Korea Launches Missiles from Submarine as U.S. – South Korean Drills Begin." Reuters, March 13, 2023.

Sockol, Michael D., David A. Raichlen, and Herman Pontzer. "Chimpanzee Locomotor Energetics and the Origin of Human Bipedalism." *Proceedings of the National Academies of Science* 104, no. 30 (July 24, 2007): 12265 – 69.

Sokolin, Anton. "North Korean Satellite to Fall toward Earth after 7 Years in Space, Experts Say." *NK News*, June 30, 2023.

Starr, Steven, Lynn Eden, and Theodore A. Postol. "What Would Happen If an 800-Kiloton Nuclear Warhead Detonated above Midtown Manhattan?" Bulletin of the Ato ic Scientists, February 25, 2015.

Stewart, Phil, and Idrees Ali. "Exclusive: U.S., Russia Have Used Their Military Hotline Once So Far during Ukraine War." Reuters, November 29, 2020.

Stone, Mike. "Pentagon Evaluating U.S. West Coast Missile Defense Sites: Officials." Reuters, December 2, 2017.

Stone, Richard. "Spent Fuel Fire on U.S. Soil Could Dwarf Impact of Fukushima: New Study Warns of Millions Relocated and Trillion-Dollar Consequences." *Science*, May 24, 2016.

Sutton, H. I. "New North Korean Submarine: ROMEO-Mod." Covert Shores Defense Analysis, July 23, 2019.

_____. "New Satellite Images Hint How Russian Navy Could Use Massive Nuclear Torpedoes." United States Naval Institute, August 31, 2021.

_____. "Spy Sub among Russian Navy Submarines Which Surfaced in Arctic." Covert Shores, March 27, 2021.

Thomson, Jess. "Would Putin's Nuclear Bunker in Ural Mountains Save Him from Armageddon?" *Newsweek*, November 10, 2022.

"Three Russian Submarines Surface and Break Arctic Ice During Drills." Reuters, March 26, 2021.

Thurlow, Setsuko. "Setsuko Thurlow Remembers the Hiroshima Bombing." Arms Control Association, July/August 2020.

Toon, Owen B., Alan Robock, and Richard P. Turco. "Environmental Consequences of Nuclear War." *Physics Today* 61, no. 12 (December 2008): 37–40.

Trevithick, Joseph. "Putin Reveals Existence of New Nuclear Command Bunker." Drive, January 6, 2021.

Turco, R. P., et al. "Nuclear Winter: Global Consequences of Multiple Nuclear Explosions." *Science* 222, no. 4630 (1983): 1283–92.

"US Strategic Command's New $1.3B Facility Opening Soon at Offutt Air Force Base." Associated Press, January 28, 2019.

Van Diepen, Vann H. "It's the Launcher, Not the Missile: Initial Evaluation of North Korea's Rail-Mobile Missile Launches." 38 North, September 17, 2021.

_____. "March 16 HS-17 ICBM Launch Highlights Deployment and Political Messages." 38 North, March 20, 2023.

Van Schaik, Nathan. "A Community Member's Guide to Understanding FPCON.

U.S. Army Office of Public Affairs, July 1, 2022.

Von Hippel, Frank N., and Michael Schoeppner. "Reducing the Danger from Fires in Spent Fuel Pools." *Science and Global Security* 24, no. 3 (September 2016): 141–73.

"W88 Warhead Program Performs Successful Tests." Phys.org, October 28, 2014.

Warnke, Paul C. "Apes on a Treadmill." *Foreign Policy* 18 (Spring 1975): 12–29.

Wellerstein, Alex. "The Demon Core and the Strange Death of Louis Slotin." *New Yorker*, May 21, 2016.

Wesolowsky, Tony. "Andrei Sakharov and the Massive 'Tsar Bomba' That Turned Him against Nukes." Radio Free Europe, May 20, 2021.

Willman, David. "The Pentagon's 10-Billion-Dollar Radar Gone Bad." *Los Angeles Times*, April 5, 2015.

Wolfsthal, Jon. "We Never Learned the Key Lesson from the Cuban Missile Crisis." *New Republic*, October 11, 2022.

Xia, L., et al. "Global Food Insecurity and Famine from Reduced Crop, Marine Fishery and Livestock Production Due to Climate Disruption from Nuclear War Soot Injection." *Nature Food* 3 (2022): 586–96.

Yamaguchi, Mari, and Hyung-Jin Kim. "North Korea Notifies Neighboring Japan It Plans to Launch Satellite in Coming Days." Associated Press, May 29, 2023.

Youssef, Nancy A. "U.S., Russia Establish Hotline to Avoid Accidental Conflict." *Wall Street Journal*, March 4, 2022.

Zeller, Tom, Jr. "U.S. Nuclear Plants Have Same Risks, and Backups, as Japan Counterparts." *New York Times*, March 14, 2011.

Zuckerman, Ed. "Hiding from the Bomb—Again." *Harper's*, August 1979.

증언 및 녹취

"Admiral Charles A. Richard, Commander, U.S. Strategic Command, Holds a Press Briefing." Transcript, Department of Defense, April 22, 2021.

"Authority to Order the Use of Nuclear Weapons." Hearing before the Committee on Foreign Relations, United States Senate, November 14, 2017.

"Meeting with Heads of Defence Ministry, Federal Agencies and Defence

Companies." President of Russia/Events, Sochi, November 11, 2020.

"National Reconnaissance Office, Mission Ground Station Declassification, 'Questions and Answers.'" National Reconnaissance Office, October 15, 2008.

"Spent Nuclear Fuel, Options Exist to Further Enhance Security." Report to the Chairman, Subcommittee on Energy and Air Quality, Committee on Energy and Commerce, U.S. House of Representatives, U.S. General Accounting Office, July 2003.

Statement of Charles A. Richard, Commander, United States Strategic Command, before the House Appropriations Subcommittee on Defense, April 5, 2022.

Statement of Charles A. Richard, Commander, United States Strategic Command, before the House Armed Services Committee, March 1, 2022.

Statement of Commander Charles A. Richard, United States Strategic Command, before the Senate Committee on Armed Services, February 13, 2020.

Statement of Dr. Bruce G. Blair, House Armed Services Committee Hearing on Outside Perspectives on Nuclear Deterrence Policy and Posture, March 6, 2019.

Statement of General C. Robert Kehler, U.S. Air Force (Ret.), before the Senate Foreign Relations Committee, November 14, 2017.

Statement of Theodore A. Postol. "Why Advances in Nuclear Weapons Technologies Are Increasing the Danger of an Accidental Nuclear War between Russia and the United States." Hart Senate Office Building, Washington, D.C., March 26, 2015.

"Strategic Warning System False Alerts." Committee on Armed Services Hearing, House of Representatives, U.S. Congress, June 24, 1980.

Testimony of Ambassador Henry F. Cooper. "The Threat Posted by Electromagnetic Pulse and Policy Options to Protect Energy Infrastructure and to Improve Capabilities for Adequate System Restoration." May 4, 2017, 23.

Testimony of Dr. William Graham. "Threat Posed by Electromagnetic Pulse (EMP) Attack." Committee on Armed Services, U.S. House of Representatives, July 10, 2008.

Testimony of Dr. William R. Graham and Dr. Peter Vincent Pry. "Empty Threat or Serious Danger? Assessing North Korea's Risk to the Homeland." U.S. House of Representatives, Committee on Homeland Security, October 12, 2017.

Testimony of Richard L. Garwin. "Prepared Testimony for the Hearing, 'Protecting the Electric Grid from the Potential Threats of Solar Storms and Electromagnetic Pulse.'" July 17, 2015.

Testimony of Setsuko Thurlow. "Disarmament and Non-Proliferation: Historical Perspectives and Future Objectives." Royal Irish Academy, Dublin, March 28, 2014.

_____. "Vienna Conference on the Humanitarian Impact of Nuclear Weapons." Federal Ministry, Republic of Austria, December 8, 2014.

Testimony of Vice Admiral Jon A. Hill, USN Director, Missile Defense Agency, before the Senate Armed Services Committee Strategic Forces Subcommittee, May 18, 2022.

Transcript of Vladimir Solovyov and Vladimir Putin. "The World Order 2018," 1:19:00. Translation from the Russian by Julia Grinberg. Russia-1 Network, March 2018.

브리핑 북

Burr, William, ed. "77th Anniversary of Hiroshima and Nagasaki Bombings: Revisiting the Record." Electronic Briefing Book No. 800, National Security Archive, George Washington University, August 8, 2022.

_____. "The Creation of SIOP-62: More Evidence on the Origins of Overkill." Electronic Briefing Book No. 130, National Security Archive, George Washington University, July 13, 2004.

_____. "The 'Launch on Warning' Nuclear Strategy and Its Insider Critics." Electronic Briefing Book(s) No. 43, National Security Archive, George Washington University, April 2001, updated No. 674, June 11, 2019.

_____. "Nuclear Winter: U.S. Government Thinking during the 1980s." Electronic Briefing Book No. 795, National Security Archive, George Washington University, June 2, 2022.

_____. "Studies by Once Top Secret Government Entity Portrayed Terrible

Costs of Nuclear War." Electronic Briefing Book No. 480, National Security Archive, George Washington University, July 22, 2014.

Mastny, Vojtech, and Malcolm Byrne. "Soviets Planned Nuclear First Strike to Preempt West, Documents Show." Electronic Briefing Book No. 154, National Security Archive, George Washington University, May 13, 2005.

"Site R Civil Defense Site." FOIA documents Ref 00-F-0019. Acquired by John Greenwal Jr., Black Vault, February 18, 2000.

발표 자료

"Diablo Canyon Decommissioning Engagement Panel Spent Fuel Workshop." Embassy Suites Hotel, San Luis Obispo, February 23, 2019. 116-page slide presentation.

Garwin, Richard L., and Theodore A. Postol. "Airborne Patrol to Destroy DPRK ICBMs in Powered Flight." Science, Technology, and National Security Working Group, MIT, Washington, D.C., November 27–29, 2017. 26-page slide presentation.

McDuff, Glen. "Ballistic Missile Defense," LAUR-18-27321. Los Alamos National Laboratory, n.d.

_____. "Effects of Nuclear Weapons," LAUR-18-26906. Los Alamos National Laboratory, n.d.

_____. "Nuclear Weapons Physics Made Very Simple," LAUR-18-27244. Los Alamos National Laboratory, n.d.

_____. "Underground Nuclear Testing," LAUR-18-24015. Los Alamos National Laboratory, n.d.

McDuff, Glen, and Alan Carr. "The Cold War, the Daily News, the Nuclear Stockpile and Bert the Turtle," LAUR-15-28771. Los Alamos National Laboratory, n.d.

McDuff, Glen, and Keith Thomas. "A Tale of Three Bombs," LAUR-18-26919. Los Alamos National Laboratory, January 23, 2017.

Moser, D. "Physics/Global Studies 280: Session 14, Module 5: Nuclear Weapons Delivery Systems, Trajectories and Phases of Flight of Missiles with Various Ranges." 110-page slide presentation.

Postol, Theodore A. "CNO Brief Showing Closely Spaced Basing Was Incapable of Launch." U.S. Department of Defense Pentagon Briefing, 1982. 22-page slide presentation.

_____. "The North Korean Ballistic Missile Program and U.S. Missile Defense." MIT Science, Technology, and Global Security Working Group, Forum on Physics and Society, Annual Meeting of the American Physical Society, April 14, 2018. 100-page slide presentation.

_____. "Striving for Armageddon: The US Nuclear Forces Modernization Program, Rising Tensions with Russia, and the Increasing Danger of a World Nuclear Catastrophe Symposium: The Dynamics of Possible Nuclear Extinction." New York Academy of Medicine, March 1, 2015. 13-page slide presentation.

Scarlett, Harry Alan. "Nuclear Weapon Blast Effects," LA-UR-20-25058. Los Alamos National Laboratory, July 9, 2020.

팟캐스트

Carlin, Dan, and Fred Kaplan. "Strangelove Whisperings." *Dan Carlin's Hardcore History: Addendum* podcast, March 1, 2020.

Coyle, Philip. *Nukes of Hazard* podcast, The Center for Arms Control and Non-Proliferation, May 31, 2017.

Gross, Terry, and David Hoffman. " 'Dead Hand' Re-Examines the Cold War Arms Race." *Fresh Air* podcast, NPR, October 12, 2009.

Perry, Lisa and Dr. William J. Perry. *At the Brink: A William J. Perry* Project podcast, Season 1, July 2020.

Rogan, Joe, and Yeonmi Park. "The Joe Rogan Experience #1691, Yeonmi Park." *The Joe Rogan Experience* podcast, August 2021.

"Salt Life: Go on Patrol with an Ohio-Class Submarine That's Ready to Launch Nuclear Warheads at a Moment's Notice." *National Security Science* podcast, LA-UR-20-24937, U.S. Department of Defense, August 14, 2020.

찾아보기

옮긴이 강동혁

서울대학교 영문학과와 사회학과를 졸업하고 동 대학원에서 영문학 석사학위를 받았다. 옮긴 책으로 살만 루슈디의 『나이프』, 에르난 디아스의 『먼 곳에서』 『트러스트』, 커트 보니것의 『타이탄의 세이렌』, 압둘라자크 구르나의 『그후의 삶』, J. K. 롤링의 해리 포터 시리즈 등이 있다.

24분
핵전쟁으로 인류가 종말하기까지

1판 1쇄 2025년 2월 11일
1판 2쇄 2025년 2월 28일

지은이 애니 제이콥슨 | 옮긴이 강동혁
책임편집 신기철 | 편집 고아라 김미혜 이희연 최고라
디자인 김이정 최미영 | 저작권 박지영 형소진 오서영
마케팅 정민호 서지화 한민아 이민경 왕지경 정유진 정경주 김수인 김혜원 김예진
브랜딩 함유지 박민재 김희숙 이송이 김하연 박다솔 조다현 배진성
제작 강신은 김동욱 이순호 | 제작처 영신사

펴낸곳 (주)문학동네 | 펴낸이 김소영
출판등록 1993년 10월 22일 제2003-000045호
주소 10881 경기도 파주시 회동길 210
전자우편 editor@munhak.com | 대표전화 031)955-8888 | 팩스 031)955-8855
문의전화 031)955-2696(마케팅) 031)955-3571(편집)
문학동네카페 http://cafe.naver.com/mhdn
인스타그램 @munhakdongne | 트위터 @munhakdongne
북클럽문학동네 http://bookclubmunhak.com

ISBN 979-11-416-0894-1 03340

* 잘못된 책은 구입하신 서점에서 교환해드립니다.
  기타 교환 문의: 031) 955-2661, 3580

www.munhak.com